数学の読み方・聴き方

森毅の主題による変奏曲

上

梅田 亨
Tôru Umeda

日本評論社

まえがき

　本書は『数学セミナー』誌に連載した『森毅の主題による変奏曲』(2013年7月—2016年11月；第0回から第40回)に最小限の補筆(特に註)と，判りやすさのための若干の字句の改変を施し，上下二巻にまとめたものである．基本的には，できる限り連載当時の雰囲気を保つ体裁を残すことにして，各「回」を「章」に書き直すこともせず，多くを殆どそのまま再現することにした．長い連載(総計41回)だったので，幾分の揺らぎや，くどく感じられる重複の入り込むことは避けられない．その場合にも，全体の統一より，それなりの色合いを重んじた．

　とは言っても，本書タイトルには，連載時の『森毅による変奏曲』に加えて『数学の読み方・聴き方』を冠した．ひとつには，「数学の本」としての自己主張のためでもあるが，なにより，数学を「まなぶ」著者の経験なり実践なりを臆面もなく縷々述べてきた，その基本姿勢を明確にするためである．目の前にいる人だけでなく，時代や場所をはるかに隔てた人々とも対話ができる．それは数学の醍醐味である．

　数学を「読む」とは，数学の本や論文を読む．それが第一義的だ．しかし，裏には「読むことによる著者との対話」が含まれる．この，将棋などの「読み」にも喩えられる営みは，数学ではどの瞬間も絶え間なく続けられる．受動的に「教わる」(知識を得る・受容する)のは本来の「読み」のごく一部に過ぎない．疑問と連想を織り込みながら「読む」．それが「数学を読む」部分だ．

　一方「聴く」とは何か．無論「読む」ことと独立ではない．本書に於いて，実際に森さん(或いは他の先生)の講義を聴いたことに相当の機縁があった．但し，それで尽きるものではない．むしろ数学者の奏でる数学的な「しらべ」を「聴く」ことに「意味」の本質がある．上っ面だけの知識の伝達ではなく，より深い「いわくいいがたい」何か「芯」のようなもの，を捉えることを意味する．波動が重なり，デルタ函数のように，しらべは心を貫く．

　一方で，森さんは「情緒的な伝達」を過剰に重んずる姿勢に批判的だった．

が，結果として，我々が森さん（だけではないが）のような数学者・先達からの声をかつて「聴き」，今もなお「聴く」ことに大きな意味があるのも間違いない．ちなみに『ゆかいな参考書』（径書房 1985）p. 51 には森さんの「数学の声を聞く」という表現が特に呼びさまされている．メンドクサイことを言うなら，「情緒的な伝達」を排除するという，その姿勢すら「情緒的に」学んだのだ．言葉を変えるなら学んだのは「思想」と言うべきかもしれない．

「目」という感官に代表される伝達様式とは別の「耳」を通じての伝達様式を改めて考えること．それは象徴的な「聴く」を含む．「聴く」ことは時空を超えて，突然やってくる．つまり，読みながら著者の声を「まぢかに聴く」のも，読書に於ける必然である．

とは言いながら，本書は逆に，森さんの「何か」の忠実な再現を意図しない．なにより，森さんはそのようなことを望まなかったであろうし，森さんに忠実であることは，森さんの言説にむしろ叛逆する．

結果，森さんの全体像など捉えるのは無理だと悟り，森さんをサカナ（ネタ）として自分の思うことを述べることにしたのである．或る場合には，主張の優れた場面だけでなく，物足りなく感じた不満に由来することもある．それらが動機（motif）である．その動機を繰り返すことによって，「森毅」という主題（theme）が浮かび上がる．そして，そのテーマを基に変奏する．それが当初からの目論見だったのだ．森さんが「ブルバキよりブルバキらしく」を徹底できないのなら，ここでは「森毅より森毅らしく」数学を述べるのが基本姿勢だ．それを目指した．

でき上がってみると，数学としても，幾分かの新しい提案などを実験的に盛り込めたかと思う．私の常として，毎回の連載には，その場で考え，計算し直したが，思わぬ「詰めそこない」のために，締め切りギリギリになってようやく正しい式に到達することなども何度かあった．これに関連して，原稿段階で毎回いろいろコメントいただいた落合啓之氏には，格別の感謝を申し上げたい．他にも有用な注意は何人かの方からいただいた．併せて感謝したい（個別のコメント等については，本文註，または，今回の単行本化に当たっての註で述べた）．

連載中には，森さんの膨大な著書からの出典を見出せないことも多く（なにしろ時間の制約がある），しばしば曖昧で不正確な記憶に基づく「引用モド

キ」を付けた．単行本化に当たって，少しは時間の余裕ができ，自分の持っている本をひっくり返しつつ（と言っても，すべてを見つけることは不可能で，何度も途方に暮れたが），可能な限り近い「引用」を補足する努力はした．この補足は，しかし，原理的に，完璧ではアリエナイ．却って無力感を味わう結果となった．

なにしろ，森さん自身，似たようなことを場所を変え，繰り返しを厭わず（書いたことを忘れているという説もあるが，大事なことは何度言ってもいいのだ），さまざまなところに書いているからだ．将来，森さんに関わるものがすべて電子化されて，検索可能となる日を待つしかないかもしれない．

＊　＊　＊　＊　＊

本書は，その分量から，上下の二巻に分かれたが，内容的は当然繋がっている．その一方，各「篇」毎に一応のまとまりはあるといってもそれはさほど強固なものでもない．ゆるやかに繋ぎとめるために「篇」という括りをつけただけかもしれない．

その意味では，通常の「まえがき」のように，各篇の概容を掻い摘んで述べるのが適当だろうが，それは敢えて控える．もし，それを手っ取り早く知りたい人がいたなら，まずは上巻の「はじめに」を読み，一気に飛んで最後（下巻）「はじまりのおわり」の回を参照していただきたい．それは，一種の「あとがき」みたいな位置づけだからだ（とは言っても，それだけのために書いた訳ではないのだが）．本を「あとがき」から読むのは全く普通のことだから，先取りして述べておいてもおかしくはないだろう．

ひとつ，全体の構成に触れるなら，数学を主体にした第1回から第34回をはさむ「それ以外」の第0回と第35回から40回は，森さんの著作の分量からすると，バランスが悪いと思われるかもしれない．しかし，本書は基本的に数学を主体にしている．その残りは寧ろ「オマケ」だ．だからそっちが優位になってはいけない．

それでも，子供の頃「オマケ」目当てで買ったキャラメル菓子のことを思い出すと，バランスとしてそんなものではないかという気もする．思い出してほしいが，数学主体に森さんのことをここまで真剣に語る本は，よく考え

ると，珍しいのではないかと思う（それって自画自賛？）．飽くまで，今回はそれがはじめからの目的で「主題」だったのだ．

しかし，単行本化に当たって，特に「引用モドキ」の出典を探すために，森さんの本を繰り返し読み返すと，数学「以外」（と言っては森さんに「数学と数学以外が判別できるのか」と詰問されるだろうが）を「主題」にしたものも必要な気もしてきた．いや，それは飽くまで（くりかえし）漠とした希望にすぎない．私としては今のところ数学以外に自分の時間を注ぐつもりはないが，森さんの（或いは，それに関係する人たちの）全貌を少しでも見渡せる「何か」があればいいなとは思う．

不調法なことに，私は「数学」を奏でる手段として，チョークと自分の声，そして「活字」以外に何ももたない．森さんと違って，私は三味線は弾けない（森さんの三味線を聞く機会はなかった）が，何とか森さんに絡んで，数学を語る幸運を得た．これがまた，よいわるいは別として，新たに大学数学を考えるきっかけにでもなってくれるといいと思う．しかし，実際のところは，過剰な期待はしていない．

『数学セミナー』連載時，そしてまた，単行本化に当たっても，日本評論社の大賀雅美さんには，ひとかたならぬお世話になった．言い尽くせぬものながら，改めて深くお礼申し上げたい．

連載時，単行本化を望まれた読者の声も編集部を通じて聞くことができた．ありがたいことだと感謝するとともに，そこそこ大部の上下二巻の書籍になってしまったことを反省しながら，それでも読者に受け容れていただけることを希望する．単行本化にあたって引用に関わる文献を読者の便宜のためにまとめた．それが読書案内として，親切すぎるものであるのを懼れる（最後の一文は冗談です）．

2017 年 12 月　著者識

目次

まえがき ── i
目次 ── v
下巻目次 ── ix

0 はじめに ── 002
1. 森さんとのつながり ── 002
2. 講義の断片 ── 004
3. 数学セミナー ── 007
4. 数学の歩み ── 009
5. 変奏の魂胆 ── 010
   註 ── 011

1 集合篇(1) ── 014
1. ブルバキ ── 014
2. 反転公式 ── 015
3. 表現論？ ── 017
4. ブール代数 ── 018
5. ブール束とブール環 ── 021
6. ブール代数 2^E ── 023
7. 予告 ── 024
   註 ── 024

2 集合篇(2) ── 027
1. 有限アーベル群の表現 ── 027
2. いくつかの注意 ── 030
3. 忠実表現 ── 032
4. 位相群 ── 033
5. 森論文の表現論的意義 ── 035
6. その例 ── 036
   註 ── 037

3 集合篇(3) — 040

1. 有限アーベル群上のフーリエ変換 — 040
2. いくつかの注意 — 043
3. 対称群不変函数のフーリエ変換 — 045
4. 超幾何分布 — 047
5. 超幾何級数 — 048
6. ラドン変換？ — 050
   註 — 052

4 位相篇(1) — 054

1. 位相の概念 — 054
2. 位相の定義の復習？ — 056
3. イデアルとフィルター — 060
4. 近傍系の公理？ — 064
   註 — 067

5 位相篇(2) — 069

1. 近傍系の公理 — 069
2. 擬位相 — 071
3. 超フィルター — 075
4. 超積, 超冪 — 079
   註 — 080

6 位相篇(3) — 083

1. 位相構造批判 — 083
2. ブルバキに於ける代数的偏り — 086
3. ブルバキの積分論 — 090
4. 位相概念と位相代数 — 093
5. 一様構造？ — 094
   註 — 095

7 積分篇(1) — 097

1. ブルバキの微積分 —— 『実一変数関数』 — 097
2. ブルバキ『微積分』の「積分」 — 102
3. リーマン積分 — 105
   註 — 110

8 積分篇(2) — 112

1. リーマンの論文 —— 112
2. リーマン積分の問題点 —— 117
   註 —— 121

9 積分篇(3) — 126

1. ジョルダン測度の基本的性質 —— 126
2. いくつかの例 —— 130
3. リーマン積分に於けるフビニ型定理 —— 135
4. フビニ型定理に関する疑問 —— 138
   註 —— 139

10 積分篇(4) — 141

1. 記号の欺き，記号の歎き —— 141
2. リーマン積分の「新しい」定義 —— 145
3. 部分集合の空間での収束の問題？ —— 151
   註 —— 154

11 積分篇(5) — 156

1. ベクトル値リーマン積分 —— 156
2. 例 —— 160
3. 函数の振動量とリーマン積分可能性 —— 164
4. ルベーグによるリーマン可積分性の定理 —— 167
   註 —— 169

12 積分篇(6) — 170

1. ダルブーの定理 —— 170
2. 一般の場合 —— 174
3. ジョルダン可測性の判定再論 —— 175
4. ダルブーの定理――一般次元 —— 179
5. ジョルダン可測性――もう一度 —— 180
6. リーマン積分の拡張 —— 182
   註 —— 183

13 微分篇(1) ——————————————————————————— 185

1. 微分ということ —— 186
2. 量の世界とその混乱 —— 190
3. ベクトル解析 —— 193
4. ベクトル —— 194
5. 混乱という動機 —— 195
   註 —— 196

14 微分篇(2) ——————————————————————————— 199

1. ベクトル的量とアフィン的量 —— 199
2. 物理量の場合 —— 203
3. もっと普通にアフィンな物理量 —— 206
4. ベクトルはヤジルシでいいのか —— 206
5. ベクトル解析に現われる諸量(顔見せ) —— 208
   註 —— 210

15 微分篇(3) ——————————————————————————— 213

1. 微分量 —— 213
2. 座標 —— 216
3. 微分概念と微分世界 —— 217
4. 微分量と微分係数 —— 219
5. 高次・高階の微分量 —— 222
   註 —— 224

16 微分篇(4) ——————————————————————————— 227

1. 微分可能性と微分係数の定義 —— 227
2. 平均値定理無用論 —— 229
3. 平均値定理と有限増分不等式 —— 234
4. 定理の比較分析 —— 236
   註 —— 239

17 微分篇(5) ——————————————————————————— 241

1. 有限増分不等式とその証明 —— 241
2. 有限増分不等式の有効性 —— 244
3. 2階微分の形式的理解 —— 245
4. 2階微分の順序交換について —— 249

　　　　註 —— 253

18　微分篇(6) ——————————————————— 256
　　1. 微分概念の反省 —— 256
　　2. 2階微分，高階微分 —— 259
　　3. 微分の環と形式的計算 —— 262
　　4. 無限小量のイメージ —— 265
　　5. 偏極についての注意 —— 266
　　　　註 —— 268

本書に登場する書籍 —— 271

索引 —— 275

下巻目次

19. ベクトル解析篇(1) —— 002
20. ベクトル解析篇(2) —— 016
21. ベクトル解析篇(3) —— 030
22. ベクトル解析篇(4) —— 045
23. ベクトル解析篇(5) —— 060
24. ベクトル解析篇(6) —— 075
25. ベクトル解析篇(7) —— 090
26. ベクトル解析篇(8) —— 104
27. 微積分篇(1) —— 118
28. 微積分篇(2) —— 132
29. 微積分篇(3) —— 147
30. コンパクト篇(1) —— 162
31. コンパクト篇(2) —— 176
32. コンパクト篇(3) —— 190
33. コンパクト篇(4) —— 204
34. コンパクト篇(5) —— 218
35. 番外篇(1) —— 232
36. 番外篇(2) —— 246
37. 番外篇(3) —— 261
38. 番外篇(4) —— 275
39. 番外篇(5) —— 289
40. はじまりのおわり —— 303

数学の読み方・聴き方
森毅の主題による変奏曲(上)

[註 0]

はじめに

　じつは，森さんが亡くなった 2010 年以来ずっと，追悼の文章を書く計画で，途中何度も挫折した．それが本書のもととなった『数学セミナー』誌での連載の背景にある．挫折の原因はいろいろだが，森毅という極めて多面的な人を，どう頑張っても，正確に覆いきれるものではない．困難はそこに集約されるだろう．欲張ってはいけなかったのだ．それで，私の知る「森毅」を話のネタに，一種，自由連想的に，数学的な話題を中心に綴っていく．そのようにして，なにかしら「森毅」的な世界や雰囲気を点描するという「手」――「妙手」か「悪手」かはともかく――をひねり出した．「考えすぎないほうがうまくいく」というのが森さんの教えであれば，それで「ええんちゃう」？
　とは言うものの，最初は少し言い訳めいた事情から始めることとしたい．まずは，従って，本来の構想とは別の雑談風の仕立てに終始する．

1 ❖ 森さんとのつながり

　あの森さんが，ひどい火傷を負って入院したというニュース（2009. 2. 27）に驚き，しかし，当然の恢復を期待しながら一年以上すぎた或る日（2010. 7. 24），再び不意打ちを食らうように突然の訃報に接することになった．その時から，私の知る「森毅」について，なにかしら記録しておかなくてはという気持ちになり，そう公言もし，実際書き始めるものの，どうにも書き続けることができなくなるのだった．
　森さんの多面性に比すべくもないが，私自身と森さんの関係にもいくつか

の側面がある．しかも，関係が深いのならばまだしも，そうでないところに，上記の挫折の理由があるのだ．

　森毅さんのことを回想したり，評論したり，総括したりと，私が個人的に何をしようが，それはもちろん「勝手」だが，その内容を，公に書くとなれば，一体どんな資格があるというのかと問われもする．当然の疑問である．

　実際，客観的に見るなら，特に強い接点・つながりなど何もない．親子ほど歳も離れているのだが，歳の離れた友人であったわけでもない．セミナーをやったなど親しくつきあった学生でもない．所属学部は違うものの，或る意味では同僚と言えないでもない時期もあった．ただ敢えてそう強調するほどの付き合いもない（だから否定の多い，もって廻った言い回しになる）．数学者としては分野も近い同業者であったろうが，数学について議論したわけでもない．こう書くと「ないないづくし」に終始してしまう．

　でも，まあ，その著作・活字を通じてのみ知る訳でもなく，大学教養課程ではいくつかの講義（「数学4」「数学5」「数理統計」など）を聴いた（多分単位ももらった）し，2回生の時にはクラス担任だった．講義についてはおいおい述べることになろうが，担任について言えば，当時は，コンパのときの金銭的援助をお願いする程度の付き合いが通常で，名目上にすぎないとも言える[註1]．また，育った場所や出身校に共通点はあるが，森さんからそのことを感じることは少なく，親しみが深まるほどの作用はない．

　再び否定詞が増え始めたが，それでも，ちょっとした繋がりもいくらかあって，大学院生時代には，京大楽友会館でのセミナーの食事にたまたま同席されたことがあり，遠目ながら直接に話を聞いた思い出もある．また，京都での学会でベル押しをしていた時，隣にいた森さんに，別の日に発表した自分の結果の一部（詳しいことが判らなくてもノントリビアルと思われる箇所）について勇を鼓して聞いてみた．答えは例の口調での「そら，そうなんちゃう」という拍子抜けしたものであったが．

　他にも，その手の細かい話はいくつかあるが，要するに，個人的に親しかったことはとりたててない．つまり，全く形式的な関係$+\varepsilon$程度にとどまる．考えてみると，むしろ，正確に言えば，その程度に自らを抑制していたとも思える．機会はいくらもあったのであるから[註2]．

　一方，私は森さんの（記事や書物の）読者としては，上のような実体験より，

はるかに強い繋がりをもっていると自覚している．そのことは，自分の人生の或る部分に，重要な影響を及ぼしたし，また，それ故に森さんとの個人的な関係を「自ら抑制」していたのだろうと思う．

尤も，かなり多くの著作に触れたと言っても，すべてではないし，個人的なつきあいもなかったのだから，視点も限られる．過度に自分の思い入れを語るような立場でもない．にも拘らず敢えて「語る」というのが「変奏曲」たる所以なのだ．

2 ✦ 講義の断片

既に述べたように，その多面性に比して，私の知るところは僅かで，網羅的だとか完全だとかを目指すつもりはない．それに，亡くなって，時間が経ち，他にいくつかの追悼文なども現われ，重複も矛盾もその中に述べられている．「偲ぶ会」(2011.2.20) も開かれた．それらの影響を排除したり，参照に完璧を目指したりということは不可能だから，ますます曖昧な立場で書き始めるしかない．

曖昧さに関して言えば，私は理学部生の分際で，文系向きの教養課程の講義「数学4」にも出席していたが，そこで聴いた話は，あまり時を置かずに雑誌（たとえば『現代数学』）の記事として読める形になっていた．たしかに，最前列の端っこで，どう見ても大学生ではなさそうなおじさんがテープレコーダーを回していたのを，幾分訝しげに見ていた記憶がある．

この例からも判るように，そもそも出典や初出について，正確を期するのが難しいということを，予めお断りしておきたい．森さん自身，いろいろな形で類似のネタを使っているし，ときに話が変形されることもある．講義で聞いた「こぼればなし」も，どこかで活字になっている可能性が結構ある．余り得意気に披露しても仕方がないだろう．

ついでに言えば，森さんの講義は単位がとりやすいということで多数の学生が登録し，試験も会場を確保するのが大変だったほどだが，自身に関わる伝説が話題になることもあった．答案が余りに多数なので，階段の上から放り投げてよく飛んだのにいい点をつけるなどという「ありがちな」噂に対しても，そんなことしたら拾うのが面倒で，するわけがないではないか，など．

また，優・良・可の評定が試験の素点 80, 70, 60 で区切られているのを逆用して，気に入ったのを 82 点，その次が 81 点，合格ぎりぎりでも 80 点とした話も実際に聞いた．一つは素点からの形式的な割り振りに対するささやかな抵抗であり，評価が教員の側から一方的になされることへの疑問（裏返せば「反省」）からだという主旨だったと思う[註3]．が，その翌年には，なんと「鬼宣言」の貼り紙がでて，試験に関して「オレは今年から鬼になるゾ！」というのである[*1]．多くの学生は，高を括って，何かのシャレだろうくらいに思っていたが，実際に同級生で，不真面目な答案を書いたわけでもないのに落とされて泣きを見たのがいた．本当に鬼に変身したのだ．それが何年続いたかは定かではないが．

　ちなみに，のちに，私が助手時代，学内非常勤で教養部の「数学5」（内容は解析特論）を担当したとき，妙に登録者が多くて不思議に思ったことがあった．どうやら，参考書に森さんの『現代の古典解析』を入れたので，前年定年でやめた森さんの「後継」かと誤解したようなのだ．ということは「鬼」はそう長く続かなかったのかもしれない．

　話を「数学4」に戻すと，学期の最初は，名物教授ということで教室に入りきらないほどの学生が集まって，繰り出されるネタも受けがよく爆笑が続くのだが，学期も半ば，学生の数も限られてくると，受けも悪くなり，森さん自身のテンションも下がってきた．内容自体は，それなりに興味深く，のちに単行本（たとえばカッパ・サイエンス）で再会することになるようなものが含まれていたように思う．また，初めて聞くような哲学者・思想家の名前も「ボクはワリカタ＊＊が好きで」など森口調で登場し，大学生なら，知っていて当然と言った風情で，くだけた中にもそこはかとない教養の香りを感じたものである．これは文科系向けだからというものでもないだろう．

　また，当時，『現代数学』誌でいろいろな人と対談をしていたが，活字になる前に「数学4」でその話（または裏話）が聞けることも多かった．少し得した気分だ．そのひとり中津燎子（『なんで英語やるの』の著者）と関連してだったと思うが，夏休み前に出たレポート試験のテーマが「数学のイデオロギー機能について論ぜよ」．レポートは何とかでっちあげたが，今でもそんなテーマで何かまともなことが書ける気はしない[*2]．

　ついでに当時，京大教養課程の数学科目は，「数学1」が微積分，「数学2」

が線型代数.「数学3」はその二つを合わせた講義で,理科系の中でもそれほど数学に時間をかけない学部向け.また「数学4」が文科系用に歴史やら数学教育やらのテーマを交えたもの.これが1回生配当.以下は2回生配当で,「数学5」「数学6」「数学7」はそれぞれ,解析特論,代数特論,幾何特論と,お好み科目.「数学8」は微積分続論で,前期はベクトル解析,後期は常微分方程式.他に数字のついていない「数理統計」と「数学演習」もあった.(それで全部かというと自信はないが).

「数学5」はのちに函数論ばかり多くなって存在意義が問われるようになったが,私の学生時代は,いろいろなテーマでいろいろな先生が開講していた.その時の森さんの「数学5」は「変分法」だった.最初の回には,変分法というのが如何に無限次元空間での微積分なのか,という基本思想を教わった.それだけで充分有意義だったが,なぜかその後の講義には出た記憶が殆どない.初回,大きな教室に非常に多くの学生が集まっていたので,それでいやになったのかもしれない[註4].ただ,参考書としてゲルファント-フォーミン『変分法』[註5]のほかに,吉田耕作・加藤敏夫『大学演習応用数学』(裳華房)を挙げて,吉田耕作が書いたと思われる部分はつまらなくて,加藤敏夫が書いたと思われる部分は面白い,などのコメントもあった.今となってみると,これらの本をまじめに勉強していればよかったとも思う(今からでも遅くはないか).

「数理統計」は,ワリカタまじめに出た記憶がある.当時,小針晛宏『確率統計入門』が出たばかりであった[註6].岩波からこのようなクダケタ本が出せたのも,著者が亡くなった為,その遺志を尊重するという名目で,編集がなされたからだ,との裏話も聞いた[*3].確率や測度に関する基本的な思想を講義されていたが,結構高度で,有界収束定理に関して bosse glissante(瘤ずらし法)の言葉もナマで聴けた[註7].しかし,森さんの数列空間を例にとる説明では本質が見えない不充分なものだと後に思ったのである.

講義に使われた「ネタ」は断片的にいくつも思い出されるが,森さんの著作にあったりするし,今となっては,どの講義だったかすら定かではない.実は自分の講義で借用させてもらっているものもいくつかある.学恩というのだろう.出た講義は限られているのに,このようなネタを相当沢山覚えているというのはどういう理由なんだ.きっとテレビを見るように講義を聴い

ていたのだろうな．

3 ❖ 数学セミナー

　話は前後するが，私が森さんの名前を知ったのは，もちろん大学に入ってからではない．『数学セミナー』誌では何度か記事を読み，それがきっかけで，たとえば『現代の古典解析』などは高校時代に購入し，部分的には読んでいた[註8]．

　私が『数学セミナー』に出会ったのは，1968年2月号．新聞広告に特集名として「数学の記号」があり，そのちょっと前，小学5年生の終わり頃，実際は算数ぎらいだった私が，何故か「数学少年」として目覚めていて，それに飛びついた．物珍しい「記号」に惹かれたのをきっかけに，以来継続的な読者となる．

　2013年4月現在，『数学セミナー』の記事検索で「森毅」は125ヒットする．そのうち，森さんの著書に対する書評などがいくつかあるので，それを除いたとしても，相当な数であることは間違いない．初期のものを見たとき，最初は1965年3月号から5月号にかけて「高数タワー」の中で「位相解析」という解説記事がある[註9]．1928年生まれの森さんは，執筆時，大体37歳前後ということになる．私が購読するより前にも8箇ほど記事があるが，そのうちのいくつかは，後に単行本化されたもので読んだ記憶がある．もちろん，それ以前，『数学セミナー』以外にもいろいろ書いていたのだが，それについては別に述べる．

　当時の記事の記憶はいくつかある．その中でも，森毅という個性の放つ印象がはっきり残ったのは「わが近傍」というシリーズの記事だった．この「わが近傍」は1968年11月号．タイトルは「崩壊と挫折」[註10]．実際は最初の出会いではない筈だが，そうかと思わせるほど印象深い．力を抜いたようでありながら，それなりの気負いをもって《このシリーズは，始まったばかりなのでまだ調子がのみこめない上に，プライベートな身辺のことを書くのは，どうも気が進まない．ナカマボメならまだしも，うっかりするとすぐに悪口にエスカレートする性癖のゆえかもしれぬ.》とはじまる．のちの森さんのより軽妙な文体と比較すると，明らかに「硬くて乾いている」．今回正確

さのために原文に当たったが，そうしなくても何度も読み返していたため憶えてしまっていたほどの出だしだったのだ．それは，数学の堅い文章とも違うし，啓蒙書のような，わかりやすさを表に出した，悪くすると媚びへつらいともなりかねない文体とも全く異質である．

その「わが近傍」には著者の写真があった．若い森毅の長髪の姿．さすがにカッコイイ，とは思えないが，充分時代を伝える．そしてタイトル「崩壊と挫折」は，まさしく大学紛争にかかる時期を感じさせる．森さんは既に大学教官であったから，学生として関わったわけではない．その頃が実際にどうだったかは，私には判らない．私が「実物の森毅」を見るのは，それから5・6年ほど経ってからだが，その間に彼の著作と記事によって相当深く触れることになったのである．そして，大学紛争時代についても森さん自身が多く語るのを読み，また講義でも聞くことになる[*4]．

ともかく，以後，長いあいだ森さんの書くものを『数学セミナー』や『現代数学』という雑誌で毎号のように読むことになる．但し，遠い昔なので，その記事や著作にどこでどう出会ったか，また，どの順で出会ったか，など不明な部分は多く，もはや調べようもない（私自身が日記を書いていれば別だが）[註11]．

森さんの本の中では，その代表作『現代の古典解析』に，私自身わりと（森さん口調でいうならワリカタ）早く手にしている．そして，当然のことながら，感激するほどにのめり込んでいる．独学者の喉の乾きを潤してくれるような本だったのだ．例えば，私は高木貞治の『解析概論』は，高校2年の夏休みに集中して読んだが，その補完に恰好の書物だった．つまり，数学的な内容の「意味」なり「意義」なり「イメージ」なりを得ることのできる貴重な本だ．数学的には，逆に行間を読まなくてはいけないことになるが，「考えるヒント」という意味では，そのほうが本来的である．

さて，そうこうするうち，『数学セミナー』の記事として決定的に重要な連載「位相構造」（1972.6—73.4）がでた．同時並行で竹内外史「代数学入門」（1972.6—73.6）の連載もあった．竹内では本論（?）の「代数」に入る前の数回がnon-standard model（後の訳語でいえば「超準解析」など）にあてられ，特に新鮮だった．読み応えのある連載の双璧で，『数セミ』黄金期というべき充実した内容である．偶然ではあるが，森・竹内の双方にフィルターの概念が

出てきて，親しむきっかけを与えてくれた．ただ，これらは高校時代，受験を控えた時期でもあって，リアルタイムでそれにのめり込むまでに至らなかった．そのかわり，大学入学後，すぐにコピーをとってノートに貼付け，自家用の本にして勉強した．これらも，やはり行間を読むのが愉しいのだ．

「位相構造」の連載は，『位相のこころ』として最初現代数学社から単行本化され，ついで日本評論社に移り，現在は「ちくま学芸文庫」に入っている．この内容は，本書で取り上げる大きな主題である．以下，引用はできれば手に入りやすい文庫版で行う（例外はもちろんある）．

4 ❖ 数学の歩み

そんな風にして，大学で勉強する機会を得るところまできたが，私の個人的なことは，この際，バッサリ省略して，今度はザックリ大学院時代あたりに飛ぼう．ただ，ひとことだけ言えば，函数解析を主な興味としたのは，紛れもなく森さんの影響だろう．但し，高校時代に受けたのか大学時代になってからだったのか思い出せない．

教養部時代から理学部の講義には出てはいたが，当時図書室を「正式に」使うことが許されるのは3回生からだ（もちろん教養でも臨時に入ることくらいはできた）．しかしまた，雑誌の書庫の方はまだ学部生ではダメで大学院に入ってはじめてそちらに入れるというのだった（今はちがう）．

宝の山の数学図書室だが，3回生は講義などで忙しかったから，じっくり探索するようになったのは余裕のできた4回生になってからのように思う．通常の図書（当然，圧倒的に横文字の本が多い）以外に，全集（禁帯出）の部屋があり，奥には若干雑多な「雑誌未満」もあった．そこに製本された『数学の歩み』が中途半端に3年弱ほどあったのだ[註12]．正式な「雑誌」扱いでないのが幸いして，学部のときに出会えたのである．『数学の歩み』は1950年代にSSS（新数学人集団）という若手数学者たちがはじめた同人誌である．例えば『谷山豊全集』にある多くの日本語の記事はそこに書かれたものだ．森さんもそこに随分書いていた[註13]．

私個人の側からは，時間の流れに沿っているが，森さんの著作への出会いという点では，ここで時代を遡ることになる．上で述べたように，学部4回

生あたりから，そして修士になって，数学教室や数理研の図書室に入り浸り，『数学の歩み』など，『数セミ』記事に先行するものを「発掘」した．これらの記事は「研究者」としての森さんの姿を映すものだが，同時に，後年の評論家としての原型も体現しているように思える．

上の『位相のこころ』が勧進元の日本評論社（1987）に戻った際，（現在の「ちくま学芸文庫」とほぼ同一），関係の深い『数学の歩み』時代の記事「位相解析入門」I─IIIが追加収録されているから，一般の読者もその様子を知ることができる．さきの「わが近傍」よりずっと若く，気合いと気負いの溢れる文章である．

5❖変奏の魂胆

と，回想を重ねたが，同じような調子で森さんのことをダラダラ紹介して行こうというのではない．森さんの書いたものは無数にあるし，そんなことをしたら，際限なく続けることになる．そこで，冒頭に述べたように，数学的な話題を中心に，森毅の「行間」をどう読むかという実践に焦点を絞ろうというのが魂胆だ．

と言っても，著作も多数あるし，一冊に限ったとしても通り一遍のことを書きだせば，これまたキリのないことになる．だから，恣意的との誹りは甘んじて受ける覚悟で，森さんの片言隻句をきっかけに，脱線は当然のように折り込みつつ，思ったことを書く．

それでも何かしらの形式をとらないと，どこへ行くのか心許ない．森さんがブルバキの紹介者として，相当な役割を果たしたことに鑑みて，その形式も借りることにしようか．例えば「集合篇」「位相篇」「積分篇」などなど．収まらない時は，また別に森さんの著書から借りて「ベクトル解析篇」などを作るかもしれない．数学以外の「番外篇」に道が逸れることもあるだろう．このように，成り行きに任せるところは，それこそ森さんが「指定席の思想」を嫌っていたことを踏まえているのだが，実際，最初から細部に至る計画を立てない方が，講義でもなんでも，面白いのではないか．

ところで，既に森口調の文体模写は部分的には試みていることにお気づきだろう．すべてをそれで通す実力はないから，思い出したときだけなのだが．

で，冒頭の「じつは…」の出だしについてだけ，タネアカシしておくと『積分論入門』(数学新書)の「はじめに」をちょっと真似た．「じつは」からはじまる序文なんて見たことないから，なんじゃこれ，と，これまた記憶に残る．参考のため，最初の数行を記録しておこう：

《じつはこの本は，さらに第3章の「関数空間の解析」を書く計画で，中途でくたびれて挫折したのである．そのために，ふつうの「積分論の内容」以前にとどまってしまったので，付録として「積分論の諸定理」をつけた．これを個別に証明するだけならそれほどの苦労もなかったのだが，それらの定理を「関数空間の解析」として位置づけよう，というのが最初の構想だったわけ．

元来，「積分論に名著なし」というのが，ぼくの説である．もちろんこの本も不満足である．有「名」な本の方はたくさんあるが，そのどれもいくらかチグハグで気に入らない．現在の「積分論」自体が未完成なのだと思う．…》

この「はじめに」が書かれたのは1967年秋とある(1968年3月出版)．特異な文体の中に，理論自体の完成度が入門段階の教育にも深くつながるという，森さん一流の考えがはっきりと打ち出されている．同様の考えは「位相構造」でも表明されていて，研究者・教育者・評論家と重点が移っても，彼の一貫した視点である．教科書にしろ啓蒙書にしろ，学習者としての読者に対し，このような認識を与える人は稀だろう．

さて，我々は，森さんのこのようなコダワリ方を充分認識した上で，さらにそのコダワリ自体について，輪をかけてコダワってみたい．森毅という「主題」をもとに，ときにクダラナく，ときに本格的に，精粗おりまぜて「変奏」してみようというのである．

註
[註0] 数をかぞえるのに0から始めるのが合理的だという考えは，数学者にはそれほど抵抗がないだろう．森さん自身このことを講義などでも話題に

していたが，だったらいっそ 0 月 0 日から一年をはじめるのはどうか．これを「そんなのやっぱりオカシイ」と締める場合と，「0 月 0 日明けましておめでとう」という方がめでたく感じる，との二種類のオチのバージョンがあったようだ．

[註 1] 尤も，応援団の K の証言によると，カンパだけせびりに行って断られたとか[*5]．

[註 2] 大学 1 回生(1974)ごろに限っても，単位の出ない自主ゼミの制度のうち，教官がチューターとして開催するものもあって，森さんの高橋利衛『基礎工学セミナー』(現代数学社)をテキストにしていたものもあった．この自主ゼミには参加しなかったが，この本は続編の『基礎工学対話』とともにのちの私の愛読書になった．

[註 3] 註 8 に絡んで『数学のある風景』(海鳴社)を見ていると，この本収録の記事「裸の王様」(初出 1973)には，82 点，81 点，80 点で評価する話がでている．確かにこの記事は他の話も含めて，講義(1974)で聞いた内容とかなり重複している．

[註 4] 実際は，2 回生になると，理学部の専門講義を聴きに行く方が多かったので，教養の講義は厳選していたようだ．だから森さんの「数学 5」は単位をとったかどうか怪しい(というのは，松浦重武先生の「数学 5」には毎回出席して単位も取ったから．ちなみに，松浦さんのは，前期超函数(distribution)，後期ルベーグ積分というもの)．

ついでに，大きな教室と言えば，そのとき間違えて入っていったのが日本史の上田正昭さんの講義で，それもまた初回は大人気だったことを思い出す．

[註 5] Gelfand(ゲルファント)は Gel'fand とも綴られるので，ときにゲリファントが当てられる．訳書『変分法』は買わなかったが，今調べると，文一総合出版で著者はゲリファント-フォーミンのようだ．

[註 6] 小針さん(1931.1.1—1971.11.21)の名前(晛宏＝あき宏)の漢字をワープロで出すのは困難だ．没後編まれた『数学の七つの迷信』(東京図書 1975)の森毅による序「ノゾソラさん江」には，小針さんのクシャクシャとした署名が「覗空(ノゾソラ)」と読め，それは「針の小さき穴より空を覗く」という意味だと解釈された話がある．ちなみに，教養部図書館にあった大きな本(40 年振りに確かめたら『京都大学七十年史』だった)にある専門は「ソー群の表現」．もちろん「ソー群」は「リー群」の誤植．そういえば「ソーマン面」というのもあったなあ(今回改めて確認すると，ここは異常なほどに誤植の宝庫．圧巻は小針さんの名前が「月偏に艮」と，モトのに輪をかけて難しい，そんな漢字あるのか！となっているところ：きっと「日が月に」「見が艮に」化けたのだろう(p.829))．のちに，

大学院に入って，小針さんに $ax+b$ 群という基本的な群の表現論の論文がたしかにあるのを知った．

[註 7] 既に森さんの書かれたもので知っていたから，その言葉がでてきたときには期待した．

[註 8] 他に『現代数学とブルバキ』や『積分論入門』(ともに数学新書＝東京図書)を買っていた．国土社の『ベクトル解析』は大学に入ってから買ったという明瞭な記憶がある．

[註 9] のちに『大学教育と数学』(総合図書 1967)に収録．

[註10] のちに『数学のある風景』(海鳴社 1979)に収録．

[註11] これを書いていて忘れていたことを思い出した．『数学セミナー』の増刊が，70年代から出始めていたのだ．例えば『数学新用語100』(1970.12)，『100人の数学者』(1971.12)，『数学100の発見』(1972.12)など．執筆項目こそ多くないが，その中で森さんを書き手として面白いと認識し始めたような気もする[＊6]．

[註12] 当時の所蔵．のちに足立正久先生個人所蔵のものが寄贈され，それなりに充実した．

[註13] SSSについて森さんは『数セミ』1972.6 (丁度「位相構造」連載初回と同じ号)に書いている．他に1997.2に倉田令二朗，1993.12に清水達雄，1984.1に齋藤利弥による記事がある．

[＊1] 『ものぐさ数学のすすめ』(青土社) p.191「ディスコミュニケーション」(初出『進学ゼミ情報』1978.7)．

[＊2] 『ものぐさ数学のすすめ』p.192 に言及されている．

[＊3] 『ボクの京大物語』(福武書店) p.65．

[＊4] 印象は異なるが，のちに出た『ボクの京大物語』には詳しい裏話がある．

[＊5] 別の話だが，森さんが現金をもたないことは『ボクの京大物語』p.114にある．

[＊6] 『100人の数学者』(日本評論社 2017)とは別モノ．

集合篇（1）

　前回，執筆の意図と背景について雑談風に始めたが，今回から数学の内容に立ち入ることにしたい．雑談も交えるものの，話はちょっとばかり，いや，相当複雑になるかもしれない．

1❖ブルバキ

　子供時代，数学に興味をもったとき，家の近くの小さな本屋には，専門書など置いていないので，大阪の大きな書店に出かける機会を楽しみにしたものだった．そこには奇妙な名前のシリーズの函入り本が書棚の一角を占めていた．ブルバキである．

　『数学原論』だというので，チラと手に取ってみても，少しは見慣れた他の専門書とは違う，暗号かと見まごうような本だった．巻数も多く，とても買う気のおこらない種類の本なのに，不思議にいつもそれなりの場所を占めているのだ．

　そいつらの正体を知る手がかりとして，数学新書（東京図書）の一冊に『現代数学とブルバキ』を見つけた．著者は森毅．邦訳にあわせての企画であろう[註0]．しかし，ブルバキの単なる逐語的な解説ではなく，「現代数学」の性格を，ブルバキズムを通じて明快に説き起こしたものである．解説者としての森毅の面目躍如．

　これを，判らないなりに随分読んだのは，例えば図書目録を眺めて，本を買う日を楽しみにするというのと似通った心理だろうか．或いは「観光ガイ

ドブック」として読んだのだろうか．ブルバキの何冊かを実際に買うことになったのは大学に入ってからだが，この本で予習済みなので，スタイルその他で拒否反応が引き起こされることはなかった．

というようなことを書くと，現在の読者からは，逆に，何を言っているのか判らないとの反応が返ってくるかもしれない．ブルバキに対する感覚は，それが「新奇すぎる」という反発の時代と，それを「最先端」として(少々は無理して)受け入れる時代と，その後「常識」として標準化された時代と，ブルバキなどもう「古い」と感ずる時代が，考えられる．邦訳の頃は，まだ「反発」と「最先端」が入り交じった時代だったのである[註1]．『谷山豊全集』収録の一文にBerbakiだのBarbakiだのという皮肉が出てくるのがあるが，新奇な流行を追い求める風潮への批判が表明されているわけだ[註2]．

さて，本書も『現代数学とブルバキ』から題材をとることも何度かでてくることになる．今回は，そのうちの「集合論」にかかわるところ．

2 ❖ 反転公式

ブルバキのシリーズの中でも集合論は，もっているだけで殆ど読んでいない．なのにそれを採り上げるというのは，森さん自身の或る言葉に注目するからである．『現代数学とブルバキ』の「ブルバキの内容」という章には，ブルバキに即した紹介が並ぶ．そのうちで，最初の『集合』の第3章§5の演習問題に関する箇所(p.88)を引用する：

《組合わせの双対定理
$$a(p) = \sum_{r=0}^{p} (-1)^r \binom{p}{r} b(r) \longleftrightarrow b(q) = \sum_{s=0}^{q} (-1)^s \binom{q}{s} a(s)$$
を，ぼくは，ここの「演習」をやることでおぼえた．》

これ自体は難しいものでもないし，証明もすぐできる．少し解説すると，ポイントはデルタ函数的な関係

$$0^n = \begin{cases} 1 & (n=0) \\ 0 & (n>0) \end{cases}$$

が基礎にあり，これを二項展開

$$(1-1)^n = \sum_{r=0}^{n}(-1)^r \binom{n}{r}$$

と結びつければよい．このような「反転公式」はすべてデルタ函数（またはクロネッカー（Kronecker）のデルタ）を具体的に表示する式である．

関連する例に，初等整数論でのメビウス（Möbius）の反転公式がある．さらにその場合，ヴィノグラードフ『整数論入門』（共立全書）には付録（本田欣哉）で母函数（ディリクレ（Dirichlet）級数）との関連が述べられている．上の「双対定理」の場合に対応する母函数は類似の「指数的母函数」で，

$$f(x) = \sum_{p=0}^{\infty} a(p) \frac{x^p}{p!}, \quad g(x) = \sum_{q=0}^{\infty} b(q) \frac{x^q}{q!}$$

を作ってやると，二つの関係式は，各々

$$f(-x) = g(x)e^{-x}, \quad g(-x) = f(x)e^{-x}$$

となる．これらが互いに他に移るのは見やすいので「双対定理」はすぐに得られる．

実際，指数的母函数について，母函数の積と係数の関係は次のようになっている：

$$F(x) = \sum_{p=0}^{\infty} A(p) \frac{x^p}{p!}, \quad G(x) = \sum_{q=0}^{\infty} B(q) \frac{x^q}{q!}$$

のとき

$$F(x)G(x) = \sum_{r=0}^{\infty} C(r) \frac{x^r}{r!}$$

とすると

$$C(r) = \sum_{p=0}^{r} \binom{r}{p} A(p) B(r-p).$$

このような，母函数と「畳み込み積」（母函数の積からできる一種の積）の関係は，初等整数論や組合せ論の初歩を学ぶと，知ることのできる「愉しい」視点である．それは学習が進んで，フーリエ級数，フーリエ変換，ラプラス変換などがでてきたときにも，「あっ，これって，あれじゃないのか」[註3]と思い当たる典型的で汎用性のある思考様式である．

と，上の一文からは連想が自然に進むのだが，念のため，ブルバキ『集合

論 2』の演習を見ると，何と！あのような形のズバリの出題はない．どういうことか？ 森さんは《ここの「演習」をやることで覚えた》と書く．つまり上の「双対定理」は，彼がここの演習から抽出したもののようなのだ．

ところが，森さんは，さらに一歩進んで，「**これを群の表現論とからめて証明できないか**」と問題提起されたのだ．──えっ，それはどこで？──いや，その，それは『現代数学とブルバキ』ではない，多分（シドロモドロ）．**問題**なのは，その問題提起がどこでなされたのか，探し出せないことなのだ．なんだか，幻覚が幻覚を呼ぶようなあやしい話だが，まあ，呆れないで，もう少しつきあってくださいな．

3 ❖ 表現論？

すぐ上に述べた問題は，私としては，どこかで読んだか，講義の最中に言われたか，以前から気になっていて，折に触れ探すのだが，見つからない．大学時代（たとえば2回生）にその問題を知っていた記憶はあり，「数理統計」だったかの試験に，関係ないが，多分関係ないことも書いてよかったので，上の母函数での説明は答案の一部に書いた．但し，それに対する反応はなかった（森さんだって，そんなことくらいとっくに知っていたにちがいない）．

　ちなみに，もし誰か「表現論とからめて」の出典に心当たりのある方がおられたら，どうかご教示ください．

　なんだか幻の問題のように見えるが，実はここからが話の核心である．森さんは**なぜ**「**表現論**」とからめて理解したかったのか，**背景**は何か，ということだ．もちろん私も，本人に確かめた訳ではない．仮に私がその出題意図を確かめることができる立場にあったなら「その問題の意味は何ですか，どういうことですか」など無粋な問い質しをしたやもしれぬが，この種の問題は，曖昧さに水を掛けて殺してしまうことなく，時間を掛けて暖めるべきものと理解するのが賢明だ．

　という事情もあって，これから述べることは憶測に過ぎないのだが，「森毅の行間を読む」例として，それをネタに変奏してみようというのだ．

　それは，あまり知られていない森さんの数学的業績の一つに関わる．森さんと言えば，例えばWikipediaには主要な研究論文として3篇（うち日本語

の『数学』論説が一つ）くらいしか記されていない[註4]し，《助教授就任後の数学者としての業績は論文が２本だけだったため，「これほど業績がない人物を教授にしてよいのか」と問題になったが，「こういう人物がひとりくらい教授であっても良い」ということで京都大学の教授となった．》などと書かれている[註5]．これだと，近頃の世知辛い外形的評価からは，業績は大したことのないものと受け止められる．それは或る意味で正しいだろうが，実は物事の半分も見えていないと思う．

ただし，今は「森毅の数学的業績」全般へ深入りすべきところではない．そうでなくても，表現論の説明だけで，かなりの説明を要するのだ．

4 ❖ ブール代数

表現論内部の理論的背景は，森さんの仕事の意義という点では重要だが，さきほどの「双対定理」にとってはさしあたり必要ではないから，あとでザッと述べることにしよう．実際それはかなり専門的な準備が必要で，いきなりそこを目指すと読者に無用な努力を強いることになる．それよりも，森さんの論文の題材であるブール代数について，先に詳しく話を展開するのがよいだろう．何といっても，今回は「集合篇」だから，そちらのほうが主役だ．

ブール代数は，一般にどれほど馴染みのあるものか，ちょっとはかりかねるのだが，数学を離れても，論理や回路など応用数学にもからんでわりと知られているだろう．それは「束」(lattice)のうちの特別なものである．この用語を出したとたん，どうしても脱線したくなるのが，lattice の訳語として「束」と「格子」と二つあることと，「束」の原語として lattice, bundle, pencil と三つもあることだ．しかし，原語と訳語の一対一対応などという不自然で無理なことを望むべきでない例として尊重しておくことにしたい．で，「束」だが，これにも二つの顔があって，一つは順序構造，もう一つは代数構造である[註6]．

順序構造というのは，簡単に言えば不等式が定義されている世界[註7]．但し，普通の実数のときとちがって，$a \geqq b$ と $b \geqq a$ のいずれかが成り立つという「全順序性」は仮定しない．全順序でないことを強調して「半順序」と言い，そんなものが定義されている集合を partially ordered set という．略

して POSET は,「組合せ論」業界用語だが,そのような郷土色に染まる必要はない. ついでに, $a \geqq b$ のことを $b \leqq a$ とも書く常識的な但し書きもここで確認しておこう.

 大学初年度の微積分のはじめ,実数論がでてくるところで,上界 (upper bound),下界 (lower bound),上限 (supremum) = 最小上界 (least upper bound),下限 (infimum) = 最大下界 (greatest lower bound) など,見慣れない言葉が矢継ぎ早に導入されて消化不良に陥った人もいるかもしれない. その悪夢を呼び起こすのではなく,それを克服するために定義を復習してみよう. 実数論では,全順序だったが,これらの用語は一般の(半)順序集合で定義される.

 順序集合 P の部分集合 M に対し, $a \in P$ が M の(一つの)上界であるとは, M のどんな元 $x \in M$ に対しても, $a \geqq x$ が成り立つことである. つまり M を上から押さえるもの. そのうちに最小のものがあれば(あるかどうかわからない),それを上限という. これは日常用語と少し意味がズレるが,そんな数学用語は沢山あるのでいちいち気にしない. さて,では, s が M の最小上界 = 上限とはどういうことか:

(1) まず s は M の上界である,つまり,任意の $x \in M$ に対して $s \geqq x$ が成り立つ.
(2) s はそんなもののうちの最小である,つまり, M のどんな上界 a に対しても $a \geqq s$.

 この (2) の最小性から,上限は存在したとすると一意である. 不等式の上と下をひっくりかえしたものが,おのおの下界と下限 = 最大下界ということになる. 実数論では,無限集合に対する上限が問題だった. 隙間なく詰まった実数の性質の特徴を抽出するのに,空でない有界集合には上限が存在する,というかたちで捉えたわけである.

 いまは,そうではなくて,一般の順序集合 L が「束」だという定義をしたい. ずっと基本的かつ初等的とも言える,有限集合に対する話である. 要請は,任意の $a, b \in L$ に対して,集合 $\{a, b\}$ に上限と下限が存在するというのだ. 上限と下限は存在すれば一意だから,それら a, b から決められるものを,

二項演算として捉えて $a \cup b$ と $a \cap b$ と書く．このように，特別な順序集合に代数構造が入る．この二つの二項演算の性質として，どちらも可換（つまり $a \cup b = b \cup a$, $a \cap b = b \cap a$) であり，結合律

$$(a \cup b) \cup c = a \cup (b \cup c), \quad (a \cap b) \cap c = a \cap (b \cap c)$$

と吸収律

$$(a \cup b) \cap b = b, \quad (a \cap b) \cup b = b$$

が容易に看て取れる．結合律は容易（結局 $\{a,b,c\}$ の上限・下限）だから，吸収律を証明すると，まず，

$$a \cup b \geqq b, \quad b \geqq b \Longrightarrow (a \cup b) \cap b \geqq b$$

の一方，定義より明らかに

$$(a \cup b) \cap b \leqq b$$

なので $(a \cup b) \cap b = b$ が判る．順序構造からの定義では冪等律

$$a \cup a = a, \quad a \cap a = a$$

も明らかである．逆にこれら，冪等律，可換律，結合律，吸収律をみたす二つの二項演算 $\cup, \cap$ をもった代数系を束と定義することもできる．実は冪等律は他から出るが，公理の節約が，概念の自然な規定に比べて優先される理由はないから，冪等律を公理に入れておいて構わない[註8].

二項演算から順序を入れるには

$$a \geqq b \Longleftrightarrow a \cap b = b$$

とすればよい．これが

$$a \geqq b \Longleftrightarrow a \cup b = a$$

と同値なのも吸収律から判る．

ここまでが一般的な「束」の定義．のちのち順序構造も話にでてくるから，こんなことにも触れておいた．例えば，位相とか測度に関わるところでは，いずれ役に立つだろうという目論見である．

次いで，いよいよブール束の定義をする．横道に逸れず，単刀直入に行くと，束 L が**ブール束**であるとは，

(0) 最小元 0 と最大元 1 をもち，
(1) 分配的であり，
(2) 任意の元 x が補元をもつ，

というものである．ここで，いくつかの言葉の定義が必要だ．(0)の最小元，最大元は説明を要しないだろう．それらに名前をつけて 0, 1 とするだけのことだ．また，分配的とは，二種類あって $\cap$ の $\cup$ に対するものとその反対の両方であって，式で書けば

$$(a \cup b) \cap c = (a \cap c) \cup (b \cap c), \quad (a \cap b) \cup c = (a \cup c) \cap (b \cup c)$$

である．その次のちょっと見慣れない「補元」だが，それは，最小元・最大元あってのことで，y が x の補元(complement)とは

$$x \cap y = 0, \quad x \cup y = 1$$

を満たすとき言う．最小元・最大元をもつ束に対して，一般に補元は一意とは限らないが，分配束(= 分配的な束)の場合には補元は一意となる．例えば y と z が x の補元だとすると，

$$y = y \cap 1 = y \cap (x \cup z) = (y \cap x) \cup (y \cap z) = 0 \cup (y \cap z) = y \cap z$$

なので $y = y \cap z$ となるが，y と z の立場を入れ替えたら $z = y \cap z$ でもあり，従って $y = z$ となる．

このように，x から一意的に決まる補元を一項演算として $x \longmapsto x'$ と書くことにする(他に x^c もよく使われるが，ここでは a, b, c などとダブることを考えて避けた)．もちろん $a'' = a$ と二度やると元に戻る．

補元に対してはド・モルガン(De Morgan)の法則

$$(a \cup b)' = a' \cap b', \quad (a \cap b)' = a' \cup b'$$

が成り立つのも簡単な練習問題である．

5 ❖ ブール束とブール環

ちょっと基礎的な定義が続いて，教科書っぽくなってしまったが，数学なので仕方がない．もちろん，ブール代数を説明するのに敢えて「束」から出発する必要もなかったかもしれないし，典型的な集合束，つまり一つの集合 E を決めて，その部分集合全体(冪集合) 2^E を例にとればよかったかもしれない．これはもちろん合併と共通部分という束演算をもつブール束である．事実としては，ブール束とは，このような集合束の部分束と同型になる(ストーン(M. H. Stone)の表現定理)．だが，まあ，こういう形式的な話も時に必要になるだろうから，予め，導入しておいたのだ．

集合以外にも論理の ∨(or) と ∧(and) もブール束の例を与える．というより，そもそもの名前は「思考の法則」を定式化したブール(George Boole)にちなむ．この論理という内包による規定を外延化したものが集合だと思えるわけで，このあたりも大学初年度の「集合と論理」の確認事項である．

さて，このブール束では，∪ と ∩ の役割が完全に対称で，入れ替えが可能だ．それはそれで便利なのだが，使用の意味(たとえば or と and)において，日常語との齟齬を少し感じることになる：紅茶にレモンかクリームのどちらを入れますか，と聞かれて，「両方」と答えたら，「ご冗談でしょう，ファインマンさん」と言われることになる．日本語でも英語でも，or (または)は，日常的には，どちらか一方，という意味になる．英語だったら，より精確にeither or を使えば紛れはない．もちろん数学や論理だって，それくらいのことは言えるのである．論理の方の専門用語では「排他的離接」というらしいが，ブール束での対応物は

$$a \triangle b = (a \cap b') \cup (a' \cap b) = (a \cup b) \cap (a \cap b)'$$

である．集合算では対称差(symmetric difference)として知られているもので，名前もそれを借用する．

ブール束での基本的二項演算 ∪, ∩ は別の二つの二項演算 △, ∩ を基本として置き換えることができる．実際，∩ は共通だから，∪ を △ と ∩ で書けばよいが，

$$a \cup b = (a \triangle b) \triangle (a \cap b)$$

とすればよい．集合算で見るのは簡単だが，ブール束でも同様で，$a \cap b = 0$ なら $a \triangle b = a \cup b$ ということと，$(a \triangle b) \cap (a \cap b) = 0$ に注意すればよい．

このようにして基本演算の対称性を崩す御利益は何かというと，これで「環」という代数系になるからである．つまり，$a \triangle b$ を $a+b$ と書き，$a \cap b$ を ab とすると，よりなじみのある普通の「可換環」になる．このためには，加法の結合法則と分配法則

$$(a+b)+c = a+(b+c) \;; \qquad a(b+c) = ab+ac$$

を確かめなければいけないが，これも(集合算を念頭におけば)難しくない．たとえば，結合法則の両辺は

$$abc \cup a'b'c \cup a'bc' \cup ab'c'$$

となる(スペースの節約のため ∩ は積の記号で置き換えて書いた)．分配法

則も同程度にやさしい．

このブール束を環と看做したものは，可換環として特別な二つの性質がある．一つは「標数 2」，つまり $2x = x+x = 0$ が任意の x に対して成り立つことであり，さらに著しいのはすべての元が冪等 (idempotent)，つまり $x^2 = x$ が成り立つことである．これに**ブール環**と名前をつけておこう．よくある演習問題として，一般に積の可換性を仮定しなくてもすべての元が冪等なら，可換であり標数が 2 というのもすぐ導けるが，今は別にそんなことにこだわるものではない．

このように，最初は順序から出発したブール束であるが，ずっと普通の環に翻訳できるので，より標準的な代数の知識が使えることになる．

6 ❖ ブール代数 2^E

一番典型的なブール代数は，さきほども出てきた冪集合のなす 2^E である．これについて少し説明しておこう．最小のブール代数は，最大元と最小元が異なる ($1 \neq 0$) という尤もな仮定を置けば，$2 = \{0,1\}$ という 2 元集合に

$0 \cup 0 = 0, \quad 0 \cup 1 = 1, \quad 1 \cup 0 = 1, \quad 1 \cup 1 = 1,$
$0 \cap 0 = 0, \quad 0 \cap 1 = 0, \quad 1 \cap 0 = 0, \quad 1 \cap 1 = 1$

と入れたもの．つまり E が 1 点集合の場合である．これを敢えて 2 と書くのは，公理的集合論の便法に従っている (それが好きか嫌いかは別として便利なので使う)．これを上の対称差を和とした環と看做したものは，普通の素体 $\mathbb{F}_2 \cong \mathbb{Z}/2\mathbb{Z}$ である．

ブール束にしろブール環にしろ，2^E はこの「素」ブール代数 2 の直積である．つまり，集合としては E から $2 = \{0,1\}$ への写像全体であって，演算は，各点ごと値の $2 = \mathbb{F}_2$ で行うものである．このとき，写像 $f : E \longrightarrow \{0,1\}$ は，E の部分集合

$f^{-1}(1) = \{a \in E \,;\, f(a) = 1\}$

と一対一に対応するから，2^E とは冪集合と自然に同一視されることになる．これは高校の順列組合せでも習う，n 元からなる集合の部分集合全体の数が 2^n になるということ (これは重複順列の箇数の特別な場合) に対応している．何も難しいことではないのである．

7 ✧ 予告

森さんの出題意図に入る前に準備がだいぶ掛かった．少し先廻りして言っておくと，先ほど出てきたブール環の加法群(特にアーベル群)の表現を使って，「双対定理」が解釈できる，或いはできたらいいなと，考えたのかもしれないというのが，私の推測である．実際，森さんはこの手のブール代数を得意にしていて，業績の一つとして挙げた論文もこれがネタである．表現論的意義とは別に，積分論と位相線型空間論をつなぐ要衝にこの概念があると考えていろいろな定式化を考えていたのであろう[註9]．

ところで，実は上に述べたようなブール代数の加法群がらみの素朴な解釈ではうまく行かない(どの程度で満足するかにもよる)というのが次回以降の話．但し，表現論として，それはそれで意外に面白く，無意味ではない．最初から変奏が複雑で，話がややこしすぎて申し訳ない．しかし「行間を読む」とはそんなものである．仕方がない．

註

[註0] 森毅「ブルバキの思い出」(『数学セミナー』1991 年 1 月号 pp. 39-40 特集 ブルバキをこえて)に本人の証言があった．

[註1] 『現代数学とブルバキ』p. 10 には《今の数学者を分類すると，「ブルバキかぶれ」と「ブルバキぎらい」に分けられる，と言われるくらいで，…》と当時のブルバキ受容の形態が，ここからも判る．

ちなみに，『ブルバキの思想』(ファング著；東京図書)の第三章注(15)，p. 148 には，何と(!)『現代数学とブルバキ』のことを《疑いもなく，全体をブルバキに費やした，いかなる国語で書かれたものの中で最初の本》と紹介している．そうだったんか．

[註2] 「シンポジウムについて」『谷山豊全集』(増補版 = 日本評論社 1994) p. 192．もちろん，谷山豊が「ブルバキぎらい」に単純に分類されるわけでない．

[註3] ⓒ 内田樹：例えば，『私の身体は頭がいい』(文春文庫) p. 225 (対立するものを両立させる)；『東京ファイティングキッズ・リターン』(文春文庫) p. 111 (ブリコラージュ的知性について)；『最終講義』(技術評論社) p. 047 など．

[註4] Mathematical Review でひっかかる論文は 5 篇である．そのうち 3 篇が

英文．残りの一つは日本語（雑誌『数学』の論説），もう一つは，日本語の記事の翻訳．なまえの「毅」のローマ字表記が異なるので，3人分に分かれてしまった（そんな事情もあって，翻訳の分は，本当に森毅本人なのかどうか確かめるのが難しかったが，実は『数学のある風景』所収のものと判った：それを上 [註1] の『ブルバキの思想』の著者ファングが訳したらしい）．昔は名前の表記に関して無頓着で，似たようなことも結構あった．ロシア語から英語にする際の，綴りの多様性よりマシだろうが．

ちなみに，私自身の日本語論文でレヴューアーによって「苗字」を誤記されたのがある．AMS に二三度訂正を申し入れるも，直らない．本当に誤記なのに．

閑話休題．森論文で，今回の主題に深く関係するものとは，T. Mori, On the group structure of Boolean lattices, Proc. Japan Acad. **32** (1956), 423-425 である．Review (MR0080079) では，その意義がはっきり伝えられていないと思う．

[註5] 出典は不詳．

[註6] 岩村聯『束論』（共立全書）は，大学時代に結構面白く読んだ本だが，最近，大きな版で復刊した（共立出版）．（最初 1948 年河出書房からの出版で，共立全書は 1966 年．復刊は 2009 年）．

ちなみに，先に触れたヴィノグラードフ『整数論入門』も同様な形で復刊されている．

[註7] 順序というのは「二項関係」$a \geq b$ であって，

 (0)（自同律）　$a \geq a$
 (1)（推移律）　$a \geq b$ かつ $b \geq c$ ならば $a \geq c$
 (2)（反対称律）　$a \geq b$ かつ $b \geq a$ ならば $a = b$

の成り立つもの．(2) を仮定しないのを擬順序とか前順序ということもある．

[註8] 冪等律は他の公理からでる：例えば，吸収律 $a = a \cup (a \cap b)$ だから，
$$a \cap a = a \cap (a \cup (a \cap b)) = ((a \cap b) \cup a) \cap a = a.$$

[註9] 「束論」に関する裏話は，前回にも触れた「崩壊と挫折」（『数学セミナー』1968.11：のちに『数学のある風景』(海鳴社) 所収) に次のように書かれている．ちょっと長いが，読者の便宜のため，関係ある一段落をすべて引用：

《ルベーグ以来の積分論について，その内的構造の探究に，日本に特殊的な「束論ブーム」の結合したのが，線型束論である．「日本に特殊的」といったのは，日本数学界の後進性の指標として有名な事

件で, 戦前の最後に輸入された「洋書」が, 1940年のG.バーコフ著わすところの『束論』であり, そのために, 40年代の世界数学界の最新最重要な研究は「束論」である, と誤認された事件である. そこで, 40年代以上の戦前戦中派は, 自己の戦争責任について気がとがめるごとくに, この「束論」について気はずかしい思いをかくせず, たいてい, なかば自嘲を含めて
　　「あのころは, 日本中で束論をやりましたナ」
と, 第三者的につぶやくことになっている. もっとも, 積分論なるもののイヤラシサの根源を知るには, ハルモスあたりのキレイゴトの本ではなしに, 線型束を追求することが有効なことではある.》

同様な話は『位相のこころ』の「位相構造」2. 順序の章にもある. 順序構造や束論に関わってさらに溯ると, 執筆者はイニシャル Q.M で, それが森さんなのか不明だが, 『数学の歩み』の前身である『月報』(正式には『全国数学連絡会機関誌 月報』) 3-5 (1956年5月) の記事「積分論としての位相解析」にも「順序構造」「ブール束」を強調した視点で, 研究の方向性が述べられている. 題名と内容から, どうみても書いたのは森さんだろう. 森さんが「順序」から話を始めるのは, 『現代の古典解析』でもそうだが, このような背景があるわけだ. そこで, ついつい, つられて本書でも順序が最初に登場することになってしまった.

集合篇（2）

前回は，「組合わせの双対定理」と，さらに謎めいた「それを表現論とからめて証明できないか」との森さんの問題提起に対して，彼の（一つの）論文が背景にあるのではないかという推測のもと，ブール代数などの準備をはじめたところだった．今回はアーベル群の表現に関する基礎的なことから始めて，森さんの論文の**表現論的意義**について解説したい．

1 ❖ 有限アーベル群の表現

以前（2008.7—2009.6）『数学セミナー』連載「徹底入門 Fourier 級数——δ の変容」の第2回〈代数と解析と〉（2008.8）[*1]で，フーリエ級数論の代数的にスッキリした仕組み，特に「Fourier の公式の群論的背景」の説明をした．それは群上の乗法的函数を重ね合わせてデルタを作る仕組みであり，同時に乗法的函数の直交関係も，明瞭に理解されるが，表現論には深入りせずに済ました．ここでは，必要な程度に限定はするものの，一歩踏み込んで一般的な枠組みを解説したい．それがなければ「意義」のポイントを理解することはできないだろう．

まず，有限アーベル群の場合から説明を始める．定義を念のため復習しよう．まず G が**群**とは，一つの二項演算 $G \times G \to G$ が定義されている代数系であって，その演算を乗法的に書くとき，

(0) 結合的 $(ab)c = a(bc)$,

(1) 単位元と呼ばれる特別な元 (1 と書くことにして) が存在して, 任意の $a \in G$ に対し, $1a = a1 = a$ を満たす,

(2) 任意の元 $a \in G$ に対して, 逆元 $a^{-1} \in G$ が存在して, $aa^{-1} = a^{-1}a = 1$ を満たす,

というものである[註1]. それが**アーベル群**(または可換群)とは演算が可換,つまり $ab = ba$ が任意の $a, b \in G$ に対して成り立つもの. 有限群とは G が有限集合の場合に言い, 有限アーベル群は, 有限群かつアーベル群を意味する (アタリマエ).

群 G 上の複素数値函数 χ が乗法的とは, $\chi(1) = 1$ かつ
$$\chi(ab) = \chi(a)\chi(b) \quad (a, b \in G)$$
を満たすとき言うことにする. これは, G の演算に対して「よく」振る舞う函数である. しかし, そんなものがどれくらい沢山あるか, 定義からは判らない. ちょっと考えただけでも, 値の方が複素数という「可換な」世界だから, 非可換な群に対して, それだけ考えるのでは適切でないだろう. 実際, 今回は扱わないが, もし G が非可換なら, 「よい」函数として乗法的なものだけ考えていては不充分で, 値のほうを複素数値の代わりに「行列値」にすべきである. 尤も, 「行列」と言っても, 有限次元で済むかどうか判らないし, 更にいろいろな細かい問題が伴う. きわめて大雑把だが, そんな問題を考えるのが「群の表現論」である[註2]. もう少し言うと, 群の表現論の一つの大きなテーマは, 群上の任意の函数を「よい」函数で書き表わす (展開, 或いは近似する) ことである. 可換な場合は乗法的函数が「よい」としても, それで足りるかどうかが問題となる (そのように書くと固有値問題やフーリエ解析との関係が少しは見えるだろう).

群 G 上の複素数値函数全体 $\mathbb{C}[G]$ は, 各点ごとの演算で自然に $\mathbb{C}$ 上のベクトル空間となる. 乗法的函数は, そのなかで 1 次独立である. これはいろいろな方法で示せるが, 何の準備もなく言うなら, 「最小位数の反例」という数学的帰納法 (の一種) に訴えるのが早い[註3]. 1 次独立でないとすると, 異なる乗法的函数 $\chi_1, \cdots, \chi_r$ が存在して, (非自明な) 1 次関係式
$$c_1\chi_1(x) + \cdots + c_r\chi_r(x) = 0 \quad (\forall x \in G) \tag{1}$$
が成り立つ (ホントは添字を 0 から $r-1$ とするのが初回の第 0 回からの趣旨

に沿うのだろうが，横長になるのを避けて日和った)．そのような関係式のうち，箇数 r の最小のものがある．そのとき，最小性から係数 c_j はどれも 0 でない．変数 x を ax に置き換えて，乗法性を用いると
$$c_1\chi_1(a)\chi_1(x)+\cdots+c_r\chi_r(a)\chi_r(x) = 0 \qquad (2)$$
となる．式(1)に $\chi_1(a)$ を掛けて，下の(2)を引くと，$\chi_1(x)$ を含まない1次関係式ができる．最小性の仮定から，その関係式の係数はすべて 0 となるが，$\chi_j(x)$ の係数は $c_j(\chi_1(a)-\chi_j(a))$ なので任意の $a \in G$ について $\chi_1(a) = \chi_j(a)$ となる．それは χ_1 と χ_j が異なることに反し，矛盾．この論法だと，G が有限でなくても構わないし，アーベル群でなくてもよい．

しかし，また有限群の場合なら，内積を使った別の証明もできるし，それ以上に詳しい解析が可能となる．以下，G の位数 $\#G$ を n と置く．もちろん，$\mathbb{C}[G]$ の次元は n である．すべての基礎には群上の函数 φ の平均を取る操作
$$《\varphi》 = \frac{1}{n}\sum_{x \in G}\varphi(x)$$
がある．これは移動に関して不変である．実際，G 全体に亘る和だから殆ど当たり前だ．式で書いてみると，$a \in G$ による左右の移動の作用素を
$$(L(a)\varphi)(x) = \varphi(a^{-1}x), \qquad (R(a)\varphi)(x) = \varphi(xa)$$
とするとき，
$$《L(a)\varphi》 = 《\varphi》 = 《R(a)\varphi》$$
となる[註4]．この平均を用いて，函数 $\varphi, \psi \in \mathbb{C}[G]$ の(エルミート)内積を
$$(\varphi|\psi) = 《\overline{\varphi}\,\psi》 = \frac{1}{n}\sum_{x \in G}\overline{\varphi(x)}\psi(x)$$
と導入すると，平均が移動不変ということから，左右の移動は，
$$(L(a)\varphi|L(a)\psi) = (\varphi|\psi), \qquad (R(a)\varphi|R(a)\psi) = (\varphi|\psi)$$
と，この内積を保つ可逆な線型変換，つまりユニタリ変換となる[註5]．

ここで G を可換，つまり，有限アーベル群とすると $L(a^{-1}) = R(a)$ なので，左右の移動に区別はないが，話を決める都合上，右移動の方を考えることにする．まず，個々の $R(a)$ はユニタリ変換なので，線型代数で学ぶように，対角化可能であり，その固有値の絶対値は 1．さらに $\{R(a) ; a \in G\}$ という線型変換の集合は互いに可換なので，同時対角化できる．これも線型代数の初歩だ[註6]．そこで，同時固有ベクトル(函数) $\{\varphi_1, \cdots, \varphi_n\}$ がとれて，そ

れらが $\mathbb{C}[G]$ の基底となる．同時固有ベクトルとは $1 \leq j \leq n$ に対し
$$(R(a)\varphi_j)(x) = \chi_j(a)\varphi_j(x) \qquad (\forall a \in G)$$
となる $\chi_j(a) \in \mathbb{C}$ が存在すること．ここで，$\chi_j(a)$ とは $R(a)$ の固有値だが，$R(ab) = R(a)R(b)$ に注意すると，$\chi_j(a)$ を a の函数と見るとき，乗法的であることが判る．また，$R(a)$ がユニタリだから $|\chi_j(a)| = 1$ でもある．今，もし $\varphi_j(x)$ がどこかの $x \in G$ で 0 となるなら，この式からすべての x で 0 となって，固有ベクトルにはなり得ない．従って，$\varphi_j(1) = 1$ と規格化できる．この規格化の下
$$\varphi_j(a) = (R(a)\varphi_j)(1) = \chi_j(a)\varphi_j(1) = \chi_j(a)$$
と，$\varphi_j = \chi_j$，つまり，同時固有ベクトルとは，定数倍の調節をすれば乗法的函数と考えてよい．また，ユニタリ変換の異なる固有値に属する固有ベクトルは，互いに直交するから，これら乗法的函数は，上の内積のもとで直交系をなす．自分自身の内積は平均を規格化しているので，1 となり，乗法的函数たちは正規直交基底となる．

以上をまとめると，有限アーベル群の場合は，乗法的函数は，1 次独立であって，全体を張るほどに沢山ある（群の位数 n だけある）．また，副産物として，乗法的函数の値は絶対値が 1 になる．

直交関係は，より直接に出せるし，乗法的函数の値の絶対値が 1 となることは，有限群の準同型像だから値が有限位数，つまり 1 の冪根となることに注目すれば判る．とりたてて強調する必要はないが，個々の事実を見なくても，自動的に出ていることに注意しておいたのである．

2 ✣ いくつかの注意

[1] なんだか，線型代数をちょっと使うだけで，計算もあまりせずに多くのことが結論づけられた．以上の議論は謂わば鳥瞰的 top-down の方向である．これでは，内容が判りにくいかもしれないので，相補的な虫瞰的 bottom-up の話を少しすることにしよう．

有限アーベル群のうち，最も判りやすい「底」(bottom) は，巡回群である．位数を n とすると，$G \cong \mathbb{Z}/n\mathbb{Z}$ だが，右側の群の演算は加法である．このときは，乗法的函数は生成元 $1 \bmod n$ の行き先で決まる．それは 1

の n 乗根でなければいけないが，逆にどれを選んでも乗法的函数が作れる．つまり，1 の行き先を $e^{\frac{2\pi\sqrt{-1}m}{n}}$ としたら

$$\chi_m : \mathbb{Z}/n\mathbb{Z} \ni x \longmapsto e^{\frac{2\pi\sqrt{-1}mx}{n}} \in \mathbb{C}^\times$$

という乗法的函数が作れ，これで尽きる．ここで m は mod n で決まるので，乗法的函数も n 箇ある．非常に具体的である．

これを基礎に一般の有限アーベル群に話を広げようとすると，思い浮かぶのが「有限（生成）アーベル群の基本定理」である．つまり，有限アーベル群は，巡回群の直積になるという「大定理」である[註7]．それを用いれば直ちに，前節でのべたように，乗法的函数が位数と同じ箇数だけ得られる．多くの本ではこのような「なりふりかまわぬ」行き方をしているが，「牛刀を用いる」感も否めない．実際は，直積に分解しなくても部分群で定義された乗法的函数を，より大きな部分群へ延長することが言えればよいのであって，それが bottom-up の望ましい姿である[註8]．

ついでに注意すると，乗法的函数の議論をもう少し精密にして，逆に，有限アーベル群の基本定理を出すこともできるし，有限生成アーベル群の基本定理は，少し意匠を変えてやればジョルダン標準形の話にもなるので，それもこの「表現論的」議論から出すことができるのである．これは通常の「単因子論」の議論とは「双対的」である．

もっと大きな構図の中に議論のポイントを置いてみると，「構造論」と「表現論」の相互関係ということになる．場面によって，どちらを先に示すか，どのような道筋があるか，などは理論を構成する上での要所である．今の話の先にある有名なものに，ポントリャーギンの双対定理とか，ヒルベルトの第5問題に関わるものがある[註9]．学習者にとって「理論の構成」など無縁だなどと，受け身に終始してはいけない．学習者といえども，学習を通じて理論の彫琢完成の一部を担う気構えがあってしかるべきなのだ．これは森さんの著作を通じて学んだ態度である．

[2] 表現論の言葉を知っている人のために，前節の議論を，標準的な言葉遣いで，要約してみる．群上の函数全体に，移動で群を作用させてできる表現とは「正則表現」というもの．一般に有限群の表現は，群上の平均

を取るという操作を使って，ユニタリ表現と同値になり，従って完全可約（マシュケ（Maschke）の定理）である．つまり，既約表現の直和に分解される．また，アーベル群の有限次元既約表現は，シューア（Schur）の補題によって1次元表現になる．従って，正則表現は1次元表現の直和に分解される．

このように言えば，手短かに筋道を述べることができる．が，証明も含めるなら，用語の導入にかかずらう暇に，線型代数の知識で理解できる実質を説明してしまった方がてっとりばやい訳だ．

なお，「乗法的函数」という言葉より「指標」の方が標準的である．但し，群の表現の指標というと，表現作用素のトレース（対角和）を指すので，言葉遣いに矛盾はないが，概念上，少し紛らわしい．そこで，敢えて特化した「乗法的函数」を使うことにしたのである．

3 ❖ 忠実表現

有限アーベル群の場合に，その位数だけの箇数の乗法的函数が存在するということが，最初の節で示された．箇数をかぞえて，「充分沢山」ある，と結論付けてもよいのだが，無限群の場合に，同様の話をしようとすると，少し困る．より質的な言い換えが必要だ．

そこで，見方を変えて，群Gが「充分沢山の乗法的函数をもつ」とは任意の$a \neq 1$に対して，乗法的函数χが存在して$\chi(a) \neq \chi(1) = 1$となることとする．つまり，標語的に言うと，任意の二点を分離するくらい乗法的函数が「沢山」あるということ．函数の族が点を分離するくらいあるという状況は数学では至る所でてくる基準である．

さきほどの場合が，この意味で「充分沢山」なのかを見ておこう．位数nの有限アーベル群Gに対し，その上の函数全体の空間$\mathbb{C}[G]$は乗法的函数からなる基底をもった．だから任意の函数$\varphi \in \mathbb{C}[G]$は

$$\varphi = \sum_{j=1}^{n} c_j \chi_j$$

と展開できる．もし，或る$a \in G$で，任意のχ_jに対し，$\chi_j(a) = 1$となったとすると，$R(a)\chi_j = \chi_j(a)\chi_j = \chi_j$なので上の展開式を$a$だけ移動させたとき

$$R(a)\varphi = \sum_{j=1}^{n} c_j R(a)\chi_j = \sum_{j=1}^{n} c_j \chi_j = \varphi$$

と不変になる．函数 φ は任意だから，定義によって，このような a は単位元 1 以外にない．

この最後のところは，群の作用について，どのベクトルも動かさないような群の元が単位元に限るということだ．そのような作用（表現）を**忠実表現**という．つまり，表現によって，G から作用素のなす群への準同型ができるわけだが，その準同型が単射（injective）ということである．

上の論法を見ると，アーベル群について，忠実表現が 1 次元表現に分解されるなら，その表現に対応する乗法的函数は「充分沢山」あることになることが判る．

正則表現は忠実表現だが，そのような標準的なものが一般論として話を統一的にすることが可能にしている．その一方，アーベル群とは限らないとき，正則表現の代わりをする忠実表現が利用できる場合もある点にも注意したい．

4 ❖ 位相群

有限群から無限群に移るとき，単に無限群というだけでは，多くの場合，理論をきれいに構築することは困難となる．そこで何らかの条件を課して余分なものを切り捨てるという工夫を講じる．もう一つは，表現の方に条件を課すというのもあって，その適当な組み合わせで定式化がなされる．但し，うまく行く組み合わせは，先験的に判っているわけでなくて，結果としてやってみてよいものが残されている．このあたりを観念的に捉えるべきではない．以下では，この「切り捨て」の典型として「位相」を利用するもの，つまり位相群と連続表現をテーマに話をすすめる．

とりあえず，位相群というものを定義する．これは，群 G が位相空間でもあり，二つの群演算，積と逆元が連続となっているものである．こう言うと簡単そうに見えるが，自然に現われるものでも結構微妙なところがある．積の方は，二変数として連続ということで，直積 $G \times G$ に積位相を入れている．一変数ごとの分離連続ではいけないかなど，細かい疑問は当然のように浮かぶが，ここでは位相には余り深入りしないで，のちの「位相篇」などに先送

り（pass the buck）しておくことにする．ただし，位相を入れたからには，表現や，乗法的函数は連続なものに限って考える．表現の連続性は，実は微妙なところがあるが，これも深入りしない[註10]．

　位相群の定義は簡単だが，こういう代数的にすっきりした定義が役に立つのは有限的な場合からさほど遠くない対象だとも言えるだろう．例えば，コンパクト群であれば，有限群でやったような，平均を取る操作が殆どそのまま使えるので，有限群との類似が著しい．技術的にはコンパクト作用素を扱うことで済む．これも有限次元のベクトル空間との類似性が強いもので，函数解析の初級段階での目標となっている．これらを含みはっきりと「よい」クラスは局所コンパクト群というものである．ここでも移動（一般には右か左かどちらか一方）で不変な測度（積分）が存在することが大きい．ハール（Haar）測度と呼ばれるものだが，この存在証明もなかなか難しい．コンパクトに限れば「平均」操作はワリと安直にできるのだが，それと比べると面倒なのである．ちなみに，そのような測度は，（本質的に）局所コンパクトを超えては得られないことも知られている（ヴェイユ（A. Weil）の逆定理）．

　さて，このような測度があると何がよいのかというと，正則表現が作れる点である．例えば，アーベル群に限ると，ゲルファントらの可換ノルム環の理論がみごとに応用できて，上に述べたような有限アーベル群の類似はそのまま得られる．技術的には，エルミート作用素のスペクトル論が同時に展開されることになって，これも函数解析の初級後半といった感じである．つまり，正則表現という「忠実表現」を分解することによって，充分沢山の（連続な）乗法的函数が得られるという仕組みがそのまま保持される．ここで分解は離散的ではなくて連続分解（積分的）なのではあるが．

　非可換になると，もっと微妙なことが生じ，この単純な構図では済まないので，今はアーベル群に話を限っておく．いずれにしろ，表現論の一般論は，このハール測度の存在に大きく依存していて，局所コンパクトという枠が自然にできる．それを超えた無限次元の群も，いろいろ扱われているが，包括的な一般論は構築できるものではない．

　局所コンパクトが「有限次元的」というのは，位相線型空間との類似を考えれば，少し納得できるだろう．位相線型空間では，局所コンパクトなら有限次元という定理（リース（F. Riesz））があるからだ．もちろん，ベクトル空間

にくらべて群の方が多様だから，単純に「有限次元」とは言えないかもしれないが，感覚的にはそういうものだ．また，無限次元の世界で自然に現われる群が，しばしば位相群の枠に収まらないということを見ても，そもそもの定義が有限次元を手本に作られているのだとも言えるだろう．与えられた定義を後生大事・金科玉条にするというのは，数学の精神ではない．

5 ❖ 森論文の表現論的意義

「集合篇」と言いながら，なんだか難しげな，位相や積分の話に加えて，函数解析，位相線型空間など，ちょっと先取りしすぎた感があるが，行きがかり上，仕方がない．そういう流れに入り込んでしまったのは，なにしろ「森毅の主題」というのだから，最初に「業績」を顕彰するのが追悼文としての役割の一つだろうと思ったからだ．

と，まあ，言い訳をはさみつつ，話を続けると，まず，森さんをいくつか引用：

《本来，局所コンパクト空間と距離空間というのは，ある未知のカテゴリーの共通項に含まれているらしい．ベールの理論がそうであるし，位相ベクトル空間でも，どちらも連続性がコンパクトの上だけで規定できているため，共通の理論がかなりある．》

—— 『現代数学とブルバキ』pp. 133-134

《「積分論」には一種の「対応原理」があって

　　　局所コンパクト空間 ≈ 完備距離空間

ということがある．局所コンパクト空間上の積分論の定理と完備距離空間上の積分論の定理が対応する，という意味である．この点で，ブルバキ系のパリ学派は局所コンパクト空間，確率過程論のモスクワ学派は完備距離空間と，シュヴァルツのことばでは「冷戦」関係が生じたりする．》

—— 『位相のこころ』位相構造 11　位相構造批判
（ちくま学芸文庫）p. 155

他にも似た趣旨の「局所コンパクトと完備距離空間の類似」についての指摘はある．そのように，二つの概念は近いと思われているが，実際はそう簡単ではない．実に，森さんは論文 (T. Mori, On the group structure of Boolean lattices, Proc. Japan Acad. **32** (1956), 423-425) で，アーベル群の表現論については，この類似が**成り立たない**ことを示しているのだ．

つまり，この論文の中でブール代数の加法群を用いると，次のようなものが自然に出てくることが示されている：完備な距離のつくアーベル群で，

(1) 忠実なユニタリ表現をもつが，
(2) 連続な乗法的函数としてはトリビアルなもの，つまり，恒等的に1となるもの，

しかない．

これは先に述べた局所コンパクトな群とは全く相容れない現象である．つまり，局所コンパクト群なら忠実表現を分解すること (reduction theory) が使えて，充分沢山の乗法的函数が得られたのと対照的なのだ．この結果の解釈はいろいろあり得るだろうが，少なくともやはり，無限次元を一般的に包括する困難を端的に示していると言えるだろう．局所コンパクトを超えて一般論を打ち立てようとするなら，必ずこの論文に立ち返らなくてはならないほどの道しるべになっている．その意味では，一般論が森さんに追いついているのか，或いは局所コンパクトを超えた一般論をそもそも想定し得るのかが問われている．

6 ❖ その例

森論文，或いは雨宮-森論文ではもう少し普遍性をもった体裁で呈示されているが，ここでは，判りやすい特別な例を与えることにしよう．次元には関係ないので，例えば実数全体 $\mathbb{R}$ でもよいが，区間 $[0,1]$ の方が但し書きが少なくて済むので，そちらを取る．そのルベーグ可測集合の全体のなすブール束を B，ルベーグ測度を μ として，零集合の全体（イデアル）を N とする．つまり，

$$N = \{n \in B\,;\,\mu(n) = 0\}$$

とする．前回見たようにブール束 B は対称差によって加法群になったが，N はもちろん部分群で，商群 B/N を G とする．そこには移動不変な距離

$$d(a,b) = \mu(a \triangle b)$$

が入り，それによって位相群となる．さらに完備であって，また（弧状）連結でもある．連結というのは，集合を t 倍する変換を考えたとき，$t \to 0$ で任意の元が 0（=零集合）に連続変形されるからである．この G が考える完備距離群．この G の元は $a + a = a \triangle a = 0$ と位数が高々 2 なので，上の乗法的函数の値も同様，つまり $\{\pm 1\}$ だが，G が連結だから連続な乗法的函数の値は 1 だけになる．このようにまず (2) の連続な乗法的函数はトリビアルに限ることが判る．

次に，G の忠実ユニタリ表現だが，表現空間は自乗可積分函数の空間 $L^2[0,1]$ にとり，表現は掛け算作用素で作る．つまり，$a \in B$ に対し，その定義函数

$$1_a(x) = \begin{cases} 1 & (x \in a) \\ 0 & (x \notin a) \end{cases}$$

を考えて，その乗法化

$$\chi_a(x) = (-1)^{1_a(x)} = 1 - 2 \cdot 1_a(x) = \begin{cases} -1 & (x \in a) \\ 1 & (x \notin a) \end{cases}$$

による掛け算作用素を考える．この

$$G \ni a \longmapsto \chi_a$$

によって (1) の忠実なユニタリ表現が得られる．

このようにできたものは簡単なのだが，これが位相群の表現論の一般論に対する意義は侮れない．森さんは，このためだけにこういった論文を書いたのではなく，前に述べたように，位相線型空間や位相代数と積分論をより広い見地から見ようとしていたのだ．

註

[註 1] 群の定義はあっさりと述べただけだが，例えば「単位元」の存在の一意性とか，注意したい／してもよいことはいろいろある．例えば，『代数の

考え方』(放送大学教育振興会) pp. 136-138 など参照のこと (それでも充分とはいえないが).

[註 2] 値が可換の場合でも, 例えば実数に限るのでは不充分で, 複素数にする必要がある. これは, あとでみるように, 表現論が固有値問題の一種（一般化）だからだと考えれば, 納得できる. 行列の成分が実であっても, 固有値としては, 一般に複素数が自然に現れるわけだから.

[註 3] 表現論的な最小限の準備をしたあとなら, 殆どあたりまえにも証明できる：「双対定理としての Galois 理論―基本定理の単純な見方―」『数学セミナー』1996.9 など参照のこと.

[註 4] 合成に関しては, $L(ab) = L(a)L(b)$ と $R(ab) = R(a)R(b)$ が成り立つ. 左移動で左から a^{-1} を掛けたのは, これが理由である. もちろん移動は可逆で $L(a)^{-1} = L(a^{-1})$, $R(a)^{-1} = R(a^{-1})$ が成り立つ.

[註 5] （正定値）内積を保つと単射となるので, 有限次元の場合は, 全射にもなり, 従って可逆になる. しかし, 定義をはっきりさせるために可逆性を強調しておいた.

[註 6] と突き放した言い方をしたが, どれくらい明らかだろうか. 学習記事としては, もう少し親切にしなくてはいけないか. では, それは**演習問題**ということにしよう（いろいろな考え方がある）.

普通にやるなら, 一つの線型変換の固有空間に着目する. 可換な線型変換はその固有空間を保つので, 話は固有空間という, より小さい空間に帰着する. これをドンドン繰り返せばよい. いくつか細かいことはあるのだが, 今はユニタリな変換なので, この程度で大丈夫. これ以上はホントに演習問題. つまり, どのように問題設定をして, どのように証明するか, を含めて演習問題となる.

[註 7] 巡回群への分解の仕方についてもう少し詳しいことも含めるのが精確だが, 上の状況で使う分には必要ない. 「大定理」というのは, もちろん誇張である. 昔は単因子論とかジョルダン標準形とかは, 大学初年度で普通に習うものだった. でも, ユニタリ行列が対角化されるというのに比べると, かなり面倒な定理であることは間違いない. 二つの定理の手間を比較するなら「牛刀」と感じるのが素直だと思う.

なお, ジョルダン標準形を「表現論的」に出すのは「ケイリー・ハミルトンの定理から入る線型代数の裏道散策」（下）『数学セミナー』2005.2, pp. 49-53 を参照のこと. 見かけは違うので, 関係がすぐには判らないかもしれないが.

[註 8] 函数を延長することは, どんな場合でも自明でない過程を経る. 線型代数の場合はやさしそうにみえるが, 基底の存在という基本的な定理による. 函数解析（位相線型空間）で, 同様の基本定理はハーン-バナッハの

定理である．乗法的函数の延長は，むしろこちらに類似していると捉えるのがよいだろう．

[註9] ポントリャーギン双対定理は，『連続群論』(邦訳＝岩波書店)にあるように，構造定理に依拠して証明された(あの一般的な形は，ファン・カンペンによるが，有名な『連続群論』のため，最初からポントリャーギンがすべて証明したように思われている)．証明を改良したヴェイユも構造定理を経由する．ゲルファントは彼の可換ノルム環の理論の応用として，双対定理を先に，構造定理はそこから導かれるという逆の(よりスッキリした)理論構成を与えた．

局所コンパクト群のなかでリー群を特徴付けるというヒルベルトの第5問題は，コンパクト群の場合には表現論が成果をあげた(フォン・ノイマン)．なので，以後も一般の場合に表現論を使う試みがなされたが，完全にはできていない(個人的にはこの途は，望み薄だと思っている)．

ちなみに『数学のたのしみ』10 (1998.12)のフォーラムは「双対性をさがす」というもので，今回の記事と関係した内容が多く含まれている．

[註10] 位相群や表現の連続性の定義に関する問題点の，やや突っ込んだ解説は『数学のたのしみ』2006年冬，フォーラム「表現論の素顔」の中の pp. 35-38 にあるので参照されたい．そこでの問題点と，今回とりあげた「森論文の例」には，本質に於いて共通のものがあるように思われる．

[* 1] 『徹底入門　解析学』(日本評論社 2017) 第3部「徹底入門 FOURIER 級数──δの変容」第2章「代数と解析と」pp. 115-125 に収録．

集合篇（3）

　前々回，「組合わせの双対定理」（反転公式）と，森さんの謎めいた問題提起「それを表現論とからめて証明できないか」を紹介した．その背景に彼の（一つの）論文があるのではないかという推測のもと，ブール代数などの準備を経て，前回には，ブール代数を使ったその論文の表現論的意義について解説した．今回は，いよいよ，元の問題へのアプローチを呈示する．但し，これは完全な解答になっていない．なってはいないが，こんな簡単な問題から出発しても超幾何函数が姿を現わすなど，ちょっと面白いかな，という変奏をお見せしよう．

1 ❖ 有限アーベル群上のフーリエ変換

　森さんは『現代数学とブルバキ』（p.88）で次のように言う：

　《組合わせの双対定理
$$a(p) = \sum_{r=0}^{p} (-1)^r \binom{p}{r} b(r) \longleftrightarrow b(q) = \sum_{s=0}^{q} (-1)^s \binom{q}{s} a(s)$$
を，ぼくは，ここの「演習」をやることでおぼえた．》

「ここ」とはブルバキ『集合論2』第3章§5．但し，そのものズバリの演習問題はない（彼自身がこの命題を抽出したらしい）．我々の「集合篇」は「これを表現論とからめて証明できないか」との（私の記憶にはあるが）出典不明の

問いに端を発する.

　これに対し, 森さんは, 得意とするブール代数を想定したのではないかというのが私の推測. 前回は, ブール代数 (対称差を加法とするアーベル群) の表現に関する森論文の表現論的意義などを述べた. 「得意とする」とはこのことである. また, 『数学セミナー』1971 年 5 月号の特集「新学期の数学」の「群論」の項でも, 「ブール群」が例の一つに取られているが, これも推測 (憶測?) に対するささやかな傍証になるだろう[註0]. しかし何より, ブルバキ「集合論」の演習なのだから, 群と結びつけるなら, 集合算のブール代数を念頭に置くのが自然ではある.

　前々回説明した通り, 上の「双対定理」或いは「反転公式」の証明自体は難しくない. だから, 問題は「証明」ではなく, この事実をどのような構図の下に置くかというコダワリだ. そういうことはままあって, 自分が証明した定理でも, 「よりよい」証明を模索するのが数学者の日常. 尤も, それが見当はずれになることもあるのだが[註1].

　前回, 有限アーベル群の表現について述べたのは, 森論文の意味の為の予備知識としてだった. 今回はそれをもう少しフーリエ解析っぽく書き直しておこう.

　有限アーベル群 G 上の複素数値函数 χ が乗法的とは, $\chi(1) = 1$ かつ
$$\chi(ab) = \chi(a)\chi(b) \qquad (a, b \in G)$$
を満たすもの. この全体を G^* と書いて, G の**双対** (dual) と言う. これは各点ごとの演算, つまり, 乗法的函数 χ, χ' に対する
$$(\chi\chi')(x) = \chi(x)\chi'(x) \qquad (x \in G)$$
という積で, やはりアーベル群となる. 単位元はトリビアルな乗法的函数 (値 1 を取る定数函数)[註2]. 別名ポントリャーギン双対 (Pontrjagin dual) は, ポントリャーギンの双対定理 $G^{**} \simeq G$ 由来である. 双対定理自身は局所コンパクト・アーベル群というカテゴリーで成立するが, その場合, 双対は絶対値 1 の複素数に値をとる乗法的函数 (ユニタリな乗法的函数) に限定する. 今は立ち入った説明を省略するが, きちんとするなら, G^* に位相を入れ, それでまた局所コンパクトになるなどの話もしなくてはならない. それらはいずれ「位相篇」で扱うべきテーマ. ということで, 有限アーベル群に話を戻す.

基礎にあるのは，乗法的函数が G 上の函数全体 $\mathbb{C}[G]$ の基底（内積を考えれば正規直交基底）をなすということで，それが有限アーベル群のフーリエ変換と，反転公式である．これは既に前回証明している．記号の復習をすると，G の位数を n として，$\mathbb{C}[G]$ 上の（エルミート）内積を $\varphi, \psi \in \mathbb{C}[G]$ に対し，

$$(\varphi|\psi) = \frac{1}{n} \sum_{x \in G} \overline{\varphi(x)} \psi(x)$$

と定義すると，乗法的函数の全体 G^* が正規直交基底をなすのだった．したがって，$\varphi \in \mathbb{C}[G]$ に対し，

$$\varphi = \sum_{\chi \in G^*} (\chi|\varphi) \chi$$

と展開係数が内積で書ける．これをちょっと書き直す．まず，双対性を意識して，G と G^* が互いに対等に見えるように，$\chi(x)$ のことを $\langle \chi, x \rangle$ と書く（内積の記号と少し紛らわしいが我慢してね）．このとき，係数を取り出す内積は，一種のフーリエ変換として

$$(\mathcal{F}\varphi)(\chi) = \frac{1}{n} \sum_{x \in G} \overline{\langle \chi, x \rangle} \varphi(x)$$

となり，一方 G^* 上函数 f のフーリエ（逆）変換を

$$(\overline{\mathcal{F}}f)(x) = \sum_{\chi \in G^*} \langle \chi, x \rangle f(\chi)$$

と定義しておくと，復元する式（反転公式）は

$$\overline{\mathcal{F}}\mathcal{F}\varphi = \varphi$$

となる．和に掛かる $1/n$ が平等ではないが，これは，規格化の仕方が，コンパクト（全体積が 1）とディスクリート（各点の重さが 1）と双対になっていることの反映である．有限アーベル群の場合は，自己双対的，つまり G と G^* が群としては同型（但し，標準的ではない）なので，それを優先するなら両方の和を $\sqrt{n}$ で割って対称にしてもよい[註3]．

二つの空間 $\mathbb{C}[G]$ と $\mathbb{C}[G^*]$ を行き来するフーリエ変換 $\mathcal{F}$ と，その逆変換 $\overline{\mathcal{F}}$ は内積に使う「積分」の規格化をすれば，等長（= 内積を保つ）で，ユニタリ変換になる．有限アーベル群に限定せず，局所アーベルコンパクト群なら，ハール測度に関する自乗可積分函数全体の間の等長同型 $L^2(G) \simeq L^2(G^*)$ がその対応物となる．但し，正式な言い方には技術的な少しの面倒があって，

それは実数上のフーリエ変換でも必要なものだ[註4].

2 ❖ いくつかの注意

[1] このように，有限アーベル群上のフーリエ変換とその反転公式を書いてみると，「組合わせの双対定理」(反転公式)と形式上も似たものになっているが，その仕組みも似ている．デルタ函数(二者択一)を生み出す式は有限アーベル群なら，

$$\sum_{\chi \in G^*} \chi(x) = \begin{cases} n & (x = 1) \\ 0 & (x \neq 1) \end{cases}$$

であるし，組合わせの方だったら

$$\sum_{r=0}^{n} (-1)^r \binom{n}{r} = \begin{cases} 1 & (n = 0) \\ 0 & (n > 0) \end{cases}$$

である．乗法的函数の直交関係は

$$\sum_{x \in G} \chi(x) = \begin{cases} n & (\chi = 1) \\ 0 & (\chi \neq 1) \end{cases}$$

から出るが，これは

$$\sum_{x \in G} \chi(x) = \sum_{x \in G} \chi(ax) = \chi(a) \sum_{x \in G} \chi(x)$$

だから，もし $\chi \neq 1$ なら $\chi(a) \neq 1$ となる $a \in G$ が存在することに注意すれば $\chi \neq 1$ のときに，この和が 0 になることが判るわけだ(そうでない $\chi = 1$ の場合の和は 1 を n 箇足すだけのこと)．同様なことを，乗法的函数についての和でやってみると

$$\sum_{\chi \in G^*} \chi(x) = \sum_{\chi \in G^*} (\chi'\chi)(x) = \chi'(x) \sum_{\chi \in G^*} \chi(x)$$

だから，もし或る $\chi' \in G^*$ で $\chi'(x) \neq 1$ となるなら，和は 0 (この部分は G^* を乗法的函数全体とする限り G は非可換でもよい)．つまり，和が 0 でないのは，乗法的函数によって 1 と分離されない点に於いてということになる(値は上と同様，1 をいくつ足すかで計算される)．このように，G^* が「充分沢山ある」，つまり 1 と他の点を分離するくらいあること(前回の定義)が，反転公式のデルタをつくりだすことに直接つながっ

ていることが判るのだ[註5].

[2] 一般に有限アーベル群の場合には自己双対的, つまり, G と G^* が群としては同型(だが標準的同型ではない). その特別なものだが, 環の加法群の場合は, 乗法という構造をもつので, それを利用して同型がより明示的に書けることがある: (有限)環 R の加法群に対する乗法的函数 χ_1 を一つとり, $a \in R$ に対し $\chi_a(x) = \chi_1(ax)$ を作る. これら $\chi_a (a \in R)$ がすべて異なるなら, R^* が R で記述される訳だ. この χ_a がすべて異なるとは,
$$\chi_a(x) \cdot \chi_b(x)^{-1} = \chi_1((a-b)x)$$
なので,「任意の $x \in R$ に対して $\chi_1(yx) = 1$ を満たせば $y = 0$」という非退化性の条件に帰着される. 例えば, R が $\mathbb{Z}/n\mathbb{Z}$ の場合(加法群としては巡回群)なら, χ_1 として, 値がすべて異なるもの(つまり $\mathbb{Z}/n\mathbb{Z}$ の1次元トーラス $\mathbb{T}$ への埋め込み)を取ればよい.

今度は, いよいよブール群, つまりブール環 2^E の加法群, を考える. 但し E は有限集合. 以前, $a \in 2^E$ の濃度(= 元の箇数)を $\#a$ と書いたが, ここでは式の見易さのため $|a|$ とも書くことにする. 群 2^E の「非退化な」乗法的函数 χ_1 として, 次のものがとれる:
$$\chi_1(a) = (-1)^{|a|}$$
実際に乗法的, つまり, $\chi_1(a+b) = \chi_1(a)\chi_1(b)$ を満たすことは,
$$|a \cup b| + |a \cap b| = |a| + |b|, \quad |a+b| = |a \cup b| - |a \cap b|.$$
だから
$$|a+b| = |a| + |b| - 2|a \cap b|$$
より判る(加法 $+$ とは集合の対称差であることを思い出そう). また, 非退化性は, もし $a \neq 0$ つまり a が空集合でなければ, a の部分集合で濃度が偶数(例えば空集合)のものと, 奇数(例えば1点集合)のものの両方がとれることから判る. ともかく, $\xi \in 2^E$ から
$$\chi_\xi(x) = (-1)^{|x\xi|} (= (-1)^{|x \cap \xi|}) \quad (x \in 2^E)$$
と乗法的函数が作れ, 双対 $(2^E)^*$ がすべて記述される. 以後, これにより $(2^E)^*$ と 2^E を同一視する[註6].

この設定でブール環のフーリエ変換と反転公式を, 自己双対性を優先

して書く：$n = |E|$ として
$$(\mathcal{F}\varphi)(\xi) = \frac{1}{\sqrt{2^n}} \sum_{x \in 2^E} (-1)^{|x\xi|} \varphi(x)$$
とすると
$$\psi = \mathcal{F}\varphi \iff \varphi = \mathcal{F}\psi.$$

[3] 穿った見方だが，森さんの言う「双対定理」(反転公式)は，普通なら
$$a(p) = \sum_{r=0}^{p} \binom{p}{r} b(r) \longleftrightarrow b(q) = \sum_{s=0}^{q} (-1)^{q-s} \binom{q}{s} a(s)$$
と非対称に書く．敢えて対称に書いたのに何か意図があったとすると，両方に(-1)の冪を掛けて足すというのが，上の[2]の最後の式で判るように，いかにもブール群上の乗法的函数に関係していそうだというところ．推測に対する一つの傍証と看做せるかもしれない．

3❖対称群不変函数のフーリエ変換

以上のようにブール群(と言っても，要するに$\mathbb{Z}/2\mathbb{Z}$の直積)の場合に，具体的にフーリエの反転公式を書いてみたが，もちろん森さんの言う公式とは別物だ．それらしい形にするにはどうしたらいいのか？

二項係数がでてきて欲しいが，すぐに思いつくのは，2^E上の函数が対称性をもっている場合に限定してフーリエ変換を考えてはどうかということだ．その群とはE上の置換全体，別名は対称群$\mathfrak{S}_E$．この$\mathfrak{S}_E$とはEからそれ自身への双射(bijection)全体のなす群だが，それは部分集合の全体2^Eにも作用する．濃度の定義から明らかなように，$a, b \in 2^E$に対し
$$|a| = |b| \iff \sigma a = b \quad (\exists \sigma \in \mathfrak{S}_E)$$
なので，この$\mathfrak{S}_E$で不変な函数は，部分集合の濃度というパラメータだけで記述されるし，また，濃度rの元の全体は，その数がもちろん
$$\#\{a \in 2^E ; |a| = r\} = \binom{n}{r}$$
と二項係数で表わされるので，有望そうに見える．この場合果たしてどうなるのか，やってみよう．

まず，2^E 上の函数 φ に対し，$\sigma \in \mathfrak{S}_E$ を
$$\varphi^\sigma(x) = \varphi(\sigma x) \qquad (x \in 2^E)$$
と作用させる．このとき，定義に従って計算すると
$$\mathcal{F}(\varphi^\sigma) = (\mathcal{F}\varphi)^\sigma$$
とフーリエ変換と可換であることが判るので，もし，φ が $\mathfrak{S}_E$-不変なら，そのフーリエ変換像も $\mathfrak{S}_E$-不変．そこで，$\mathfrak{S}_E$-不変な φ に対して
$$\varphi(x) = f(|x|), \qquad (\mathcal{F}\varphi)(\xi) = \widehat{f}(|\xi|)$$
として，これを $0 \leqq r, s \leqq n$ に対し
$$\widehat{f}(s) = \frac{1}{\sqrt{2^n}} \sum_{r=0}^{n} K(s,r) f(r)$$
という「積分核」$K(s,r)$ による積分変換で書くと
$$K(s,r) = \sum_{|\xi|=s, |x|=r} (-1)^{|x\xi|}$$
である．あとはこの $K(s,r)$ を計算することだが，部分集合 $x, \xi, x\xi$ に関する組合わせの数
$$\kappa_p^{s,r} = \#\{(x,\xi) \in 2^E \times 2^E \,;\, |\xi|=s, |x|=r, |x\xi|=p\}$$
を以って
$$K(s,r) = \sum_{p=0}^{n} (-1)^p \kappa_p^{s,r}$$
となる．この組合わせの数 $\kappa_p^{s,r}$ は，初等的に（高校でやるように）計算できる．例えば，まず，p 箇の元をもつ部分集合 $x \cap \xi$ を決めると，x は $n-p$ 箇の集合から $r-p$ 箇を決め，ξ は x も取り去った $n-r$ 箇から $s-p$ 箇を決めればよいから，
$$\kappa_p^{s,r} = \binom{n}{p}\binom{n-p}{r-p}\binom{n-r}{s-p}$$
となる．これは，多項係数（四項係数）を用いて
$$\kappa_p^{s,r} = \binom{n}{p, s-p, r-p} = \frac{n!}{p!(s-p)!(r-p)!(n-s-r+p)!}$$
と書ける．尤も，これは多項係数の意味を考えても判る．つまり，多項係数
$$\binom{n}{n_1, \cdots, n_k}$$

とは，n元集合の分割で，各々の部分集合の濃度が$n_1,\cdots,n_k, n-(n_1+\cdots+n_k)$となるものの箇数だから殆どそのままだ．動く$p$については，$s,r,p$の大小関係で制約を受ける．つまり$\kappa_p^{s,r}$の式の分母の階乗部分で，その中味が負にならない

$$\max\{0, s+r-n\} \leq p \leq \min\{s,r\}$$

が実際動き得る範囲である．

上の組合わせの数に$(-1)^p$を掛けて足した$K(s,r)$は，動くpの位置が多項係数の中で複数箇所(分母の階乗のすべてにpが入ってくる)に亘り，和は単純ではない．特に，二項係数には帰着せず，期待した「組合わせの反転公式」にはならないようだ．但し，この和は(有限)超幾何級数を用いてなら書ける量になる．

とは言うものの，次の特別な場合を見ると，解釈や定式化で何とかならないかと思いたくなる：$s=n$と一番上のパラメータに対しては，動くpの範囲は，上の式から$p=r$の一箇所なので

$$K(n,r) = (-1)^r \binom{n}{r}$$

となり，

$$\widehat{f}(n) = \frac{1}{\sqrt{2^n}} \sum_{r=0}^{n} (-1)^r \binom{n}{r} f(r)$$

と，反転公式に極めて近い．群と関係してこれを「解釈」できればよいが，今のままの設定では必然的にはみ出す．うまい解釈を果たして思いつくだろうか．

ところで，上の組合わせの数$\kappa_p^{r,s}$について，確率論に詳しい人なら，「これって，あれじゃないの」と思うだろう．それは...

4 ❖ 超幾何分布

ズバリ「超幾何分布」．少しばかり横道だが，説明しておく．それは，次のようなモデルで説明される：

▶ 白黒併せてn箇の玉(色以外に区別はつかない)があって，白はr箇，

黒は $n-r$ 箇だとする．その中から s 箇取り出したとき（非復元抽出），白玉が p 箇入っている確率は？

これも上と同様，簡単な組合わせの計算で，

$$\binom{r}{p}\binom{n-r}{s-p} = \frac{r!(n-r)!}{p!(r-p)!(s-p)!(n-r-s+p)!}$$

を，p によらない組合わせ

$$\sum_{p=0}^{\min(r,s)} \binom{r}{p}\binom{n-r}{s-p} = \binom{n}{s}$$

で割ったものだ．これは我々の $\kappa_p^{r,s}$ を二項係数の積

$$\binom{n}{r}\binom{n}{s}$$

で割ったものと同じで，たしかに核函数に関係する．ちなみに p をすべて動かす組合わせの数を書いた式（足し合わせの結果）は，組合わせ的意味からすぐ判るが，式そのものは「朱-ファンデルモンド（Chu–Vandermonde）の公式」という名前で呼ばれる事実である．少し形を変えると，階乗函数に関する二項定理でもある．

この「朱-ファンデルモンドの公式」から，我々の核 $K(r,s)$ が交代和であるのに対し，符号をつけない単なる和は

$$\sum_{p=0}^{n} \kappa_p^{s,r} = \binom{n}{r}\binom{n}{s}$$

ときれいに二項係数で書ける量となることが判る．

5 ❖ 超幾何級数

前節の「超幾何分布」は何故そんな名前なのか．それも含めて，我々の核函数 $K(r,s)$ をもう少し調べる．

ガウス（Gauss）の名前が冠される超幾何は，初等函数に対比される「高等函数」のうちでも相当高級なブランド・イメージを伴うものに思われるかもしれない．しかし，上のように，ありふれた状況でもすぐに顔を出す，「どこにでもいる」(ubiquitous) 数学的対象である．ひょっとして，案外「気さくで

付き合いやすい」奴なのかもしれない.

超幾何級数の定義は，α, β, γ をパラメータとして，
$$_2F_1\begin{pmatrix}\alpha, \beta \\ \gamma\end{pmatrix} ; x) = \sum_{n=0}^{\infty} \frac{(\alpha)_n (\beta)_n}{(\gamma)_n n!} x^n$$
である．但し，
$$(\nu)_n = \nu(\nu+1)\cdots(\nu+n-1)$$
は上昇階乗冪(Pochhammer symbol とも)．$_2F_1$ の下付きの $2, 1$ は，より一般的に定義された $_nF_m$ の特別な場合という意味．しかし，手本はガウスの超幾何なのだから，本来，余計なものを入れる必要はない．ただ，記号として単なる F よりも固有名詞っぽく差別化されるので使う．

パラメータ α, β のどちらかが負の整数になると，有限級数になる．分母にいる γ の方は負の整数になると困るけれど，分子の方が先に 0 になるなら，かろうじて大丈夫だろう．しかし，普通は避ける．

先ほどの組合わせの数 $\kappa_p^{s,r}$ を足し合わせて超幾何に結びつけるのは，次のような変形に注意する：
$$\frac{\nu!}{(\nu-p)!} = (-1)^p (\nu)_p, \quad \frac{(\lambda+p)!}{\lambda!} = (\lambda+1)_p.$$

これを用いれば，$l = n-s-r$ として，$l \geq 0$（即ち $n \geq r+s$）の場合には
$$\kappa_p^{r,s} = \binom{n}{r,s} \frac{(-r)_p (-s)_p}{(l+1)_p p!}$$
であり，従って，
$$K(s,r) = \binom{n}{r,s} {}_2F_1\begin{pmatrix}-r, -s \\ l+1\end{pmatrix} ; -1)$$
と(有限)超幾何級数で書ける．

一方，$n \leq r+s$ の場合，γ の部分が負になって具合が悪いので，次のように補集合に対応する
$$r^* = n-r, \quad s^* = n-s,$$
という変換で補うのがよい．このとき
$$l^* = n-r^*-s^* = -l, \quad p^* = p+l$$
として
$$\kappa_{p^*}^{r^*,s^*} = \kappa_p^{r,s}$$

なので,
$$K(s,r) = (-1)^l \binom{n}{r^*,s^*} {}_2F_1\left(\begin{matrix}-r^*,-s^*\\l^*+1\end{matrix};-1\right)$$
となる(p^* の範囲については先に述べた注意を参照).

このように「核」$K(s,r)$ は
$$K(s,r) = \begin{cases}\binom{n}{r,s} {}_2F_1\left(\begin{matrix}-r,-s\\l+1\end{matrix};-1\right) & (n \geqq s+r) \\ (-1)^l \binom{n}{r^*,s^*} {}_2F_1\left(\begin{matrix}-r^*,-s^*\\l^*+1\end{matrix};-1\right) & (n \leqq s+r)\end{cases}$$

と書け,これを用いた変換で,反転公式が成り立つ訳だ.結果の意味は,表現論的に,非可換群(半直積群 $2^E \rtimes \mathfrak{S}_E$)に関する「球函数」の話になるが,「集合篇」からは逸脱しすぎなので,ここで止める[註7].

6 ⋄ ラドン変換?

というところで,簡単なアーベル群のフーリエ変換が,群不変性の条件を課して,それに適したパラメータで変換を書くと超幾何が自然にでてきたという,ちょっとばかし本格的に見える表現論に行き当たった.しかし,もとの問題から見れば二項係数に帰着せず失敗だ.目論見は達せられずとも,思いついたことをやってみると,新たな視野が開けることもある.今のはそんな例だと思っておこう.

さて,このような中途半端で終わってもいいのだが(いいのか?),一応,反転公式を,少しだけアーベル群の枠組みで解釈して終わりとしよう.それは森さんの意に添うものとも思えないが,これまで見てきた通り,そもそもの問題は,単純なので,あえてひねりを加えるまでもないとも言えるのだ.

群不変性をはずして,問題の反転公式「対応物」を(非対称的に)書くと,
$$\phi(a) = \sum_{x \subset a} \varphi(x) \iff \varphi(b) = \sum_{y \subset b} (-1)^{|b-y|} \phi(y)$$
となる.実際,φ が対称群 $\mathfrak{S}_E$ 不変なら,パラメータを部分集合の濃度にとって2節[3]の式になるわけだ.そして,この反転公式は $b \subset a$ に対し

$$\sum_{b\subset x\subset a}(-1)^{|x-b|} = \begin{cases} 1 & (b=a) \\ 0 & (b\subsetneq a) \end{cases}$$

という式から導けるが，これは 2^E の部分群 $2^a \supset 2^b$ に対して，商群 $2^a/2^b$ の乗法函数の「積分」として二者択一が見えるものだ（似たことは何度も説明している）．ただ，反転公式をこれで終わりにせずに，2^E を主役に書くことができれば，少しはブール群の顔も立つことになろう．

上の式の最初は 2^a における和をとっているから，そのような部分集合（実際は環 2^E のイデアル）の定義函数

$$u_a(x) = 1_{2^a}(x) = \begin{cases} 1 & (x\subset a) \\ 0 & (x\not\subset a) \end{cases}$$

を考えると，これとの内積（但し，全体を1と規格化するのでなく，各点の重さを1とする）が最初の変換になる．その反転を行いたいなら，1_{2^a} たちの双対基（dual basis）を見出せばよい．それは

$$v_b(y) = (-1)^{|yb'|} 1_{2^{b'}}(y') = \begin{cases} (-1)^{|y-b|} & (b\subset y) \\ 0 & (b\not\subset y) \end{cases}$$

となる（但し $'$ は補集合の記号（第1回参照））．与え方は少々アマクダリ的だが，実際計算してみると

$$(u_a|v_b) = \begin{cases} 0 & (b\not\subset a) \\ \sum_{b\subset x\subset a}(-1)^{|x-b|} & (b\subset a) \end{cases}$$

となるから，$b\subset a$ の場合に上に述べた $2^a/2^b$ の話を使うと

$$(u_a|v_b) = \delta_{a,b}$$

が判って，互いに双対的になる．これら u_a $(a\in 2^E)$ が基底になるところもこの v_b $(b\in 2^E)$ の御蔭で，線型独立性がでるから，次元を数えればよい．

それで，任意の函数 φ は，次の形に展開されることになる：

$$\varphi = \sum_{a\in 2^E}(u_a|\varphi)v_a.$$

この係数の部分が上に書いた $\psi(a)$ となっている．したがって，展開式の両辺で b での値を比較することで

$$\varphi(b) = \sum_{a\in 2^E}\psi(a)v_a(b) = \sum_{a\subset b}\psi(a)(-1)^{|b-a|}$$

と反転されるわけだ．

この話は乗法函数を基底にとるフーリエ解析から少しずれるが，線型代数の一般論から言えば似たようなものだ．意味合いから言うと，しかし，むしろラドン変換などの考えに近いもので，もちろん，ラドン変換とフーリエ変換の間に密接な関係もあるが，これまた「集合篇」というには，風呂敷を広げすぎている．ただ，森さんの出発点だったブルバキの演習問題というのも，基本的には思想として類似のもので，それを群に結びつけるかどうかという構図の意識が鮮明かどうかだけが違ったように思われる[註8]．

註

[註0] この記事の出だしも，ユニークで，《ボク「もしもし，え，群ロン！ そりゃ，なにかのマチガイでは？」 編集部「そうおっしゃるだろうと思って，お願いしているわけでして．」 ボク「そこまでオミトオシですか，ハイ」》という前振りが入る．なお，この記事の最後の「双対性」の説明では，やはり「ブール群」の表現に言及している．今これを見ると，私の憶測は，次第に確信に変わって行く．

[註1] いくらエライ先生でも，その手の思い込みの可能性はある．その影響をうけたとして，ミスリードされるかどうかは，自己責任だ．

[註2] カタカナの訳語は少し見苦しいが，「自明」ではヘン．ということで森さんは「凡」を提唱したことがあった（定着してないと思うけど）．少し後で出てくるディスクリートとコンパクトも一応，「離散」と「完閉」という漢字の訳語がある．「離散」の方は，「一家離散」のイメージがあると森さんはどこかに書いていた．「完閉」は昔は普通に使われ，局所コンパクトは「局所完閉」（シャレて「小野小町」；「位相構造」のコンパクト（1）（『位相のこころ』ちくま学術文庫版 p.071））だが，今では廃語．シャレのココロは下ネタなので，解説はしない．

[註3] 局所コンパクト群での典型的な例は，整数の加法群 $\mathbb{Z}$，(1次元)トーラス群 $\mathbb{T}$，つまり絶対値1の複素数の乗法群，実数全体の加法群 $\mathbb{R}$ で，おのおのその双対は $\mathbb{Z}^* = \mathbb{T}$，$\mathbb{T}^* = \mathbb{Z}$，$\mathbb{R}^* = \mathbb{R}$ となる．このうちしろの二つが各々フーリエ級数，フーリエ変換の群論的形態である．自己双対的な $\mathbb{R}^* = \mathbb{R}$ は実数体の「積」を通じて得られる．

[註4] 例えば $L^2(\mathbb{R})$ の元は必ずしも絶対可積分（つまり $L^1(\mathbb{R})$ に属する）とは限らないから，フーリエ変換を直接に積分で定義することはできない．それで，部分空間 $L^2 \cap L^1$ で定義されたフーリエ変換を延長するなどの手続きが必要となる．

[註 5] 点を分離することは，より一般的な函数解析の文脈に於いて，ストーン-ワイエルシュトラス(Stone-Weierstrass)の近似定理を使う途に直結する．しかし，ここでの群論的翻訳は，より直接的に乗法的函数の「多さ」を表現している．このあたりの「特殊と一般」の関係は，「徹底入門 Fourier 級数」[*1]でも述べたが，「一般がエラくて，特殊はそれに隷属する」という迷信から自由になる機縁になり得る．

[註 6] このように考えなくても 2^E を $2 \simeq \mathbb{Z}/2\mathbb{Z}$ の直積と考えて，その基本構成単位である $\mathbb{Z}/2\mathbb{Z}$ の二つある乗法的函数のどちらを選ぶかという形で 2^E と 2^E のペアリングを作ってもよい．その方が自然だろうが，本文では積の構造を強調してみた．

[註 7] 半直積群 $2^E \rtimes \mathfrak{S}_E$ は，wreath product(リース積)という名前がついている群の構成法である．リース(wreath)とは「クリスマスのリース」で馴染みの花冠のこと．私は音も少し取り入れて「輪状積」と訳す．一部で用いられている「環積」や「花冠積」では目でも耳でも紛らわしすぎると思うからである．ところで以前から，これを「レス積」と言う一派があって，不思議に思っていたら，Hall の『群論』の邦訳でそうなっているのを発見した．そのように発音したくなる気持ちは判るが．．．

[註 8] 話をちょっと発展させれば，今でも修士論文くらいのネタはいくつも見つけることができるだろう．実際，この箇所に関して，九州大学(当時)の渋川元樹君からは，現在の研究につながる文献についての貴重なコメントをいただいた．しかし，それらに触れる余裕もないので，より本格的な研究については，今後の成り行きを注目したい(なんなら渋川君にこの方面の現状報告をリクエストしてみるのもよいかもしれない)．直交函数系については，もちろん，群論由来のものが自然だが，それ以外にいくつもの入り口があって，例えば，今は非可換な作用素の族に関係して現れるものの正体を探る研究も盛んなようである．

[*1] 『徹底入門 解析学』(日本評論社 2017)第 3 部「徹底入門 FOURIER 級数——δ の変容」．

位相篇（1）

　最初の3回に亘る，集合篇と銘打った変奏は，むしろ表現論が変装した格好だ．しかも，そもそもの問いは，出典不明の幻想曲風主題．これを承けて，今回からの位相篇で，どんな風に展開・収束させるのか，と，ますます流れの先行きは読めない．果たして位相の定義を巡る森さんのコダワリとは？

1❖位相の概念

　「位相構造」（現在『位相のこころ』（ちくま学芸文庫）所収）は，森さんの数学的な書き物の中で，一つの中心を占める．自身の研究テーマが，位相解析（位相線型空間論）だったから，必然，力も入ろうというものだ．構成としては，ブルバキ『位相』の中心部分にほぼ沿って，学習記事の枠内に収まるようにしている．内容は，しかし，ブルバキに対する相当突っ込んだ注釈と言えようか．つまり，森さん一流の「そもそも論」が底流にあって，既存の枠組みの知識を手際よく伝える目的をもった学習記事の類とは一線を劃する[註0]．

　「位相」の概念の成立には，大雑把に見て二つの異なる流れがある．一つは，リーマンやポアンカレの位置解析（analysis situs）につながる「モノの形」を捉えるというもの[註1]．俗な解説で，コップがゴム膜でできていたとして連続変形するとドーナツと同じに見える，というような話．もう一つは，函数空間に於ける収束概念の多様性に発する，「位相解析」または「函数解析」の流れ[註2]．前者が有限次元を舞台にするのに対し，後者は無限次元が主な題材である．

日本数学会の分科会でも，むかしむかしは「位相数学」だったのが，のちに分かれて「トポロジー」と「函数解析学」になった．背景にこの二つの底流意識への回帰があるとの想像も可能だ．尤も，筆者は日本数学会の存在すら知らない時代のことで，経緯について語る資格はない．

　ブルバキの『位相』は，後者の流れを基調とするようだが，話は簡単に割り切れない．当然のこと「位相概念」の定式化は，二つの流れの包摂をめざす．但し，それで無限次元での収束概念の本質も取り込めてしまうのか，というと，かなり微妙だ．「集合篇(2)」(p.036)で紹介した森論文などは，そういう面倒な問題をも背景に持っている．

　ということで，まずは「位相」の概念を根本的に問い直す話から始まる．通常であれば，アマクダリ風であるにせよ，例えば「開集合」の公理によって位相を導入する，或いは，少し前だとより判りやすく「距離」から「近傍」を出発点とする行き方などが定番だが，何と！ 森さんは「極限」或いは「収束概念」から始める．フレッシェ(M. Fréchet)の収束の公理なんていうのまで溯ってみせるのは類を見ない．ちなみに，フレッシェの原論文(1906, 1910)は，共立出版の「現代数学の系譜」に訳出され(『抽象空間論』1987)，森さんも解説と討論によって，その意義を伝える[註3]．「極限」の次が，いよいよ「位相」の定義かと思いきや，「順序」が来る．実数論が位相概念の源泉だから，その形に触れるのだが，同時に，全順序でない集合束の場合にも言及し，前章の「極限」概念をより具体的にする．しかし，この2章を費やしてもまだ「擬位相」の概念が得られただけというわけだ．

　「擬位相」の定義の説明はないが，位相にさきだつ「収束概念」から定義される構造のことらしい．これについては後に問題にする．「擬位相」の意義については1章最後の言葉を引く：

　　《最初からマガイモノで申しわけないが，これから出発したのは，先人の苦労を辿ろう，といった歴史的倫理主義によるのではない．位相の現代的定式化にとっても，関数列の収束からの母斑が刻印されていることが，一つの理由である．もう一つの理由としては，現在でも，関数解析では，位相を考えるときには擬位相から出発することが普通だからである．（中略）「数学」にとって，その「いちおう完成された姿」だけでなく

て，その「生い立ち」が案外に有用なものなのだ．》

歴史のもつ実践的意義という機微(倫理主義ではない)にも触れる，このあたり，並の啓蒙的入門とは違う．

次に，いよいよ位相だが，今度は「閉包」と「閉集合」の概念．極限について閉じているモノを考えるという流れは自然．但し，ここでも，いろいろなコダワリの解説が挟まれて，いちいち鑑賞すると面白いが，キリがないので，差し当たっては急ぎ足で通り過ぎる．ついで，「開集合」と「開核」は補集合として導入され，次の章「近傍」で，一応，五つの概念の「円環」が閉じて，定義部分のまとまりとなる．「開集合」を位相の定義にする理由は，少しだけ触れられている：《想像力による構成は，外延的な合併の方に向いている》という程度の総括．説得的で細かな例を数多く挙げるのは煩わしいので，そんなものだろう．このように，ブルバキ以来，現在では標準的な「開集合」による位相の定義に安易に乗っかることはせず，実函数論などの前史を踏まえて，広い視野からの解説を目指しているのである(その動機のひとつは最終章の「位相構造批判」というタイトルからも窺い知れる)．

2 ❖ 位相の定義の復習？

現代数学の「公理的」記述というパラダイムに慣れ親しんだ(教育・訓練によって狎れ親しまされた？)人たち，或いは学習効率を身上とする学校秀才にとっては，このような，定義に絡まり突っ込んで分析する導入は，或いはまどろっこしいものかもしれない．しかし，ここは，初学者にとっても，概念のさまざまな側面に触れることで，イメージが作りやすくできる実践的効果が巧妙に盛り込まれている箇所なのだ．

率直に言って，位相の定義に対して，何か補足説明するとき，判っている人には「何を今更」と言われ，判っていない人には「どうせ解説されても，同じようなことだから助けにならない」と思われるのがオチ．だが，実は森さんの呈示するいろいろな話は，きちんと読めば，演習問題として役立つ．誰でも気づくような**演習問題**の旗標識が立ち，親切に導いてくれないと考えるきっかけが得られないというのなら，どんな本を読んでも，身に付く

内容は上っ面を擦るのみだ．自ら問題を汲み出してこそマトモな「読書」．しかし，そうは言っても，森さんの記述は，問題意識が根本的すぎて，初学者向きではないものを含む．ちくま学芸文庫版『位相のこころ』第3部「位相解析入門」を読めば，昔から同じような問題意識で，人々に（そして自分自身に）問いを投げかけていたことが判るだろう．

　以下，そのあたりを懇切丁寧，とまではいかないが，「小さな親切大きなお世話」程度に解説したい．

　実際，収束（極限）から話に入るので，夾雑物が多くて，誤解しそうなところもある．極限に関して閉じた集合を「閉集合」という，との定義はそれでいい．が，極限点（接触点）を付け加える「閉包」となると，「実函数論学派」の昔に戻って，函数の単純（各点）収束極限をドンドンつけくわえて新しい函数を得るという，一回の極限操作では話が済まない状況が例として出される．つまり，「閉じていない」ものを「閉じさせる」ために足りないものを付け加えると言う当然の発想は，「極限の極限」が一回の「極限」に書き換えられない可能性があるため，閉集合に達しないことがあるというのだ．

　これは，たとえば函数「列」という可算性に由来する特殊な話でもあるが，そのようなときにでも「超越的に」閉包を作ることができるという解説が入る．これは，位相に限らず，代数などでも有用な考えだから，きちんと理解すればお得な箇所．ただし，もう少し分節化してくれれば，もっと役立つのに，とも思わないでもない．つまり，ダメと認識しつつ，ダメを克服する「手」が述べられるという**二段構え**が同時に解説されてしまっている．ここが判りにくい．

　空間 E に，極限の概念（正式な位相を経由しなくても）が与えられているときに，集合 A に極限点（接触点）を付け加える操作を A^- と書くことにする．次の性質は当然成り立ってほしい：

(i) $A \subset A^-$
(ii) $A \subset B$ ならば $A^- \subset B^-$

この二つから，任意箇数（どんな大きさの無限集合 Λ でも）の集合族 $(A_\lambda)_{\lambda \in \Lambda}$ の共通部分について

$$\bigcap_{\lambda \in \Lambda} A_\lambda \subset \left(\bigcap_{\lambda \in \Lambda} A_\lambda\right)^- \subset \bigcap_{\lambda \in \Lambda} A_\lambda^-$$

が一般的に言える．特に，集合族の各元が，この操作に対して「閉」，つまり $A_\lambda^- = A_\lambda$ を満たすなら，

$$\left(\bigcap_{\lambda \in \Lambda} A_\lambda\right)^- = \bigcap_{\lambda \in \Lambda} A_\lambda$$

と共通部分も「閉」になる．さて，上の左側の包含関係は明らか（要請(i)）だから，右側の包含関係を言えばよいが，

$$\bigcap_{\lambda \in \Lambda} A_\lambda \subset A_\mu$$

より，(ii)によって，

$$\left(\bigcap_{\lambda \in \Lambda} A_\lambda\right)^- \subset A_\mu^-$$

で，右辺で $\mu \in \Lambda$ に関して共通部分をとれば判る．極めて形式的な導出だ．ここまでは，極限とは限らず，例えば代数での「生成」でも同じことになっている．

普通の極限概念の場合には，さらに

(iii) $(A \cup B)^- = A^- \cup B^-$

が成り立つので，それも要請しよう．ここで，与えられたこの演算（部分集合 A に対し A^- を対応させる）が，上の三つの性質をもつという条件の下，それで閉じたもの全体 $\mathbf{F}(E)$ を閉集合の全体とすることに決める．この(iii)があると，(i)と併せて(ii)がでるので，(ii)は落としてよい[註4]．

すると $\mathbf{F}(E)$ は閉集合の公理（任意箇数の共通部分で閉じることと，有限箇の合併で閉じること，という極めて単純なもの）を満たす．アタリマエでなさそうな任意箇数の共通部分については，上で見たとおり．このように，「閉集合」が確立すると，それを用いて「閉包」を

$$A^a = \bigcap_{A \subset F \in \mathbf{F}(E)} F$$

と（記号で a は adherence に由来）新しい「演算」を定義する．閉集合が任意

箇数の共通部分で閉じていることが判っているから，この A^a は閉であるし，従ってもちろん，A を含む最小の閉集合となっている（それが「閉包」の名を正当化する）．このとき，

(A₁) $A \subset A^a$
(A₂) $(A \cup B)^a = A^a \cup B^a$
(A₃) $A^{aa} = A^a$

と閉包の公理を満たすということだ（ホントは，あと空集合や全体集合 E の閉包がそれら自身というのも入れるのが正式か）．少し確認しておくと，(A₁)は定義から明らかだし，(A₃)は A^a 自身が閉（つまり $\mathbf{F}(E)$ に入る）ということから従う．(A₂)は，まず(A₁)から左辺が右辺を含むことが判るが，その逆の包含関係は A^a と B^a が閉であり，その合併も閉だということから，$A^a \cup B^a$ が $A \cup B$ を含む閉集合となって，定義より左辺が右辺に含まれることがでる．

このようにして，現代の用語の意味で「位相」が定義できる．仮に由来がマガイモノ「擬位相」だったとして，そのために A^- のほうでは(A₃)は満たすかどうか判らないとしても A^a をとればよいということ．この「生成」の仕方は代数系でも有効だとの説明も，ついでになされているわけだが，代数に於いてよりも，超越的な上から（top-down）と地道な下から（bottom-up）との差はズッと大きい．この議論から，「閉包モドキ（擬閉包）」A^- と本当の閉包の差は $A^{--} = A^-$ を満たすかどうかということだと判る．

形式的には，補集合に移行するだけなので，「開集合」と「開核」（別名「内部」または「内点の全体」）となっても，同様の関係．つまり，開核の方で，二度やるのは一度と同じという条件がなくても，開核について閉じた集合を開集合と定義して位相が決められる．開核をどう決めるかの材料だって，極限や収束に結びつけられるから，飛躍なく「擬位相」から決められる．これは「近傍」の公理の反省にも関係してくる[註5]．

しかし，そこに行く前に，「収束」，或いは「極限」の概念について，一般的な扱いができるような言葉を用意したい．つまり，点「列」や函数「列」といった可算性に依拠した極限から離れ，何の制約もなく一般の極限概念を

述べるための道具（或いは言葉遣い）を導入する．それはフィルターの概念だ．

3 ❖ イデアルとフィルター

極限の乗り物，例えば点列 $\{a_n\}$ であれば，動きを指定する $n = 0, 1, 2, \cdots$ のことだが，このポツポツという動きが，乗り物（パラメータ）を実数（またはその部分）t に変え，函数 $a(t)$ がベターッと動いたとしても，どちらも全順序的一直線に動くので，本質的な差はさほど産み出さない．では，それを超える乗り物はどんなものか．実は，大学初年級の微積分で習うリーマン積分の定義に現れる．与えられた区間の分割という「乗り物」をもつリーマン和は，「分割の細分」という順序に乗って動く．これは全順序とは似ても似つかないほど**無限に多様な**方向をもった順序である．そのことをできるだけ意識させない深謀遠慮から，分割の最大幅という一つの数値で，分割の細かさを計ることが導入された．というのは**嘘**で，実際は本家本元の大リーマン（B. Riemann）の論文（遺稿）がそうなっている．日本では，しかし，高木貞治の権威の影響の下『数学辞典』が採用した（実数値函数の場合）上積分と下積分の一致をもってリーマン積分可能の定義とすることが多い．これはむしろ「分割の細分」という（恐ろしく）多様な方向性がより表に出たものである．とは言っても実数値函数にすると，その色の印象はだいぶ薄まるので，初学者もそれほどすごいギャップがあるとは気づかない仕掛けになっているのである．このあたりの**巧妙な方便**を何と評価したらよいのか．

リーマン積分の定義は，機会をみて詳しく検討する予定[*1]だが，ともかく，極限概念については，区間の分割のような「有向順序」をもった集合を一般の乗り物にするという考えが提唱された．ムーア-スミス（Moore-Smith）の収束（またはネットによる収束）という．それは可算性などの制約をもった点列の収束とは違って，位相空間での極限を扱うに充分な一般性をもっている．それはそれでいいのだが，乗り物を外に設定しなくても，考えている空間の中で調達すればよいではないか，というのがフィルターによる収束で，ブルバキ発足時の主要メンバーのカルタン（H. Cartan）が定式化した．ブルバキは当然それを採用し，いろんな利点も実際あるので，現在標準的な道具として認知されている[*2]．

尤も，フィルターという概念自身は，位相とは独立のものなので，別の箇所で導入しておく方がスッキリするが，ブルバキでは，位相の定義のなかで，しかも，かなりあとになって現われる．この異和感は後知恵というもので，時代の制約でもある．数学を根底から改編しようとしたブルバキですらこうなのだから，数学が，それを営む人間の価値判断に大きく依存する歴史的産物であることは論を俟たない．ときどき論理的順序と歴史的順序を当然のごとく一致させて語る「数学史」の記述があるが，そんなものは常にマユツバものだと思うのがよい[註6]．

　ところで，ブルバキ本家ならまだしも，それが充分流布したと思われる時代にあって，森さんの解説はむしろ初期ブルバキに依拠しすぎているのではないか，との不満も若干ある．別の話だが「位相構造」9章 全有界(2)(『位相のこころ』ちくま学芸文庫版 p.126) には《ここでは「ブルバキよりブルバキ風に」やってみたのだが》と述べる箇所がある．こういうのを読むと，遠慮せずに，もっとやってよ，なんなら，「位相構造」の連載で全篇書き換えてくれたらいいのに，と思ったりする訳だ．もちろん，時代の制約以外に，学習記事としての制約があるし，本格的にやりはじめると，第0回の最後に引用した『積分論入門』(数学新書)の「はじめに」のように，《中途でくたびれて挫折》してしまうのかもしれない．それでも，ともかく，そういうコダワリが随所にあるのが森流．本書の狙いは，そういった焦点に光を当てることなのだ．そして「森毅よりも森毅風に」根本的なコダワリを目指すのである．

　閑話休題．どんどん余計な話が広がっているが，本当は，まず，フィルターとは何かという定義を述べるべきだった．実は，前回の「集合篇(3)」の最後に，実質，フィルター(とイデアル)がそれとなく登場している．集合 E に対して，冪集合 2^E のなすブール束は，加法を対称差，乗法を共通部分として，可換環になった．(可換)環 A の部分集合 I がイデアルであるとは(ここは全く普通の代数の話)，自分自身 A を A 上の加群と見たときの部分加群のことだが，敷衍すると

(1) 加法について閉じている．つまり
$$x, y \in I \Longrightarrow x+y \in I$$
(2) 環の任意の元との積について閉じている．つまり，

$$x \in I,\ y \in A \Longrightarrow xy \in I$$

の二つの要請を満たすこと．これを，特にブール環 2^E に当てはめて，ブール束の順序構造を以って書き直すと

(I_1) $a, b \in I \Longrightarrow a \cup b \in I$
(I_2) $a \in I,\ b \subset a \Longrightarrow b \in I$

となる．(I_2) は (2) そのものだが，(I_1) は (1) と (2) を併せて導びかれるもので，$a \cup b = a + b + ab$ による．つまり，有限箇の上限と，下方部分に閉じているものと翻訳される．この形なら，ブール束に限らず，より一般の束で定義が可能だ．

ところで，イデアルの定義は，通常上の (1), (2) だが，環 A が乗法の単位元 1 を持つ場合には，A 自身をイデアルから排除して $A \neq I$ を条件に加える方がよい状況もある．例えば，通常「極大イデアル」とは A と異なるイデアルのうちの極大のもの，という意味だ．単位元をもつ環のカテゴリーとしては単位元を保つ準同型だけを考え，$1 \neq 0$ とするのが都合がいい．こんな事情とも合致する．その時は

(I_0) $1 \notin I$

を付け加えることになる (proper ideal と呼ぶ)．さて，フィルターは，この proper ideal を順序構造として反転し，双対概念に移行したもの：$\Phi \subset 2^E$ がフィルターとは

(F_0) $0 \notin \Phi$
(F_1) $a, b \in \Phi \Longrightarrow a \cap b \in \Phi$
(F_2) $a \in \Phi,\ a \subset b \Longrightarrow b \in \Phi$

という要請を満たすもの．もちろんブール束 (より一般に束で) 定義できる概念である．ブール束に対しては，(プロパーな) イデアルとフィルターは補元

を通じて互いに他の概念に翻訳移行することができる：
$$I \mapsto \Phi_I = \{x'\,;\,x \in I\}\,;\quad \Phi \mapsto I_\Phi = \{x'\,;\,x \in \Phi\}.$$
だから，イデアルで割る（商＝同値類を作る）こととフィルターで割ることは同じなのだ．しかし，フィルターが重んじられるのは，イメージ喚起力という心理的側面での優位なのだろう（それは開集合と閉集合の対比と似た話）．イデアルが0として「捨てる」集合を特定するに対し，フィルターは「濾過」した残りを「拾う」装置のイメージでの命名だ．

イデアルの典型的例に「単項イデアル」（または主イデアル）が挙げられるのと同じく，フィルターの方では主フィルター(principal filter)がある．つまり，$a \in 2^E$ に対して，イデアルとフィルター
$$I_a = \{b\,;\,b \subset a\},\quad \Phi_a = \{b\,;\,b \supset a\}$$
がすぐ作れるのだが，前回の最後の u_a と v_b というのは，乗法的函数の部分を除くと各々 I_a と Φ_b の定義函数である．それらに適当な乗法的函数を掛けておくと，内積に伴う双対基底になったということ．

もし E が有限集合なら，イデアルもフィルターも単項に限る．これはちょっと考えれば判る（**練習問題**）．その場合，特に，極大フィルターは E の一点 p を以て
$$\mathcal{U}_p = \{a \in 2^E\,;\,p \in a\}$$
と書ける．文字に $\mathcal{U}$ を使ったのは極大フィルターのことをウルトラ・フィルター(ultrafilter)ともいうのが主流（提唱者カルタンの用語）になっているからだが，これは超フィルターとも訳される[註7]．

無限集合 E に対しては，超フィルターであって主フィルターでないもの(non-principal ultrafilter)は無限の彼方の点（ラテン語で ultra は彼方の意味）に飛んで行く過程を具現化したものと思えるから，その名前は相応しい．つまり，特にそれらは，仮想的な点を表象して，理想要素を作る数学的な道具立てになっている．これで遊ぶのは実際なかなか愉しい．超準解析(non-standard analysis)の超積モデルはそれを利用するが，第0回で触れた1972年の『数セミ』連載「代数学入門」（竹内外史）にはそんなことが書いてあった．ただ，今は，遊ぶ余裕がない[*3]．

4 ❖ 近傍系の公理？

話を元に戻す．位相の定義を反省していたのだ．まとめて書いてみよう．現在流布しているものとしては，以下の五とおりが標準：集合 E に位相が定義されているとは，次の（同値な）どれかが与えられていること．

(I) [**集合族によるもの**]
 (O) 開集合の族 $\mathbf{O}(E) \in 2^{2^E}$；
 (O′) 閉集合の族 $\mathbf{F}(E) \in 2^{2^E}$
(II) [**集合に対する演算によるもの**]
 (a) 閉包演算 $2^E \ni A \longmapsto A^a \in 2^E$；
 (a′) 開核演算 $2^E \ni A \longmapsto A^\circ \in 2^E$
(III) [**各点の近傍系を与えるもの**]
 (V) $E \ni p \longmapsto \mathbf{V}(p) \in 2^{2^E}$

つまり，(I)だと，開集合系 $\mathbf{O}(E) \subset 2^E$ が与えられて，二つの単純な公理，

(O₁) 有限箇の共通部分で閉じている
(O₂) 任意箇数の合併で閉じている

ということ．箇数のなかに「空」($= 0$ 箇)を自動的に入れるというブルバキ式便宜的ズボラによって，空集合 $\emptyset$ と全体 E も $\mathbf{O}(E)$ に属するということが要請に含まれる．閉集合の場合は，補集合をとるだけだから，有限箇の合併と，任意箇の共通部分で閉じているという公理になる．

閉包演算 $2^E \ni A \longmapsto A^a \in 2^E$ の公理については，既に見たとおり，(A₁), (A₂), (A₃)(に加えて，空集合と全体の閉包がそれら自身であるということも用心のために付け加えておいてよい)というもの．開核演算の公理はその双対だ．

このように，位相の定義の方法で(I), (II)を採用すると，殆ど疑問を抱く必要もないほどの単純な要請ばかり．これに対して(III)の近傍系の公理は一読してちょっとばかり意味のわからないものが一つ含まれている．一つの事

情は「近傍」という語の使い方の歴史にも関わる．もともとは，その点を含む開集合という限定した意味で近傍（今の用語だと「開近傍」）が用いられていたが，それを少し緩めたものの方が何かと都合が良いことも認識されて（例えば「閉近傍」だの「コンパクト近傍」などと言える方が便利），その点を内点として含むものを近傍ということにした[註8]．

さて，その公理だが，

- (V_0)　$A \in \mathbf{V}(p) \Longrightarrow p \in A$
- (V_1)　$A, B \in \mathbf{V}(p) \Longrightarrow A \cap B \in \mathbf{V}(p)$
- (V_2)　$A \in \mathbf{V}(p),\ A \subset B \Longrightarrow B \in \mathbf{V}(p)$
- (V_3)　$A \in \mathbf{V}(p)$ ならば，$\mathbf{V}(p) \ni B \subset A$ が存在して，任意の $q \in B$ に対して $A \in \mathbf{V}(q)$

というもの．最初の(V_0)から(V_2)まではフィルターの公理と変わらない．なので一点の近傍系のことを「近傍フィルター」という．近傍系がフィルターとなったので，収束概念が同じ土俵にのる．フィルターが点 p に収束するとは，p の近傍フィルターより細かい（集合の包含関係で言えば，「近傍フィルターを含むフィルターは，その点に収束する」），と単純に定式化される．これは，より小さい集合を含むフィルターの方が細かい（包含関係では「大きい」）のだが，例えばエプシロン-デルタ論法のように，どんなに小さい近傍をとってもその中にはいってこられたら収束ということをフィルターの言葉で言い直したことになる．「位相構造」では，「近傍」は「近いもの」ではなくて，その点を守る「ナワバリ」だと説明されているが，なかなか巧妙な喩えである．

近傍系の定義に戻って，話を続けると，もちろん(V_0)はちょっと違うが，点 p が入っているという要請が空ではないことを導く．判りにくいのが(V_3)．開近傍だけ考えるなら，これは要らないが，フィルターにしたため，その溝を埋める条件．これは，森さんの「位相構造」（『位相のこころ』（ちくま学芸文庫）では p.095）に「ツキアイ条件」と引用される．名前をつけてもらっても，背景を「開集合からそれを含むフィルターにした」と説明されても，やっぱり判りにくい．

なぜ，そんなことに拘泥わるかというと，位相を導入する時の実践的な便利さに関係する．形式的には開集合の公理がスッキリするのは誰しも認めるところだ．だからこそ使いにくい「ツキアイ条件」のある近傍系が表舞台から退いたのだろう．しかし，位相は位相空間だけのものではない！ 他の構造とのかかわりがあってこそ位相概念も活きてくる．たとえば位相群や位相線型空間という「一様構造」由来の位相の場合には，単位元や原点の近傍系を与えれば，それを移動して各点の近傍系が決まるから，むしろ，近傍系による位相の定義が便利だ．そのとき，使いにくい，例の「ツキアイ条件」を消化していないと，モヤモヤが残る．これは形式を重んじて，他の構造を省みない，近視眼的数学指向の再考をうながすだろう．

では，どうするか．簡単だ．判りにくい公理を落としてどうなるかを見ればよい．つまり，各点 $p \in E$ に対してフィルター $\Phi(p)$ が与えられて，条件 (V_0), つまり $a \in \Phi$ ならば $p \in a$ を課して，他の概念を定義して行ったとき，何が言えるかを見ればいいのだ．そのようなフィルターの「場」$\Phi(p)$ から，例えば「内点」の定義は，普通の位相の語法に倣って $A \in 2^E$ に対して
$$A° = \{p \,;\, A \in \Phi(p)\}$$
と定義する．開集合は $A° = A$ を満たすものとすればよい．こんな風に位相が定義できるのは，前に見たとおり，擬位相から出発しても位相に到達するのと同様な話だ．それはともかく，このようにして位相が定義できるなら，「ツキアイ条件」の役割は一体なんだ？

実は，「内部」で言えば $A°° = A°$ という条件．しかしまた，閉集合と同じく，この条件がなくても，開集合が定められる．そこまで行った場合には，そのように決めた開集合から各点の近傍系を（通常のように）改めて定義し直した場合に，最初に与えられたフィルター場 $\Phi(p)$ に戻る条件が，実は「ツキアイ条件」になっているのだ．

こんな注意は余り見たことがない（アタリマエすぎるのか？）が，森さんが，五つの定義の円環を閉じることを強調するなら，それくらいの細かい点に触れてしかるべきだと思う．そうしなかったのは技術的すぎるというのか．もっと根本的には，最初からこだわっていた「擬位相」って一体なんだ．森さんは，このあたり，説明を端折るので，行間を読むのも苦労する．次回は，そのあたりも含めてもう少し突っ込んでみたい．

註

[註 0] 実際，「位相構造」の最終章「位相構造批判」の最後は次のことばだ：

《この点で，ぼくは必要以上に〈理念〉にこだわった．そして「間に合わす」ための「位相入門」を拒絶したい．そして，この最後の NON とともにこの連載をおわる．》

[註 1] オイラーの一筆描き（ケーニヒスベルグの七つの橋）の問題にまで溯ることも可能かもしれない．位置解析 analysis situs という言葉自体はライプニッツ (G. W. Leibniz) に由来するようだが，具体的に何を指しているかよく知らない．

[註 2] その中間に，三角級数の一意性の問題から発したカントール (G. Cantor) の点集合論もある．ちなみに「位相解析」という言葉について『大学教育と数学』(総合図書) 所収 (p. 175；初出『数学セミナー』1965. 3 の記事) の冒頭を引用する：

《「位相解析」というのは，カッコイイことばである．ちょっとハイカラで，「現代数学」らしいおもむきがある．しかし，そのことばが何を意味するのか，あまりはっきりしない．なんでもある先生が本を書いたとき，本の題名に考えたところ，本屋のオヤジが，「そいつはイケル」とうりこんだのが，この名の由来だという説もある．》

[註 3] 正確に言うと，翻訳＝齋藤正彦，解説＝森毅，討論＝齋藤・森・杉浦（光夫）．討論が入るのは珍しい構成．

[註 4] 今，$A \subset B$ なら，$A \cup B = B$ で，(iii) より $A^- \cup B^- = (A \cup B)^- = B^-$ となって $A^- \subset B^-$ が出る．

[註 5] このあたりも，教科書風にキッチリと，しかし退屈に，書く方が読者の理解が得られるのかもしれない．森さんの記述を補足したつもりが，スタイルは似たようなものなので，正式にするにはまだ補足が要る．でも，そこは読者自らが行間を埋めるのが本来だ（と言い訳）．しかしまた，今回で完結するのではないから，次回以降の話に期待してもらいたい．

[註 6] ここではフィルターの概念が導入されたからこそ定式化の改良を思いつくということ．最初から，何でも完全に思いつくことなどできるわけがない，たとえ「神」でも（この罰当たりの無神論者をお許しください）．

[註 7] フィルターの綴りを filter とするか filtre とするかについて定見があるわけではないので咎めないでほしい．

[註 8] 「近傍」の公理ではなくて，「近傍系」の公理というのが，地味だが大き

な飛躍．これは大学初年度で「線型代数」を公理的に学んだとすると，「ベクトル」の定義は直接には出てこず，ベクトルとは「ベクトル空間」の元のコトナリ！と，言われて，いや，高校ではベクトルとは大きさと方向を持った量だと習ったんですけど，と異議申し立てをしたくなる「ヤリクチ」に付随する飛躍と相似．ベクトルにしても近傍にしても，それが，その置かれた世界と無関係に自分を「ベクトルだ」とか「近傍だ」とかと主張できるものではなく，その総体を決めることに依って，はじめて他との関係に意味ができるという「決め事」(定式化)の本質が現われている．

[＊1] 本書「積分篇」(上巻 pp.097-184)を参照のこと．
[＊2] フィルター概念がでてきたいきさつについては，M.マシャル『ブルバキ——数学者達の秘密結社』(高橋礼司訳，シュプリンガー 2002)の6章の最初に詳しく述べられている．
[＊3] 本書では「位相篇(2)」の4節で少し触れるにとどまる．

位相篇（2）

位相の定義が「開集合系でおしまい」なら簡単でいい．しかし，それは安逸を貪る途，と敢えて定着した定義法に異議を唱える二つの理由．一つは森さんのコダワリ「擬位相」．彼自身が詳しく述べなかったこの概念とは一体どんなものか．今回はそのあたりに踏み込み，ついでに「世界の彼方」をチラと見物したい．

もう一つは，ブルバキ自身（ヴェイユ）が導入した「一様構造」．「位相構造」を導くより細かな概念なので「位相」の定義も両者の折り合いのよいものにするのがスッキリする．なのにブルバキはそうしなかった．この近接不協和音もそのうち鑑賞したいところだ．

1 ❖ 近傍系の公理

前回の最後の部分は，近傍系の公理

- (V_0) $A \in \mathbf{V}(p) \Longrightarrow p \in A$
- (V_1) $A, B \in \mathbf{V}(p) \Longrightarrow A \cap B \in \mathbf{V}(p)$
- (V_2) $A \in \mathbf{V}(p),\ A \subset B \Longrightarrow B \in \mathbf{V}(p)$
- (V_3) $A \in \mathbf{V}(p)$ ならば，$\mathbf{V}(p) \ni B \subset A$ が存在して，任意の $q \in B$ に対して $A \in \mathbf{V}(q)$

各点 $p \in E$ に対し，その点の近傍系 $\mathbf{V}(p) \in 2^{2^E}$ が賦与されて，それが満たす

べき条件がこの公理だ．この反省をしてみる．最初の(V_0)から(V_2)まではフィルターをなす（(V_0)は少し特化しているが）というので何の変哲もない．それに付け加わった格好の「ツキアイ条件」(V_3)の役割が反省の対象だ．その条件の「意味」を知るには，それがどこで使われるかを見ればよい[註0]．この「意味」の判定法は，単なる感覚による納得より精密である．

　前回の最後に結論だけは述べたが，もうちょっと丁寧に解説してみよう．話は収束概念（極限概念）から閉包と閉集合を定義して行く流れと並行（双対的）．例えばフィルターの条件(V_0), (V_1), (V_2)だけで何が導入されるか見る．普通の位相と同様に，まずは「内点」の概念，ついで，開集合が定義できるだろう．内部（前に「開核」を使ったが，ここでは開集合に先立つものだから用語を変えた）を，$A \in 2^E$ に対して

$$A^\circ = \{p \in E \,;\, A \in \mathbf{V}(p)\}$$

と決めよう．つまり，

$$A^\circ \ni p \iff A \in \mathbf{V}(p)$$

と，A が p のナワバリ $\mathbf{V}(p)$ の一員のとき内点とする．このとき，次の性質が導かれる：

(i) 　$A^\circ \subset A$
(ii) 　$A \subset B$ ならば $A^\circ \subset B^\circ$
(iii) 　$(A \cap B)^\circ = A^\circ \cap B^\circ$

実際，(i) は (V_0)，(ii) は (V_2)，(iii) は (V_1) から，すぐに導かれる．公理と性質の数字の順が一部逆転したが仕方ない．(i), (ii) は定義そのままである．(iii) を見る．(ii) より $(A \cap B)^\circ \subset A^\circ \cap B^\circ$ が判り，その反対向きの包含関係は (V_1) よりでる[註1]．

　内部（開核）の公理として残っている $A^{\circ\circ} = A^\circ$ が「ツキアイ条件」に対応するわけだ．これは，(i) より包含関係 $A^{\circ\circ} \supset A^\circ$ と同じこと；$p \in A^\circ$ つまり $\mathbf{V}(p) \ni A$ のとき，$\mathbf{V}(p) \ni A^\circ$ が言えるかどうかだが，$B \in \mathbf{V}(p)$ かつ $B \subset A^\circ$ となるものの存在と同じ．この B の任意の点 $q \in B$ で $q \in A^\circ$ となるから，定義より $\mathbf{V}(q) \ni A$ である．まとめると，$A^{\circ\circ} \supset A^\circ$ とは $\mathbf{V}(p) \ni A$ なら $B \subset A$ が存在して，任意の $q \in B$ について $\mathbf{V}(q) \ni A$ ということ．これはまさしく

「ツキアイ条件」だ．

　しかしまた，「内部」の概念の検討を一歩跳ばし，開集合を $U^\circ = U$ なるものと定義しても位相が定められる．これは，前回の閉包演算モドキから閉集合を定義する話と同じで，そう決めても開集合の公理を満たす．このように，各点 p に，フィルターの条件だけの要請をもった「フィルター場」$\mathbf{V}(p)$ が与えられたとしても，開集合が決められるので，通常の手続きに従い近傍系を定義することもできる．それを $\mathbf{U}(p)$ としよう．問題は最初に与えられたフィルター $\mathbf{V}(p)$ と，改めて定義された近傍フィルター $\mathbf{U}(p)$ との関係だ．まず判るのが $\mathbf{U}(p) \subset \mathbf{V}(p)$．実際，$A \in \mathbf{U}(p)$ とは開集合 $p \in U = U^\circ$ が存在して $U \subset A$ となること．これは $U \in \mathbf{V}(p)$ を意味し，$U \subset A$ より $A \in \mathbf{V}(p)$ を導く．つまり $A \in \mathbf{U}(p)$ なら $A \in \mathbf{V}(p)$．

　その逆の包含関係こそ「ツキアイ条件」に他ならない：フィルターの元 $A \in \mathbf{V}(p)$ が $\mathbf{U}(p)$ に属すると，$p \in U = U^\circ$ が存在し $U \subset A$ となる．この U の任意の点 $q \in U$ に対しては $U^\circ \ni q$，つまり $U \in \mathbf{V}(q)$，特に $A \in \mathbf{V}(q)$ と U がツキアイ条件の B の役割を果たす（開集合の定義から明らかだ）．

　もちろん，近傍（モドキ）フィルターが与えられたら，通常の位相空間の定義に倣って閉包や閉集合も定義できる．いずれの場合も「ツキアイ条件」が，最後の一線を守っている．その確認は演習問題としよう．

　近傍概念自体は「開近傍」に限定すれば自然なものだが，概念を拡張してフィルターで定式化したため，その保障として「ツキアイ条件」が付加されたというのが歴史的事情．しかし，フィルター概念を主体にすると，恰度「収束概念」だけでは「位相」にならなかったのと似た細かなほころびを教えてくれたとも言える．その意味で，形式の整った「開集合」「閉集合」「内部」「閉包」の概念と比べて，「近傍系」は「収束」と対比されるべき位置にあるとも言える．

2 ❖ 擬位相

　上で見たとおり，位相を決めるには，近傍系の代わりに，各点にフィルターが賦与されているだけでもいい．そのフィルターは近傍フィルターより細かいわけで，その一致は「ツキアイ条件」として捉えられた．

見方を変えて，森さんの出発点だった「収束概念」からこれを眺めると，「ツキアイ条件」抜きの「近傍モドキフィルター」が与えられていさえいれば，フィルターの収束が定義できる．つまり，そのフィルターが与えられた「近傍モドキフィルター」より細かければ，その点に収束するとすればよい．このように**位相そのものがあたえられなくても**，収束概念の定義できる例が見出せる．尤も，これだと，位相に直した「近傍フィルター」はその点に収束するとは限らない．だから，位相概念は収束の概念よりもむしろ「粗い」もので，擬位相を「マガイモノ」と切り捨てるのは行き過ぎの感もある．これは一つの例だが，このように各点と各フィルターについて，フィルターがその点に収束するかしないか，という関係が与えられている状況を「擬位相」(pseudo-topology)が定められているというのだ．

　森さんは「擬位相」の正式な定義を述べていない(少なくとも『位相のこころ』の中で)が，ニュアンスを汲めば，今の例のように，収束概念が与えられた構造のことかと推測できる．現在読める『位相のこころ』は，三つの部分からなる：「位相構造」(1970年代)，「位相用語集」(1960年代)，「位相解析入門」(1950年代)．実は，その各々で「擬位相」は殆ど無定義用語のように現れる．そのこと自体ちょっと不思議だが，森さんのコダワリがそこに現れている証拠だろう．「擬位相」自体に迫るためには，最初に書かれた「位相解析入門」が最も大きい手がかりになる．例えば，ちくま学芸文庫版で，p.230, p.251 注2, p.253 注4, 注5 などである．これらを見ると概念がしっかりと確立されているように読める．しかも，そこまで立ち入って書いているのは，想定する読者が専門家とは言えないにしろ，同業者(数学者)であるSSS同人だからだろうけれど，それにしては，きちんとした文献も定義もないのだ．

　では，「擬位相」の定義は一体どこにあるのか．私は，近頃になってようやく気づいたが，森さん自身の発言があって，それをきっかけに正しい文献に到達できたのだ：フレッシェ『抽象空間論』(邦訳＝共立出版1987)の「討論」部分(p.157)である．

　　《森　　収束までだったら可算性なしにやることは可能ね．
　　　斉藤　いまならもちろんできますね．
　　　森　　それでもまだ位相にならないわけ．ショケだったかの論文にで

ていた擬位相というものね．つまり，フィルターの収束で，極限概念を定義するわけ．そうすると，収束概念を定義して閉集合を定義して，そこから位相を定義して戻ってこないわけ．》

このショケとは Gustave Choquet というフランスの数学者[註2]．ものすごく有名とまでは(多分)いかないが，我々の学生時代には Benjamin の解析の講義録(三冊本)などで馴染みがあるし，無限次元空間の端点集合における積分表示に関するショケの理論なども有名だからすぐに調べがつく：G. Choquet, Convergences, Ann. Univ. Grenoble. Sect. Sci. Math. Phys.(N. S) **23**(1948), 57-112[註3]．

見るとなかなか面白い．だが，読者に推奨するという意味ではない．三部に分かれていて，擬位相を扱うのはその第二部．印象としては，異なるテーマを寄せ集めているようでもあるが，その分，当時の問題意識など垣間みられて面白い．歴史に残るような大論文ではないだろうが，森さん自身どこかで，そういうものばかりでなく，いろいろ雑多な(？失礼！)論文を眺めるとその時代感覚が判るというような趣旨の発言をしていたと記憶する[*1]．そんな種類の論文と言えるかもしれない．実際，擬位相に関わるところも，そうでないところも，当時の位相概念を伝えるハウスドルフ(Hausdorff)とかクラトフスキー(Kuratowski)の教科書を一般化する問題が現れて，しかも逸早くブルバキ流の定式化(例えば一様構造)を使いこなして考えている．日本とは違い，世界の文化の中心近くで，流行の先端を行く秀才の論文だなあ，と思う．それが別にいいというのではないが，時代を経ても，その雰囲気は鑑賞できる．

この論文の第二部は，或る意味，フレッシェの収束概念(点列による)を直接現代化したとも言える．従って，森さん自身1950年代なら，この論文を充分記憶していて，『数学の歩み』の記事にとりいれたのだろうが，そこから20年も経つと，個別の論文まで引く意味は見出せなかったのかもしれない．

それはともかく，先ほど述べたように，フィルターに対して，それが点に収束するかどうかという関係が(もちろん整合的に)与えられたものを擬位相という．そのためには，極大フィルターと点との関係が与えられればよい．それがショケによる擬位相の定義．言われてみれば簡単だ．

この程度で「擬位相」の解説を収めるのもいいかもしれない．論文がはっきりしたので，興味ある人はそれを見てもらったらよいわけだ．もっと言えば，ここで詳しく紹介する価値が充分あると判断できないショケの論文に深入りするのもためらわれる．しかしまた，それではさすがに無責任かもしれない．なので，もう少しだけ話を続ける．記号等は必ずしもショケに従わないことを予めお断りしておく．

　空間 E 上の極大フィルター（ウルトラフィルター）全体を $\Omega(E)$ と書こう．前に言ったように，それはブール環 2^E の極大イデアルの全体と（集合として）1対1に対応するので，そうだと思ってもよいが，「収束」の意味からはフィルターが適切なのである．

　擬位相とは $\Omega(E) \times E$ の部分集合 R，つまり二項関係，のこと．ただ，点 $p \in E$ の決める主ウルトラフィルターは，その点 p に収束するというアタリマエの要請は満たすとする[註4]．こんな言い方は，数学的だがよそよそしくて他人行儀だ．でも，まあ，そういうのにも慣れた方がいい．ともかく，ウルトラ（＝ 超 ＝ 極大）フィルター $\mathcal{U}$ と点 $p \in E$ が $(\mathcal{U}, p) \in R$ となっている時，$\mathcal{U}$ が点 p に収束すると思う．そんな関係を「勝手に」（但し上のアタリマエの関係は入れて）決めたのが「擬位相」と言うわけ．ショケにはないが，記号で $\mathcal{U} \to p$ と書けば，ちょっと感じがでる．つまり，超フィルター $\mathcal{U}$ と点 $p \in E$ に $\mathcal{U} \to p$ か $\mathcal{U} \not\to p$ のいずれかが決まっているというのが，擬位相だ．

　ショケに従って超フィルターだけを最初に出したが，一般のフィルター $\mathcal{F}$ については，$\mathcal{F}$ を含む全ての超フィルター $\mathcal{U}$ に対し $\mathcal{U} \to p$ のときに限って $\mathcal{F} \to p$ との定義が続く．そうするとフィルターの包含関係に関して，収束の整合性が保証される．一般のフィルターから出発してもよいのだが，いろいろな微妙なことを考慮すると，多分これが一番スッキリした定義だろう[註5]．

　とは言っても，そもそも超フィルターに対して馴染みのない人にとっては，これで何か定義されたとするのは余りに教育的配慮に欠けた話だ．森さんがショケの定義を出さなかった理由に，そのあたりの匙加減があったとしてもおかしくない．

3 ❖ 超フィルター

 というわけで,超フィルター,別名ウルトラフィルター,とはどんなものだろう.ちょっと覗いてみよう.

 ウルトラと言えば,巷で連想されるのはウルトラマンだろう.その前には「ウルトラQ」という番組があって,小学校の頃にはそれが始まるとの予告に興奮したことをよく覚えている.もちろん,体操競技のC難度を超えたウルトラCという言葉が,東京オリンピック(1964)で人々の耳目を惹き,それが命名に影響を与えたわけだ[註6].

 ウルトラが「彼方」という意味で,『数学セミナー』2096年号には「星彼方」という人が記事を書いているので,『数学セミナー』とも縁があるのだろうと思うが,文字数の節約のために「超フィルター」を主に用いることにしたい.

 前にも触れたように,イデアルやフィルターの概念は,一般に束で定義されるが,ここでは集合束 2^E で考えよう.ちょっと復習をしておくと,一般にブール束では,イデアルとフィルターは,補元を通じて1:1に対応する(前回のイデアルとフィルターの節参照).あとで,イデアルやフィルターで「割る」(=同値類を作る)ことが出てきたとき,どちらでも同じなので,「どっちで割っている?」などの問いは無用である.最終的にはフィルターに行くが,むしろ普通に学ぶ可換環のイデアルの方が,馴染みがあって理解が容易だろう.と,敢えて二つの概念を並列に述べる.

 そこで,普通に代数,特に可換環をまず思い出す.イデアルという重要な概念を学び,さらに「極大イデアル」なるものもすぐに登場する.可換環 A が乗法の単位元1を持っているとして,その極大イデアル $\mathfrak{m}$ とは,A 以外のイデアルのうち,包含関係で極大なものである.特徴付けとして $A/\mathfrak{m}$ が体になるもの,というのは重要だから是非理解しておきたい.ここで体に於いては $0 \neq 1$ を仮定しておく.概念自体は難しくないのだが,次いで出てくるのが,イデアル $\mathfrak{a} \neq A$ に対して,$\mathfrak{a}$ を含む極大イデアルが存在するという基本的な定理である.これを一般的な状況で証明するには,超限論法——例えばツォルン(Zorn)の補題を要する.イデアル $\mathfrak{a}$ が A に一致しないというのが $\mathfrak{a} \not\ni 1$ という有限的な条件なので,超限論法に乗るのだ.もちろん,いつも超限論法が必要というわけではなく,A が体 k を含んでいて,その上に有限

次元だったらアタリマエに言える．こんな場合にツォルンの補題を使おうなんてアホなことをしたら，先生に叱られる．

このように，或る種の有限次元的な状況では，実際，超限論法は要らないが，無限次元になると，とたんに我々の想像力を最大限駆使してはじめて感じ取れるくらいキッカイな数学的存在が姿を現す．ウルトラ怪獣の比ではないバケモノじみたものたちである．

そのようなバケモノたちをどのように想像するのかが問題だ．そのために，まずは普通に見慣れたもの，より典型的なもの，からイメージを作っていくのがよい．例えば E を集合とし，k を可換体として，E 上の k 値の函数全体 $k[E] = k^E$ を可換環 A として取ってみる．ここで演算は各点毎に行う（つまり，k の E だけの直積環）．このうち，点 $p \in E$ に対して

$$\mathfrak{m}_p = \{f \in k[E] ; f(p) = 0\}$$

とおくと，環 $k[E] = k^E$ の極大イデアルで，それによる商が $k[E]/\mathfrak{m}_p \simeq k$ と，実際，体 k になることがすぐに判る．この商写像は，点 p に於ける求値写像（evaluation）

$$k[E] \ni f \longmapsto f(p) \in k$$

によって得られる．このように極大イデアルの典型は，土台の空間 E の点が与えるものである．これから判るように，極大イデアルというのは函数のなす環の場合の「点」，特にその「点」に於ける求値によって「体」への準同型が得られるというモノをイメージすると，実体的な感じがでる．早い話が，可換環の極大イデアルとは「点」だ．そう言い切る視座の転換（双対性）が認識の第一歩である．

ここで実際に，函数のなす環の極大イデアルが，「目に見える」点に限るという場合もあって，それはそれで重要である．その二つの典型は A が代数閉体 k 上の n 変数の多項式環の場合（ヒルベルト（Hilbert）の弱零点定理）と，A がコンパクト空間上の複素数値連続函数の環の場合．これは土台として見えているものの点が極大イデアルを与える．

これを典型として，話を逆転すると，極大イデアルを以て「点」と看做し，最初から土台の空間がなくても，それを作り出すことができる．古くはデデキント（Dedekind）のイデアル概念が素因子分解の復活のために使われたが，ゲルファント（Gelfand）の可換ノルム環の理論や，現代の代数幾何はこの双対

的思考をさらに組織的に利用しているわけだ．

　実は，ゲルファントの理論と類似であって，もっと扱いやすいのがブール代数(束)の場合である．このことはあとで触れることにしたい．

　さて，典型的なブール代数 2^E の極大イデアル，或いは補集合に移ると超フィルターを考えるのも同じだが，そのうち，普通に目に見えるのが「土台の空間」の点 $p \in E$ に対応するもの：イデアルなら
$$\mathfrak{m}_p = \{a \in 2^E\,;\,p \notin a\}$$
でフィルターなら
$$\mathcal{U}_p = \{a \in 2^E\,;\,p \in a\}$$
だが，これらは主(= principal)という形容詞のついた，極大イデアル，及び，超フィルターである．ブール代数 2^E の元(つまり E の部分集合)，それをこれらの主極大イデアル(または超フィルター)で「割る」(= 分類する)とは $a \in E$ が p を含んでいるかどうかで決まる．先ほどの函数の環の場合の求値写像と同じく，
$$1_p : 2^E \ni a \longmapsto 1_p(a) \in 2 = \{0, 1\}$$
は
$$1_p(a) = \begin{cases} 1 & (p \in a) \\ 0 & (p \notin a) \end{cases}$$
となる．もし，E が有限集合なら，イデアル，またはフィルターは主イデアル，主フィルターに限り，極大なものは E の点に対応する．しかし，無限集合になると，主でない(non-principal)ものが極めて沢山存在して，それがバケモノじみた例を作り出してくれる．

　そうは言っても，最初に注意したいのは，一般に(もちろん 2^E でも)ブール代数 B の極大イデアル $\mathfrak{m}$ に対して，商環 $B/\mathfrak{m}$ は「素」ブール代数(= 素体) $2 = \{0, 1\} = \mathbb{F}_2$ になること．これはブール環の各元は冪等(idempotent)，つまり $a^2 = a$ を満たすから，極大イデアルで割った世界でも当然成り立ち，一方，極大イデアルで割ったものは「体」なので $a^2 = a$ からは $a = 0$ か $a = 1$ のいずれかになるからである．これを，ブール束での極大イデアル $\mathfrak{m}$，または超フィルター $\mathcal{U}$ でもいいが，その性質として言い直すと，任意の $a \in B$ に対して，$a \in \mathfrak{m}$ または $a' \in \mathfrak{m}$ が成り立つとなる(二者択一)．但し，a' は a の補元(complement)を表わす．

このようなことを基礎として，任意のブール束は，集合束の部分ブール束だというストーン(Stone)の表現定理が得られる．集合束として実現すべき「土台」の「集合」とは，もとのブール束の極大イデアル全体(または集合としては1:1に対応する，超フィルターの全体)をとることになる．

　ゲルファントの可換ノルム環の理論では，やはり極大イデアルで割った「ノルム体」が複素数体に同型になるというのが基本にある．その証明は通常，複素函数論を援用する(それを避けていると称する証明もあるにはあるが)．議論はブール束の場合よりかなり複雑である．森さんは複素函数論の使用をスキャンダルだという(『位相のこころ』ちくま学芸文庫版 p.306)のだが，どうだろうか．気持ちは判るが，この場合にはあまり真っ当な批判だとは思えない[註7]．

　さて，この側面では，割ったものが同一のモデルになっていて，まだバケモノらしさが現れていない．超フィルター自身が，想像しにくいものであっても，割った対象が判りやすいというのが今の例で，想像しにくさと，割った対象の複雑さは別物である．

　超フィルター自身の説明のために，まずは極限を記述する普通の乗り物 $\mathbb{N} = \{0, 1, 2, \cdots\}$ をとって，集合束 $2^{\mathbb{N}}$ のフィルターを考えてみよう．この $\mathbb{N}$ はまた一番考えやすい無限集合でもある．主超フィルターは $0, 1, 2, \cdots$ の各点に対応するが，極限のイメージでいえば，離散空間 $\{0, 1, 2, \cdots\}$ の点への収束だから極めてつまらない．無限の方に行く，より極限らしい通常の「収束」に対応するのは，フレッシェ・フィルター(Fréchet filter)

$$\Phi_0 = \{a \in 2^{\mathbb{N}} ; a \text{ の補集合が有限集合}\}$$

である．数列の収束などは，このフィルターを用いて定義される．数列 $\{c_n\}$ とは $\mathbb{N}$ から複素数 $\mathbb{C}$ への写像のことなので，下付きでなく，堂々と $c(n)$ と書こう：

$$c : \mathbb{N} \ni n \longmapsto c(n) \in \mathbb{C}.$$

例えばこれが $n \to \infty$ で $\gamma \in \mathbb{C}$ に収束するとは，写像 c によるフレッシェ・フィルターの像

$$c(\Phi_0) = \{c(a) ; a \in \Phi_0\}$$

が γ の近傍フィルターより細かいフィルターを生成するということだ[註8]．つまり，γ の任意の近傍 V に対し，$a \in \Phi_0$ が存在して，$V \supset c(a)$ となること，

即ち，$n \in a \in \Phi_0$ という有限箇の例外を除いた n のすべてに対して，$c(n) \in V$ という主張だから，これは普通の収束の定義なのである．

さて，数列そのものは収束しないけれど，部分列をとったら収束するなどということもある．その場合は，フレッシェ・フィルター Φ_0 より細かいフィルター Φ_1 の c による像が収束するという風になっている．「細かい」とは単に包含関係 $\Phi_1 \supset \Phi_0$ があるということ．このようにフィルターを細かくしていく（大きなフィルターを考える）とは，数列でいえば部分列をとることに対応する．だから超フィルターとは，そのような部分列を仮想的にトコトン極めたようなものなのだ．

部分列の取り方は，それこそ想像を絶するほどにあるから，フレッシェ・フィルターより細かい超フィルターは，途方もなく沢山ある．上の数列の例でいえば，もし数列が有界なら，超フィルターの像は必ず収束する（有界閉集合はコンパクト！）ので，超フィルター毎に極限がキッチリ決まる．超フィルターは，だから $\mathbb{N}$ の無限の彼方にある点だと思えるわけだ．そしてそれらは，通常想像している一つの無限遠 ∞ の上に，実は恐ろしく沢山に分岐した無限遠点の群れをなしているのだ．そんな状況を頭に思い描いてほしい[註9]．

4 ❖ 超積, 超冪

ここまで来たので，本筋ではないが，せっかくなので，超フィルターを使って，バケモノじみた世界が作れることに言及しておこう．より本格的には，論理学や数学基礎論のモデル理論の，非標準モデル（non-standard model），或いはもっと受けのいい言葉で「超準モデル」とか「超準解析」になるが，ここでは，普通に「代数」の話として，超フィルターを使ってみる[註10]．

例えば複素数体 $\mathbb{C}$ とか（嫌な人は実数体 $\mathbb{R}$ でもいいよ）を取って，直積 $\mathbb{C}^{\mathbb{N}}$ を考える．これは複素数列全体のことであるが，各成分毎の演算（例えば，足し算・掛け算）で可換環になる．ここで $\mathbb{N}$ のフィルター Φ を使って商（剰余環）を作る：$c, c' \in \mathbb{C}^{\mathbb{N}}$ に対し，

$$c \underset{\Phi}{\sim} c' \iff \{n \,;\, c(n) = c'(n)\} \in \Phi$$

とするのだ．より可換環に即して言えば，Φ に対応するイデアルでの同値類

を考えていると言えるし，$\mathbb{C}^N$ のイデアルはそのようなものに限る（$\mathbb{C}$ が体なので）とも言えるが，そこは読者の演習としておこう．ここで，もし Φ が超フィルターであれば，このようにしてできた商は体になる．もちろん主超フィルターなら，単に $\mathbb{C}$ そのもの．しかし，そうでない場合，でてくるものは $\mathbb{C}$ ではなくて，とてつもなくバカでかい「体」になっている．超準解析で $^*\mathbb{C}$ などと書かれる $\mathbb{C}$ の「超準モデル」だ．そこには無限小や無限大と解釈できる元が自然に実現されていることになる．このようなものを使って，無限小や無限大を実体的な対象とできるというのが超準解析のウリであった．今はいくつも本が出ているし，本来のテーマから離れるので，中途半端に解説を終わることにするが，森さんの「位相構造」と同時並行の連載「代数学入門」（竹内外史）で学んだ内容にも，つい触れてしまったのだ．但し，ゲルファントのノルム環とストーンの表現定理などもそうだが，自分が学生時代，一見離れているものも「これって，あれじゃないのか」と気づいて関係づけること，その流れとして自然な連想でもあるのだ．

　可換ノルム環の場合は，ノルムという縛りがあって，ウルトラフィルターで無限遠（境界）に近づいても，複素数を出ることはなかったが，有界性をはずすと，その無限遠の地の涯（彼岸）の密林に出現するのは，群れをなして屹立する巨大な $^*\mathbb{C}$ たちなのである．

註

[註 0] 語の意味とは語の使用である ―― ウィトゲンシュタイン．

　ちなみに，数学の概念などが判りにくい場合に，色々な段階がある．最初に文字通りの定義自体（手続き的理解）の関門，次いで感覚的関門（具体例などの能動的対象としての把握）があるが，それですべてというわけではない．概念規定の仕方の適切性（有効性・有用性・汎用性に加えて，明晰性・判明性・冗長さなどの調和感）もあるし，更には論理的・歴史的・心理的観点（動機や必然性）などの視点を踏まえてコダワルこともある．審美的（aesthetic）観点は，判断を過たせる可能性もあるが，そういう要因で「わからない」こともある．そのなかで「使用」という判定基準は，堂々巡りに陥らない実践的で有効な問い方の一つである．

[註 1] つまり，$p \in A° \cap B°$ なら $p \in A°$ かつ $p \in B°$ であり，定義より $A \in \mathbf{V}(p)$ かつ $B \in \mathbf{V}(p)$ である．(V_1) より $A \cap B \in \mathbf{V}(p)$ なので $p \in (A \cap B)°$ と

$A° \cap B° \subset (A \cap B)°$ が判る.

[註2] 少し下世話な情報を Wikipedia などから引くと，Gustave Choquet (1915—2006) の結婚相手は Yvonne Choquet-Bruhat (1923—；イヴォンヌ・ショケ-ブリュア) (彼女は再婚のようだ). この人は数学と物理でなかなかの業績があるようで，フランスアカデミーの初の女性会員らしい. ショケ-ブリュアの後半の名前を見ると，数学者なら誰でも気になるのがフランソワ・ブリュア (François Bruhat 1929—2007) との関係だ. つまり，ブリュア分解など代数群や表現論では有名な数学者だが，実は，ショケ-ブリュアはその姉ということ. ちょっとスッキリしたかな.

ついでに妄想めいたことを言うと，ショケは擬位相で森さんに関わるだけでなく，「集合篇(2)」の森論文に密接に絡む「端点における積分表示」を通じて，本当はもっと本質的な関わりがあったのかもしれない. そんな夢のようなオチがつけられたら面白かったのだがなあ.

[註3] この雑誌はすぐに改名して，次の年から，Ann. Inst. Fourier (Grenoble) となる.

[註4] ブルバキの邦訳では「主」超フィルターを「凡な」と訳している. 原文が trivial なのだろう. 本稿では，principal の訳として「主」を使う.

[註5] フィルターの包含関係と収束についての整合性を過不足なく言うのは，実はちょっと微妙なことを考慮する必要があるかもしれないのだ. あるか，ないか，それを考えるくらいなら，考えなくてよい定式化を採用するのが，思考の経済として合理的だ.

微妙なことは後で考えればよいのであって，ショケも pre-topology (前位相) などと少しこだわる. 森さんは，「位相解析入門」では，そんな概念は不要だと切り捨てているが.

[註6] この頃は正しく「難度」と言っていたのが，いつのまにやら「難易度」なる奇妙な用語が幅を利かすようになった.「難易度が高い」とは難しいのか易しいのか，どっちやねん.

[註7] 『数学セミナー』2009.6「徹底入門：Fourier 級数 (12)」の注7参照 [*2].

[註8] フィルターの像 $c(\Phi_0)$ 自身はフィルターではなくてフィルター基 (filter basis) というもの——空でなく，有限箇の共通部分で閉じている (もう少し緩くそれに含まれるものが存在するでもよいが). フィルターを生成するので実質フィルターのようなものである.

[註9] これを先ほどのゲルファントの可換ノルム環の理論と関連づけると，一様ノルムを入れた有界連続函数全体の環の極大イデアル ($\approx \mathbb{C}$ への環準同型) が，超フィルターによって得られることになる. このような境界の賦与によってコンパクト空間を作るのが，ストーン-チェック (Stone-Čech) のコンパクト化というものだ. 因みに或る有名な本の翻訳では

「ストーン-セクの圧縮化」となっていて，ちょっと楽しめる．

これもバケモノじみて（つまり，構成的でないので，想像力だけでなんとかしなければならないから）なかなか面白い．数学には，具体的な構成や計算によって得られるものと，論理を唯一の頼みとする概念構成の想像力を駆使する両極端の二面性がある．随分違うが，どちらも数学なのだ．

[註10] 前にも述べたが『数学セミナー』1972年，竹内外史の連載（特に9月号）で，それが扱われていた．もっと古く1963年1月号には「Dirac空間をめぐって」という記事もあるようだ．また，それとは別に，ちょっと変わったところでは，山中健『線形位相空間と一般函数』(共立数学講座16, 1966)には，付録が二つあって，一つは佐藤超函数(hyperfunction)だが，更にA. Robinsonのnon-standard analysisについても解説がなされている．他に『数学』16-3(1965)には雨宮一郎「Non-standard analysisについて」というノートもある．

因みに，このころは文字通り「非標準」と訳していたが，のちに齋藤正彦提案の「超準」という訳語が広まって，今は定訳になっている．

[＊ 1] 「想い出はクズカゴへ」（『ものぐさ数学のすすめ』（青土社 1980)所収；初出『数セミ』1975.9).

[＊ 2] 『徹底入門 解析学』（日本評論社 2017)第3部「徹底入門 FOURIER 級数──δの変容」第12章[注7] (p. 262).

位相篇(3)

　森さんが位相の定義にこだわった理由は，概念自体への根本的問い —— それは「位相解析入門」(『位相のこころ』ちくま学芸文庫所収)の冒頭《解析学の形而上学について語りたい》との抱負からも窺える．対して，我々は，より技術的で些細な箇所に焦点を当てている．学習者にとって「位相」を見直す切実性があるとすればむしろそちらからだ．しかし今回はまた，森さんのコダワリの背景を少し違う視点から見てみたい．

　前回あまりなかった引用を補ってあまりある今回の「引用」の多さについてはご寛恕のほどを．あまりに面白く，つい読者に紹介したくなるものばかりなのだ．

1 ❖ 位相構造批判

　「位相篇」を始めたものの，『位相のこころ』或いは，その中の「位相構造」の詳細に立ち入り続けたとしたら，個別的解説だけでかなりの紙幅を要する．まだ採り上げたい話題はあるが，読者にとって，いつまでも似たコダワリを展開されては退屈にちがいない．そこで「そもそも論」として森さんが言いたかった核心を先に材料にしよう．「位相構造」の最終章「位相構造批判」が，それだ．節の見出しを並べると，「歴史的省察」「内容的批判」「形式的批判」と続き，最後に「数学者の責任」が来る．つまり，この章が彼の本当に言いたかったこと —— 当時の連載の意図である．

　概略を述べると，「歴史的省察」は位相概念生成を振り返ること —— これは

「位相篇(1)」でも触れたように，いくつもの流れが輻輳する箇所——強引に一元化すると，フーリエ級数（リーマン積分の定義もそれが動機）が「実数」概念という下部構造の整備をもたらし，同時に，函数空間に於けるさまざまな収束（無限次元空間では収束が一義的ではない）という上部構造が，「実数」の対応概念として発生したということだ．但し，これが位相概念（例えば開集合）にすんなり行くという単純な構図ではない．そんな注意ないし強調は

《この時期はまだ，「位相の定義」が流動的であったことに注意しておこう．現在の定式化が確定したのは，だいたい40年代以後である．そして，それ以後は，まるで〈位相〉の定義など千年も前から決まっていたかのようにだれもが思っていて，疑いもしない．じつはその方が問題かもしれない．》

という言葉になる．その一方，

《こうして〈位相〉は「実関数論」の巣から出て，自立した．それはよいことでもあって，この形式を〈自然〉位相としてでなく，〈人工〉位相として使用できるようになる．》

とその利点を認め，

《「抽象解析」としての「位相空間論」は「抽象代数」とおおいに共鳴しあったようで，ネター学派以来，代数幾何に位相を用いるのは伝統的で，クルル，ザリスキ，シュヴァレーなどがあげられようし，べつの系譜としてはストーンやゲルファントもある．ここでは，位相構造とは数学の一つの〈形式〉としてある．》

と結ぶ．前回，超フィルターに伴って紹介したストーンやゲルファントの表現定理は，この「形式」に沿って，自然な数学的思考とが合致する一端だったのだ．

「内容的批判」としては，「位相空間論」の成立は「技法」の〈理念〉の体

系化にある筈なのに，重要な概念で「技法」の域をでていないものがある，という点に批判が集中する．具体例は可算性にかかわること，例えばベール（R. Baire）の技法，が代表だが，「集合篇(2)」で森さんの論文の意義を解説した時に引いた，局所コンパクトと完備距離空間の「対応原理」などもある．これについても，《しかしながら，現在の枠組みで，この程度のことで「対応原理」が定式化できるとは思えない．》と姑息な対処は断乎たる拒否にあう．
そして

> 《このように考えてみると，「実関数論」からの自立というのも，あやしいことになる．たしかに「19世紀解析」の〈日常感覚の理念化〉は達成されたかに見えるけれども，マイホーム主義の日常性に埋没しているのではなかろうか，とも思えてくるのである．》

と結ぶ．一見，「技法」は「理念」化されなくてはならないという主張かと思われるが，むしろ，「理念化」されたと思われている「技法」も，まだまだその域に達していないという警告と読むべきであろう．

「形式的批判」は，もっと根底的で，位相概念の定式化そのものに重大な欠陥があるという疑念を中心とする．とくにコンパクトという概念は位相の中心なのに，定式化に於いてはそうなっていない，ということ，或いは，形式的には「開集合」と「閉集合」が双対だが，実は「開集合」の双対概念は「コンパクト」である，といった指摘である．例えば過激にも

> 《おそらく，〈コンパクト〉は「中心概念」ではなく，〈位相構造〉の「定義」そのものにかかわるべきではないかとぼくは思うのだが，見当がつかないし，矮小な形式を考えるのはナンセンスだろう．》

という．飽くまで，矮小な形式ではなく，コンパクトを正統な位置におく位相概念の定義があってしかるべきだという主張だ．このような指摘は，充分傾聴に値するとは思うが，実際にできるものなのか．今の言葉でいえば「ムチャ振り」ではないか．つまり，一種無責任な発言だともいえる．が，森さん以外にそんなことを考え，かつ発言できる人はいないだろう．

最後の「数学者の責任」では，根本的な

《今までの連載でもそうだったのだが，ブルバキ風の感覚を身につけ，ブルバキ風の形態でふるまってきた．その時代の感覚を身につけ，その時代の形態でふるまうことは，その時代に拘束される以上は当然でもあって，許容せざるをえない．しかし，このような感覚と形態が，この時代に発生した根拠は，その数学の成長の理念にあるはずである．

だがいつでも，「数学者」はその理念にかえらずにすむ．その感覚を身につけ，その形態でふるまいさえすれば，「研究」も「教育」も間に合ってしまうからだ．このことは，その表層をいつでも凍結可能にしている．》

との現状分析を述べ，その上で《「現在の」形態と感覚を表層として凍結し，50 年後に醜悪な登場をさせてはならない．》と自戒と警鐘の入り混じった結語に至る．最後に，森さん自身《必要以上に〈理念〉にこだわった．そして「間に合わす」ための「位相入門」を拒絶したい．》と締める．

最後の部分は前にも引いたので，「位相構造」という連載がどんな意図で書かれたかの概要は想像できたと思うが，改めて結論部分を見ると，随分はっきりと「反位相入門」または「位相反入門」——そんなもの存在しないが——すら意識していたことになるわけだ．

当時，森さんは 40 代半ば．連載がどれくらいの数学者に読まれたのか判らない．そしてまた，読んだ人たちが心穏やかでいられたかどうか．今こうして森さんをネタに記事を書いている私は，当時の森さんの年齢を随分超えてしまっている．50 年後とは 2022 年．もうすぐだ，などと呑気なことは言っていられない．

2 ❖ ブルバキに於ける代数的偏り

上のように森さんの「過激」発言を強調すると，「通常数学者」は，森さんの分析どおり，「位相」など何も根本から反省する必要ないモノで，確立されたままを使い，学生がそれを使えるように教えて何が悪い，と反撥するだろ

う．大半の数学者にはパラダイムとしての「位相」が目の前にあるだけだ．「評論家風」或いは悪しき「哲学風」議論など関わりたくもないのだ．

　たしかに，このような問いは，尤もな背景・理由がなければ人々をイラつかせるだけだ．しかし，既に，指摘したことだが，位相概念が解析学，特に無限次元空間でのさまざまな収束，を扱うのに適切かどうかは自明でない．森さんと我々ではコダワリ方に若干差はあるものの，イチャモンをつけるからには，何らかの不満とそれ相応の理もある．そこで少し目を転じ，位相構造だけでなく，特にブルバキの「位相」と，それにまつわるいくつかの点について，証言を引こう．

＊　＊　＊　＊　＊

　まず，ブルバキの「位相概念」自身，代数的で形式的な性格を多くもつ．これは或る意味常識で，ブルバキ集団がそのような人々からなっていたのだ．位相を使って「解析学」を扱う姿勢も自ずとその立場からになる．例えばヴェイユは自ら次のように述べる：

　《真の解析学者は，一寸でも無器用な使い方をすると調子の狂う精密な道具を整備しておくことを好みそれらが揃って初めて安心する．所が私は解析に関しては本能的に出来る限り最小限の数の粗雑でよいから頑丈な道具で使用法が簡単な規則になっているものを選ぶのである．》

　同時に自分は《全く解析学者ではない》と言う．（杉浦光夫訳『数学の創造』日本評論社 1983［1940 d］）[註0]．

　同『数学の創造』[1936 f, g]では，位相概念の定式化について次のように述べる：

　《この『原論』のための位相空間論について，当時これについて書かれたちぐはぐな雑然たる堆積に止まることなく，真に有用な最小限の原理から成るすっきりとした叙述を与えることが緊急に必要となった．特に位相空間を公理化しようとするいくつかの試みでは，伝統的な極限概念に重要性を置き過ぎていることが明らかになった．これについては何人

かの人達(例えばムーア(E. H. Moore)やバナッハ(S. Banach)が大いにその緩和に努力し始めていた．また一様性，完備化，完備空間などの概念自身も拡張すべき時期になっていた．》

　動的な「収束概念」を静的な「開集合系」で処理する「代数」的指向が明瞭だ．前回，前々回に見たように，位相の定義(五つ)から，「収束概念」がはじき出されていること，その事情と背景を，はしなくも証言した格好だ．同時に「一様性」にかかわる構造についてもブルバキは根本的な改革を目指していた．これについては，いずれ触れるが，ヴェイユが「一様構造」を定式化したのである．また，この「極限 vs 位相」対立の末に切り捨てられた「極限」概念(擬位相)に最初から目を向けていたのが森さんなのだ．ブルバキと，その一世代上のフランスの数学者との微妙な関係については，フレッシェ『抽象空間論』(共立出版)の討論(齋藤・森・杉浦)などでも指摘されている：

　　《ある意味でいえば，ルベーグとかベール，ボレルらもフレッシェの兄さん株もしくは先生格なんでしょ．アダマールなんかも．あの辺の連中の問題意識とひっかかっているのね．ブルバキはフレッシェぐらいにはいくらか敬意を表しているが，初めのうちはボレルは名前もでてこない．いわば上の世代を否定してつくったわけ．ところが実は，詳しい議論をしようとすると報復されたというわけですね．》(p.156 森発言)

　つまり，あたりまえのことだが，ブルバキのような企画において，常になにがしかの偏りを持った主張による「切り捨て」は避けられず，それが一世代上を否定するという形になっていた．フランスの伝統的な「解析教程」でも，先行・既存のやりかたを否定し乗り越え，新たな教程を呈示する．過激ではあるが，ブルバキもそれと同種のものと看做すことができると思う．
　ともかく，位相概念はほぼブルバキ主導とも言えるほどに標準化していく．もちろん他にいろいろな位相空間の教科書もあったが，ブルバキ運動自体の影響の大きさは，位相概念自体を常識化した(大方の数学者のズボラな性格によるのかもしれない)．とは言え，ヴェイユの好みが色濃いブルバキの「偏り」について，それなりの理由はあったとしても，のちにヴェイユ自身行き

過ぎを認める部分もある[註1]．実際は，積分に絡む部分がもともと問題を孕んでいて，上の森発言の「報復」とは，積分の扱いが位相の扱いにもたらした修正である．ヴェイユが認めたのは技術的に細かい点に限定してのことだ．

実は，ブルバキは積分の定式化に於いて，結果として「失敗」とすら言える根本的な選択のミスを犯した．但し，「失敗」とまで言うのは，ブルバキの影響力の大きさの故で，前にも述べたが，神ならぬ身に，最初から完璧な定式化などできる筈はなく，時間の積み重ねを経て下されたこのような審判は，要するに「結果論」である．

そうだとしても，マシャル『ブルバキ ── 数学者達の秘密結社』高橋礼司訳（シュプリンガー 2002）p.190 に引かれた"シュヴァルツ自伝"の，寒いエピソードは，間違いなくその「失敗」の深刻さを物語る：

《高名なアメリカの確率論学者ドゥーブがパリで連続関数の作る（局所コンパクトでない）空間での確率，つまりブラウン運動のウィーナー確率について講演したときのことである．講演会に出ていたブルバキスト達は彼の話に矢継ぎ早な邪魔を入れた．それは乱暴で礼を失するものだったが，彼の扱う空間が局所コンパクトでないということが理由だった．彼の話には「意味がない」というのであった．こうした態度に，私は心底動揺し，その失礼さには憤慨した．》
── 『闘いの世紀を生きた数学者 ローラン・シュヴァルツ自伝』（以下『自伝』と略す）上，pp.276-277（彌永健一訳 シュプリンガー 2006；丸善出版 2012）

『積分』は今回の主題ではないが，説明を省くと話が通じなくなるので，あとで述べる．結局，ブルバキの『積分』はシュヴァルツによる修正案を容れる[註2]．それは「積分論」の根本的見直しとなる軌道変更で，本来なら全面的書き直しを意味する．が，この期に及んでそれは難しく，補足的な分冊『積分』5 を継ぎ足す程度の彌縫策を施したのみだ[註3]．

このような例を見ると，森さんがブルバキの定式化自体に根本的な疑問を呈したとしても，さほど不自然なことではない．先ほどの「コンパクトを位相の中心に」定式化するすべは簡単には想像できないが，凍結した表層を自明なこととしている人々に，より多くの理があるわけではないのだ．

3 ❖ ブルバキの積分論

代数的指向の強いブルバキのなかでも，ヴェイユと対照的にシュヴァルツは自らを解析学者と分類する．その一方，ブルバキに受けた代数的な「よい」影響も素直に認める：

> 《わたしがブルバキのお蔭で身に付けた最良のものは「代数学指向」である．わたしは生来の解析学者だし，仕事はすべて解析学か確率論に関するものである．（中略）わたしは解析学者のなかで最も代数づいた人々の一人である．ブルバキのお蔭でこういう流儀になったのである．》
> ―― シュヴァルツ『自伝』上，p. 274（なお，上のマシャル『ブルバキ』でも p. 200 に引用されている．）

シュヴァルツ（Laurent Schwartz 1915―2002）はヴェイユ（André Weil 1906―1998）より一・二世代若いブルバキの一員で，超函数（distribution）の業績で 1950 年フィールズ賞．前回でてきたショケ（Gustave Choquet 1915―2006）とはエコール・ノルマルで同級．ショケも解析学者であり，ブルバキ風のスタイルは身につけていたが，ブルバキには属していない．このあたりについてはシュヴァルツ『自伝』第 2 章にある．また，マシャル『ブルバキ』p. 199 以降の，いろいろな論点からのブルバキ批判や数学教育改革に関する部分にもショケは登場し，彼のいくつかの重要な発言も引用される．類書にないところで，大変参考になる[註4]．

さて，そのシュヴァルツ自身の証言こそ，積分を巡ってのブルバキの考えと，ブルバキでは"珍しい"解析学者シュヴァルツの研究履歴の交叉がどのようなものか物語る．その前に布石として興味深いので，『自伝』上，pp. 138-143 のポール・レヴィ（Paul Lévy）の節に注意したい．有名な確率論学者で，シュヴァルツも多大な影響を受けたわけだが，なんと確率論をはじめたのは偶然に近い[註5]．シュヴァルツとの関係は，それにとどまらず，実は，マリ＝エレーヌ（シュヴァルツ夫人）の父親なのである[註6]．

エコール・ノルマルで，シュヴァルツは，レヴィのもとに通い，助言を得て，確率論だけだけでなく解析学を含む学習計画を立てたという．シュヴァ

ルツにとっても，確率論は研究の出発点であった．そして，『自伝』上，pp. 142-143 で次のように振り返っている：

《わたしは確率論からは一旦離れ，三十年以上経ってからもう一度この分野に戻った．それまでに随分いろいろなことがあった．二年間兵役についた後の戦争．数学をすることは論外だった時期である．そして1940年のブルバキとの出会い．わたしは，それまでと根本的に違う方向に進むことになる（そのお蔭で，超関数論を発見することができた）．（中略）1970年代になって，わたしはもう一度確率論に戻り，それ以後はずっとこの道を歩んでいる．解析学と確率論，実は互いにとても近い分野だと思うが，この二つがわたしの研究者としての生涯の二分節である．》

確率論が彼の思考の古い地層だとすると，ブルバキとの出会いで，双対性を用いた測度論の定式化（ヴェイユ＝ブルバキ流のラドン測度）という新しい思想を学び，その延長上に超関数（distribution）を築いた．しかしまた，後年，なじみある地層に立ち返ったのだ．

この回想は，シュヴァルツを超関数とだけ結びつける一般的印象を是正する役割も果たすが，同時に，ブルバキの積分論の偏りの功罪と，そして解析学者であるシュヴァルツがブルバキと相互作用したみごとな軌跡が記録されているように思える．ブルバキ的利点である「超関数論」と無限次元空間での測度論である「確率論」という異質な二つの考えがシュヴァルツの中で出会い，その「冷戦＝矛盾」が解消されたのだ．

『自伝』上，pp. 274-279 は"ブルバキのエラー"という節で，問題の二つの「積分論」のことが述べられ，上で引用したドゥーブに関するエピソードもそこにある．先ほど引用した回想よりもずっと詳しくその事情を語るので，全部を引用したいほどだが，そうもいかないので，まずは要約的に述べる．二つの積分論・測度論とは，

(1) 伝統的なもの，つまり可算加法族の上の可算加法的な集合函数（＝測度）による「抽象的」な取り扱い（ボレル測度），

と，

　(2) 連続函数の空間の(連続)線型汎函数から出発するラドン測度，

というものである．一般性の観点から，(1)が当然採られるもののように思うかもしれないが，実際はそう簡単ではない．(1)を形式的に押し通すと不自然なもろもろが入り込んでくる場面もある．(2)には，また明らかな利点もいくつもあって，その一つは可算性を超えることである．それがなければ，一般には，測度の「台」(support)という基本的な概念さえ導入できない．

　森さんの位相概念でのこだわりも，或る意味似たような細部(detail)にかかわるが，これら細かい違いが，大学教育で前景にでることはまずない．

　さて，シュヴァルツの記述は，詳しく事情に踏み込んでいて，読み応えがある(『自伝』上，pp. 274-277)．

　《ブルバキはアンドレ・ヴェイユと彼による優れた著作『位相群上の積分とその応用』の影響を受けて，局所コンパクト空間の上のラドン測度を採り入れた．（ヴェイユの本は1940年に出版され，わたしも随分勉強した．）こうして，二つの測度論が現われた．（中略）ブルバキはラドン測度一本槍で他の測度は拒絶した．しかし，確率論は他の測度を必要とするのである．

　1940年に，わたしは局所コンパクト空間上のラドン測度に飛びついた．戦争前にポール・レヴィと学んでいた確率論には，まだ一般的測度も，勿論加法族のことも出てこなかったから，余計この測度論は受け容れやすかったのである．それに，わたしはずっと確率論からは遠ざかっていた．（中略）ブルバキとの出会いがあり，続いて超関数論の発見とそれについての著作に没頭していたから，ことの成り行き上，確率論には近づく機会もなかったのである．要するにブルバキは確率論からは身を遠ざけていた．この理論は厳密性に欠けると考え，排除し，ブルバキの影響を受けた若い数学者達をも確率論への道から遠ざけたのである．フランスにおいて確率過程に関するあらゆること，つまり確率論の現代的展開を遅らせたことについて，ブルバキは，わたしも含めて，重い責任を負う．（中略）

ブルバキに二つの測度論がそれぞれ正当なものだという理解ができていたならば，このような一方的排除に与(くみ)しないことができたはずである．ブルバキのメンバー達が皆ポール・レヴィを高く評価し，彼らの世代の数学者達の大部分の人々より優れていると考えていたことを思えば，余計そう思える．》

4 ❖ 位相概念と位相代数

　シュヴァルツ自伝は，興味深いので，つい引用が長くなる．超函数の試料函数(test functions)の空間の位相の導入に関して《はじめは擬位相で考え》など，森さんが「位相構造」で言っていたのと同様の言葉もある(p. 485)．しかし，キリがないので，このあたりで切り上げる．

　話を位相に戻す．位相概念自体，数学で揺るぎない地位を占めているのは間違いない．しかし，その土台への疑いも，森さんのように無限次元の函数空間，特に積分論的で局所凸の枠に入らない対象とか，順序線型空間など，きれいに定式化できないものを扱う人には，或る意味自然なのだと思う．つまり，使い途という実践的な場面での「位相」の限界が実際にある．

　同様なことは，位相の入った代数系にもある．「位相代数」は，位相の入った代数系であり，演算の連続性をしかるべく要請するもの，と常識的に定式化される．定義自体「代数的」指向に基づくが，初学者がそこに疑いを差し挟むことはない(疑えるほどの知識も経験もない)．特に位相が活躍する位相線型空間は無限次元空間の中でもうまく定式化されたものと言える．が，それ以外の位相代数は，無限次元になると平凡な定式化では大抵役にたたない．ありふれた例で言えば，群の表現の定義に於ける「連続性」の要請だとか，作用素環の定義での「位相」の役割だとかを見ればよい．それらは「位相群」とか「位相環」の枠組みに収まっていない．つまり，連続群($\approx$ 位相群)の「連続表現」の定義として，位相群から位相群への準同型などと定義しては適切でない，ということだ．

　このように「位相」自体は使われても「位相代数」は無限次元では限定的だ．(その割には森さんは「位相解析入門」の2「位相代数」でその問題に触れない：対象がもっぱら位相線型空間だからだ．) これらの下部構造として

提案された「一様構造」も,同様に「きれいごと」を上手く定式化しただけの側面がある.だから,場合によっては,ブルバキといえども粗だらけに見える.概念の根本まで溯らなくても,実践的な不協和音を感じることは結構あるのだ.とは言え,...

　数学の構造をいろいろ細切れに公理化・定式化し,概念の小売りを価値判断抜きに行い,店側としては買い手(＝読者・利用者)に取捨選択を任せるという自由市場に対し,ブルバキは,原則を立て,その思想の下に概念を提供するという立場だ.森さんにとっては,その思想の立て方の一貫性が,恐らくは最も重要な点であった.『現代数学とブルバキ』(東京図書,数学新書)でも,個別的な問題点をいくつも指摘しながら,思想としてのブルバキの立場を認めて矛を収めるといった終わり方がしばしば見られる.しかしまた,本格的に批判を加えるとなると,代案の呈示という面倒な逆批判に晒される.フランスの天才集団がよってたかって著わした膨大な著作に一人で立ち向かうのは,なまなかなことではない.それでも「位相解析入門」では,素直にいろいろな問題点を本格的に論じていて,若い森さんの意気軒昂さを感じる.

　位相概念への反省も「歴史的」「思想的」「実践的」と様々な観点が可能だが,どの時点でのものかという点も無視できない.『現代数学とブルバキ』の時点と「位相構造」の時点では,かなりニュアンスが異なる.「位相構造」連載時以降,森さんが位相について触れるものもいくつかあって,ファング『ブルバキの思想』のあとがき(1975)は『現代数学とブルバキ』の補足(註3参照).前に引いたフレッシェ『抽象空間論』の解説(1987)やちくま学芸文庫版『位相のこころ』「あとがき」(2005)になると,基本的な主張に変わりはないが,むしろ「回顧」と「懐古」の気分溢れる変奏だ[註7].

5❖一様構造？

　いうまでもなく教育も時間に影響をうける.ブルバキが導入した「フィルター」(H.カルタン)も「一様構造」(A.ヴェイユ)も『位相』の巻で重要な位置を占めるが,現在の日本の大学に於ける数学教育の中では重きを置かれる対象ではない.数列や点列,函数列などの収束で既に手一杯の学生に,フィルターが必要となるような一般的な位相は遠い存在だし,位相群や位相線型空

間と距離空間を一つの概念(一様構造)に統一する理由も希薄だ．一方，シュヴァルツ超函数(distribution)など，解析学で必須の道具に於いても，正式な位相は煩瑣な手続きを必要とし，実践的にも辛いところがある．

その意味では，現在の教育がブルバキスタイル(それは，もはや時代遅れなのかもしれないし)を踏襲していないのは健全なことかもしれない，などと思わず口走ってしまう．口走ってしまってからでは遅いが，実際は，むしろ何かの衰退の兆候である可能性の方が高いと思う(乗り越えるべき困難を克服したわけではないし)．いや，ちょっと話が先走りすぎたか．

上に名前を出したヴェイユの「一様構造」は，ブルバキの『位相』の第二章．基本的な概念だが，大学の数学教育で正面切って扱われることは殆どない．森さんの「位相構造」にも「一様構造」という章はない．あるのは「距離」という章だが，実は内容豊富で，距離から始まって，一様構造の定義，完全正則空間，被覆などを一気に解説してしまう．その前の二章にはコンパクト，その後の二章に全有界と，位相構造としては中心的な部分を配している．単なる位相の定義よりは，ここにずっと内容のある概念が詰まっているのは当然で，森さんの持論の「コンパクト」こそが位相概念の中心であるべきだという主張の一部が凝縮されている．しかし，これを眺めて感じるのは，大学での位相概念をブルバキ流に教えることの中途半端さという現実である．そもそも大学教育を高等教育と呼んでいいのかどうかすら，今ではためらわれる．ヴェイユが中等教育といったレベルなのかもしれないし，森さんのコダワリも空しくなってきたのかもしれない．

まだまだ「位相篇」は続ける必要はあるが，次回からは少しまた話題を変える．ただ，いつかまた位相篇には戻ってくるつもりで，コンパクトや一様構造に関する「変奏」はその時にとっておこう．

註

[註0] このヴェイユの本は，1978年刊行された『著作集』(Œuvres Scientifiques 3巻)の巻末に各論文・著書等に附された自註(commentaire)を取り出して杉浦光夫さんが全訳した(「数セミ・ブックス4」)もの．付録1, 2, 3では，谷山豊がヴェイユに関して書いたものを収録している．これからも判るように，谷山に捧げた(訳者あとがき，p.248)ものでもある．ここに引い

た[1940 d]とは『位相群上の積分』(L'intégrations dans les groupes topologiques et ses applications)という有名な本[*1].

[註1] 上記ヴェイユ『数学の創造』[1937]《この四十年という距離を置いて見るとき,私が可算性の排除に示した熱狂に人人は微笑するに違いない.(中略)これは私が(大抵の場合支配的な正統の立場に対する反撥から)後になって独断過ぎることがわかった立場を取った例であるが,このようなことは一度だけではなかった.》

[註2] シュヴァルツ自身による講演の記録が,日本数学会の『数学』論説 ("Mesures de Radon sur des espaces non localement compacts" **17**-4 (1966), 193-204)にあり,電子的にも読める.タイトルはフランス語だけど,大丈夫,日本語訳.

[註3] これに関する森さんによる解説は,ファング『ブルバキの思想』(東京図書 1975)の監訳者あとがきに当たる「『現代数学とブルバキ』以後」にある(pp. 181-182).ブルバキ改訂の限界との評価もなされている箇所である.私自身は,このような評言を見た時に,大いに救われた気がした.なるほど,その線でもっとスッキリするのだ,という救いである.

[註4] 特に,フランスでの数学教育改革に関しての詳しい記述が参考になる.

[註5] シュヴァルツ『自伝』上,p. 139:

《アンリ・ポアンカレが亡くなった後のある日,彼(= ポール・レヴィ――引用者註)はポリテクニシャンのために確率論についての六回続きの講義をしてもらえないだろうか,と頼まれた.かれはこのとき確率論については何一つ知らなかった.講義を用意するのに与えられた時間は三週間だった.(中略)手紙の中で,「三週間というと,確率論について書かれたものをすべて読むには短すぎるが,これまでに得られた結果を自分で再発見するには十分です」と,書いている.(中略)確率論は,それ以後彼のライフワークになった.》

[註6] 他にも,有名数学者との縁戚関係がシュヴァルツにはある.アダマール(Jacques Hadamard)はシュヴァルツの大叔父(『自伝』上,p. 58)で,レヴィの先生でもある(同 p. 139).

[註7] 森さんも言及し,当時の日本で「論文以前」の数学活動のエネルギーを伝えるものに『全国紙上数学談話会』(1934―1949)がある.前にとりあげた SSS の『数学の歩み』よりも古く,現在ネット上に記録が公開されている(http://www.math.sci.osaka-u.ac.jp/shijodanwakai).

[*1] 邦訳:『位相群上の積分とその応用』(齋藤正彦訳,ちくま学芸文庫 2015).

積分篇（1）

「位相篇」をひとまず中断し「積分篇」．前回「位相篇(3)」でブルバキ積分論の問題点と，シュヴァルツによる「冷戦融和」に言及したので，それを承けてのことかと思われるかもしれない．しかし，いわゆる「積分論」を含む解説をするなら準備も必要で，別立ての「徹底入門」になることは避けられない[註0]．そんな「劇中劇」ならぬ「連載内連載」に向うのはさすがに奇態だ．

森さんの著作では『積分論入門』（東京図書，数学新書 1968)が積分論を主題とするが，第0回で引用した「はじめに」では，《ふつうの「積分論以前の内容」にとどまってしまった》と言う．尤も，それは言葉のアヤで，第2章では，測度空間の定式化に伴って，実質的内容が盛り込まれる．しかも，例のコダワリから，普通にはない「商測度」への言及まである．一方，「積分論」に入る手前の，微積分で既に現われる「積分の理念」に多くの解説があり，実はそこが読みどころである．「教育」に「研究」の達成度が反映するという森さんの思想が実践された箇所ともいえる．

で，モノは相談だが，そこを逸脱し，拡大・敷衍して，通常誰もそれほどまじめに扱わないような「積分」に関わる話を主題にしてみようかと思う．そんな「積分篇」を森さんに帰しては，迷惑だろうか，いや，まあ「ええんちゃう」．

1 ❖ ブルバキの微積分──『実一変数関数』

『数学セミナー』2013年10月号に，もとブルバキ・メンバーのカルチエ

(Pierre Cartier) のインタヴュー記事 (聞き手は高橋礼司・梅村浩両先生) が出た．中で一番驚愕 (クリビツ・テンギョウ) したのは，ブルバキ『実一変数関数』がオイラーの写しだという発言：

《ブルバキの微分積分学の教科書のほとんどが，実は 1750 年に書かれたオイラーの微分積分学の写しだとあとになって知ったときは，大変驚きました．》

ええっ！ 驚いたのは，こっちだよ，しかも輪をかけて！ うーむ，しかし，これをどの程度の精度で受け取っていいのか，極めて悩ましい．当惑は当然だが，実はそれほど的外れとも思えない．(一部で？) あまり評判のよくない『実一変数関数』だが，告白すると，私は結構気に入っている．カルチエ発言が，その理由を，完全にとは言わないが，説明していると認めるに吝かではない．オイラーの 1750 年とまで言われたら，厳密には比較して本当かどうか調べないといけないのだが，ブルバキ『実一変数』にオイラー風のところがタシカにアルよね (気づいていたよ)，と同意はする．「ほとんどが写し」との断定には驚くほかないのだが．

ただ，本書は「森毅」の主題なので，森さんの意見を聞いてみる必要がある．どうでしょう？ 森さん——『現代数学とブルバキ』(1967) では

《この巻にかぎり，「構造的よりは具体的」であって，巻全体の理念に乏しい．むしろ，各部分としてのみ，存在を主張している．》(p. 120)

から始まり，最後の締め括り (p. 125) では

《結局，この巻全体として見ると (中略)「1 変数微積分として，現にある「微積分教科書」の最上のもの以上かもしれない．しかし，それぞれの題目の有機性は不完全で，他の巻のような「流れ」の感じられないのは (．．．略)．それでも全体としての「非ブルバキ性」を打ち消すことはできない．なぜなら，「ブルバキズム」とは，部分の問題ではなく，全体性の問題だからである．》

と，雰囲気は否定的だが，穏やかに収める．芥川龍之介『侏儒の言葉』「批評学——佐佐木茂索君に」で言えば「半肯定論法」．これはブルバキ普及という目的から，客観的な視点をとりいれて，一種の自主規制を行った結果だろう．それ自体は常識的だ．

比べて，自主規制とは無縁な『数学の歩み』8-1 (1960), pp. 48-55, の書評は主観を前面に出し，きわめて戦闘的で激烈．森さんの文章でも特にそれが目立つ：冒頭部《実の所は，僕はこの本が気に入らない．（中略）一口にいえば思想がない．》と，上の芥川で言えば，殆ど「全否定論法」．全篇引用したいくらいだが，そうもいかず，ツマミ喰いするしかない[註1]．今回の「積分篇」に関わる発言を少し拾うと

《僕は位相空間論をやるのなら位相ベクトル空間論を経て積分論までやらなければというドグマをもっている．》

とか

《元来微積分を関数の収束と関連して論ずるには，その収束概念は一様収束であるべきだ．この点をあからさまに打出していることは，Bourbaki 第一の功績だと思う．そのために，実に Riemann 可積分という定義はどこにも出て来ない（実は積分論第4章の演習問題にある）．そこで fonction réglée という概念が出現するが，これは階段関数の一様近似となる函数のことで（中略）しかし僕は気にくわない．（中略）何もわざわざこんな大仰な新概念を持出す必要があるだろうか．》

など，森さんの数学観を直截に吐露しての批判（実はブルバキ評論としても本格的で，面白いなんてものではない．是非全文を参照されたい——ネット上で読める）．中でも，ブルバキ思想と『実一変数』の乖離を責める次の言葉には，のちの著作に冠された「ものぐさ」や「チャランポラン」のイメージから隔絶した迫力——「思想」を最大限尊重する「熱」がある：

《Bourbaki 自身が数学教育についての講演の中で，数学者の要請であ

る正確さを，論理形式や体系のそれではなく数学的現存の本質との対決にもとめているのではないか．本質の認識と体系の整備，この二つを秤りにかけるとき，どちらを取るべきかはBourbakistの至上命令として定まっているはずだ．そこでもなお体系に固執するならば，Bourbaki全巻を火にくべて然るべきであろう．》

おお！「全巻を火にくべ」るなんて勇ましい．こんな掘り起しは，森さんにとって迷惑千万の気がするが，この書評から本質的な「芯」の強さ（名前もたしかに「つよし」だ）の片鱗が浮かび上がる．

書評の締めには，挑発的な要約《Bourbakism擁護のためのスローガン》が13ほど挙げられている．森さん，アンタはブルバキ教の教祖か？！と思わずツッコミたくなる（何度も言うが，そこに至る本格的評論，或いは非難，がまたスゴイ）．スローガン全部を列挙するには及ばないが，最初の"この本はなかったほうがよかった"という全否定の確認から始まり，

"数学の精神は，認識の学としての精神である，"
"本質の認識のためには，体系の整備は犠牲にされなければならない，"
"技巧面でのエレガントなのは本質の認識に害を及ぼす，"
"数学は統一を求めるが，決して単一化を求めはしない，"
"数学を判りやすくすることは，多くの豊富な概念をもってくることによってのみ達成される．"

など，数学評論として「まっとう」で「まとまった」のを交えつつ，最後には"既成の秩序を破れ"という時代を感じさせるハネアガッタスローガンで終わる．

ついでながら，それ以外に，ちょっと気になる二つのスローガンを書き留めておくと：

"微積分とは，微分と積分とが逆演算であるという原理のことである，"
"位相空間論は積分論まで結びつかないで単独には存在し得ない．"

がある．後者は特に，前回，「位相篇(3)」で積分に触れた理由（言い訳？）として渡りに舟．前者は本質的なことなので，本書のどこかで触れることになる[*1]．

* * * * *

カルチエがオイラーとの関連に言及し，私が好ましいとした点について，森さんは，どのような形で批判しているか．ついでに引用する：まずは，ちょっと気取って《一言でいえば，Bourbakiのこの巻は，19世紀から脱却しようとの理想の下に，19世紀のZeitgeistにしばられているBourbakist達の苦悶を象徴している．》ということだが，これだけでは判りにくい．より具体的な例として（指数函数の微分可能性を連続性と函数方程式から出す点について）

《ところがこれを一緒にしているかのように見せているところが，面白そうなというわけである．しかしこれは実はケシカランことで，（中略）このようなことが数学職業家に面白がられやすいだけに，かなり危険である．》

また

《Bernoulli数もΓ-函数も，解析学にとって極めて重要であることは疑いもない．しかしその重要性は，僕の理解の程度としては，結果論としてしか判らない．Bourbakismとは，それを必然性として判らすためのものだ．Gelfandによれば，Γ-函数の理論も位相解析的立場で建設されようとしているそうである．これは例の大ボラかも知れないが，僕達がBourbakiに求めるところは，正にこのような態度である．（中略）単に実用的な観点だけから，この2章が書かれるといった程度の見識しかBourbakiはもたないのか．僕はこの2章をかなり愛用するにも拘わらず，敢えて非難する．》

という具合で，要するに，思想化されず小手先の（？）技法を駆使するような

のが，森さんには（Bourbaki の名の下の著作として）気に入らないということなのだ．

2❖ブルバキ『微積分』の「積分」

考えてみると，そもそもブルバキは「ストークスの定理」をキッチリ教える為に始まった筈[註2]なのに，それはどこにも現われない．斯くてブルバキの魂は，いつまでも成仏できずに中空に漂う．そんな初発の事情とは関係なく，ブルバキ自体の運動は当時（って？ 1950/60 年代か）の先端数学として位置づけられ，そのスタイルが大学教育に影響を及ぼした大きさも計り知れない．ただ，微積分は『実一変数』だけ，しかも妙な限定を伴った扱い，と，インパクトに欠け，影は薄い．『現代数学とブルバキ』では穏やかだったが，森さんの評価も高くない．本音溢れる『数学の歩み』での書評については上で見たとおり，ケチョンケチョンだ．

一方，ブルバキのメンバー個人の，或いは，ブルバキに影響された人たちの書いた解析教程にも大きな力がある．ディユドネとかシュヴァルツのものは翻訳され，微積分で言えば，ブルバキ本体より「現代的」だ．このように，「現代的」扱いに触れる機会はできたが，実際の波及効果はどれほどだったか．結局のところ，高木貞治の「伝統」を揺るがすものではなかったろう．その一方，前回引いたマシャル『ブルバキ』では，フランスでブルバキが教育に与えた悪影響も随分指摘されていて，「現代化」の行き過ぎという負の側面もあった．「改革・革新」か「保守・守旧」か，など単純な二項対立を，しかし，ここで論ずるつもりはない．

当面，問題にしたいのは，ブルバキ『実一変数』がもたらした「積分」についてである．好ましくない限定かもしれないが，話を単純化しないと判りにくくなる．積分だけでも，実は結構ヤヤコシイのだ．

積分は，高校の「区分求積法」や，コーシー（L. A. Cauchy）が『微分積分学要論』（小堀憲訳，共立出版）で述べたようなものを除くと，大学では「厳密」な定義を伴って，初年級で「リーマン積分」が登場する．「ルベーグ積分」と比べて定義に手間が掛からない等の理由で教えられるのだが，当否については，高木貞治『解析概論』（岩波書店）の「緒言」でも《Riemann 積分の解説のため

にパルプを惜しむことを得ないのも同様の事情に由来する.》と書かれるほどだ.《同様の事情》とは,概念の導入に際し,伝統への顧慮から,歴史的発生を無視できないということである.

とは言うものの,飽くまで比較の話だが,ルベーグ積分より見かけ初等的なので,リーマン積分を「やさしい積分」の同義語に用いる人が少なからずいる.しかし,「やさしい」なんてとんでもない.リーマン積分はヤヤコシイのだ.もちろん,「一般の」連続函数のリーマン積分可能性という厄介な問題はあるが,それ以前に定義自体が充分難しい.そのようなリーマン積分の問題点については,のちのちじっくり述べたい.

ともかく,リーマン積分は導入の手間に比べ,得られる性質が中途半端(労多くして益少なし).その認識のもと,できるなら,もっと簡単な積分でいいから何とかできないかと思う.ブルバキもそう考えた(って,見たような断定はイケマセン).ひょっとして,コーシーでもいいと思ったか(まさか),なんなら,積分でなくてよい;原始函数をつかってよい;という立場か.但し,あまり単純素朴にもいかないので,それなりの定式化はしたのだが,随分ゴタゴタが重なる.この点は,私も気に入らない.森さんと違って「思想的」批判はしないけれど,実践的な見かけの悪さに辟易する.

実際の『実一変数』は,「原始函数」が先でそれを「積分」に読み替えるという順序.つまり微分の逆演算として積分を捉えるのが先.ここで,原始函数をもつ種類の函数として,階段函数を基礎に据える方針にした.これではしかし,積分して微分したとき,階段の境で微分可能でない.そういう例外の処理のために,結局,原始函数の定義は,通常のを拡張したヘンでゴタゴタしたもの(可算集合の例外を許して微分係数がその函数を与えるもの)が採用されることになる.

可算箇の点の例外を考える事情をもう少し説明する.階段函数から,**一様収束極限**によって得られる函数を「**方正**」(仏 réglée,英 regulated)という[註3].森さんは,上の『数学の歩み』書評で《大仰な新概念》と貶していたが,一旦確立されれば,そんなに非道いものではない.この,方正函数に原始函数が存在するのを保証するのが,"**原始函数の存在する函数によって一様近似されるものには原始函数が存在する**"という重要な「**定理**」.ところで,1変数の「方正」函数は簡単な特徴付け「たかだか第一種の不連続点しかもたな

い」をもつ.つまり,どの点においても,右側と左側からの極限が存在する.そして,そのような不連続点はたかだか可算箇[註4].「可算箇の例外点」はこんな風に入り込む.また,上の特徴付けから,連続函数は方正で,特に,連続函数の原始函数の存在がいえる.これがブルバキ流.「例外としての可算集合」に合理的な意味をもたせるという意図があったのだろうか(或る種の「零集合」).そういう積極的な理由が背景になければ,この選択はちょっと理解しがたい.

これを「原始函数」でなく「積分」主体にすれば,微分しなくていいから,例外点を許す定式化にこだわる必要はない.原始函数を表に出すためのゴタゴタというのは,不必要で説得力に欠ける方針のように思える.以上の話を「積分」に読み替えたものを英語では regulated integral と呼んでいるようだが,連続函数を相手にするだけならリーマン積分より,導入は手軽で,基づく原理は明瞭である.それは,森さんの(わざと論争的な)言にも拘らず,ブルバキの功績だろう.誤解のないように言うが,この「方正積分」はリーマン積分よりずっと**狭い概念**である.狭いので限界はあるが,その分,便利でもある.その長所短所については,リーマン積分のそれと比較してのちに述べる.

ここでちょっと重要(?)な注意を述べる.上の「定理」は,本質的に「項別微分の定理」(極限と微分の交換定理)で,ブルバキは「有限増分不等式」から直接証明する.可算箇の例外点の処理でゴタゴタするが,論法自体の「思想」は優れて簡明である.この「項別微分の定理」は普通の教科書(たとえば『解析概論』)では「微分積分法の基本定理」を用いる.ブルバキの定式化では当然のことながら,そんなものは使えず,最初から「ビブンのことをビブンで」せざるを得ないのだ.

このダジャレ「ビブンのことはビブンでせよ」,どこかで聞いたことがあるでしょう.そう,高木貞治が残したダジャレだが,状況と内容は,伝説化されていて,必ずしも正しい話が流布していない[註5].この話は細部に分け入った方が面白く,『数学セミナー』短期連載,2004年1-3月号「「微分のことは微分でせよ」とは——謎とその解明(1)-(3)」[*2]に詳しく書いたので,興味ある方はそれを参照していただきたい[註6].そこには,もう一つ「連続函数のリーマン積分可能性」には「一様連続性」が不可欠という根強い**迷信**に

ついても書いてある．この迷信は高木『解析概論』をきちんと読めば気づくことだが，森さんをはじめ SSS 同人の誰も注意しない．これは「思想」の問題ではなく「事実」の問題なので争う余地はない．『数セミ』などで繰り返し注意したが，いまだ理解されないでいる．よっぽど強い思い込みが人々を支配しているのであろう．固定観念を破るのは難しい[註7]．

「重要な」（というのは反語だが）注意とは，このように，ブルバキ『実一変数』と高木『解析概論』は思わぬところで通底してユニークなのに，そのことが汎く認識されていないということ．1 変数での基本定理の扱いが通常の教科書と全く違う．ブルバキにあっては，項別微分の定理を直接証明し，高木にあっては，連続関数のリーマン可積分性を一様連続性を用いずに証明する（但し，高木は項別微分の定理は微分積分の基本定理を使い，ブルバキは連続関数の積分に一様連続性を使う）．そして，この二つが「ビブンのことはビブンでせよ」というダジャレに絡んで関係している．それが『数セミ』2004 年の記事[*2]で解明されているって！ どうです，読みたくなったでしょう．是非読んでね．

3 ⋄ リーマン積分

「方正積分」がリーマン積分より手軽だと言っても，それは数学者にとってであって，教育（もちろん大学初年級）においては現実的でないという意見は必ずでてくる．函数列の一様収束なんて，教えるのはずっと後だという．一様収束は一様連続より判りやすいと思うので，私は納得しないが，今度は別の意見で「コーシーの収束条件」も難しいという．そんなことなら何も教えられないことになりそうだが，そうでもないらしい．実数値函数に限れば，大小関係を用いて説明するのが可能なようだ．リーマン積分でも，ダルブー（G. Darboux）の上積分，下積分を用いるのが「正式」だと思われているらしい．それは一つの定義ではあるが，唯一のものではない．ここに至って，森さんが「小手先の技術」を否定していた理由，そこに気持ちが段々と入り込む．もちろん，個々の事例については森さんと意見を異にするが，沸き起こってくる感覚を追体験しているかの錯覚に陥る．

森さんのスローガンのひとつ"数学は統一を求めるが，決して単一化を求

めはしない"を見る．本当はいろいろな道があるのに，**観念的**な「判りやすさ」を第一義に考え，「誰か」に媚び擦り寄って均一化する．そんな傾向は確かにおぞましい．

それにしても，何度目か読み返した(実際数えきれないほど読んだ)『数学の歩み』の記事のいくつかには，SSS の座談会「微積分を通して数学を語る会」(1961)とか，もっと古く，森さんの「微積分の七不思議」(1957)などがあるが，現在同様のテーマの座談会や論説があったとしても，当時の教育レベルを想定できないという寒々とした感想をもつ．昔がよかったなどというつもりはない．上の座談会は，先に引用した森さんの挑発的な書評(1960)を一部承けてものだが，その割には議論の中味・内容は低調だ．それでも，アイディアを出して多様な教育像を呈示する点で，現在のシラバス統一みたいなバカげて病的な潮流とは正反対の健全さがある．このような不健全な流れに棹さす人たちは，多様な教育を享受してきた今ある自分が，そのことによって自らを否定していることに気づいていないのだろうか．

おっと，愚痴っぽくなってしまったが，要は，状況はひとり大学が原因ではないにも拘わらず，現状を絶対的な基準として対応する，その発想の貧困さと自覚のなさが，大学の教育力の危機的衰退をもたらすこと．そして，学問の発展は阻害され，最短の道でどん底まで転げ落ちるということだ．

なんだか，森さんの代わりに怒っている気がしてきたが，それというのも，例の論争的な書評を読んだせいかもしれない．——閑話休題(あだしことはさておき)，リーマン積分に戻る．

まずは 1 次元(実 1 変数函数)．**有界**区間 I で定義された**有界**函数 f を考える．函数値は，実数でも複素数でも，或いは，ベクトル値でもいい．ただ，一般にベクトル値とは，位相線型空間に値をとるものをいうので，大げさ(数学的には構わないが)だし，その時「有界」函数との設定が適切かどうかなど，メンドクサイことを気にすることになる．だから，有限次元か，無限次元でもバナッハ空間あたりにとどめておく．値にコダワルのは大仰かも知れないが，後々ちょっと問題にしたいことがあるので伏線として触れている．

さて，区間の分割 Δ (正確には，区間 I の小区間による有限分割，というべきだが)

$$I = \bigsqcup_{e \in \Delta} e$$

を考える．但し，e は区間で，互いに共通部分をもたないとする（記号 $\bigsqcup$ は
バラバラ 合併
disjoint union の意味）．区間に一点集合や空集合を許容するかなど細かいこ
とも気になるが，とりあえずは不問にする[註8]．区間 e の（普通の）長さを
$|e|$ で表わそう．一点集合や，空集合だとこれが 0 なので，区間としても問題
にならない．各 e から一点 $\xi_e \in e$ を取り出し，その代表点の取り方
$\xi = (\xi_e)_{e \in \Delta}$ を決めてリーマン和

$$s_\Delta(f) = s_\Delta(f; \xi) = \sum_{e \in \Delta} f(\xi_e)|e|$$

が定義される．函数 f がリーマン積分可能（またはリーマン可積分）とは，分
割 Δ を**細かく**するとき，ξ の**取り方によらず**，リーマン和が一定の値 s に近
づくこと．この値 s を積分値といって

$$s = \int_I f(x)\,dx$$

と書く．ここでいくつか問題がある．一番の問題は分割を「細かく」すると
はどういうことか，という点．それについては，「位相篇(1)」の 3 節「イデア
ルとフィルター」にも触れたし，以前『数セミ』の『徹底入門：Fourier 級数
(9)』(2009.3)[*3] でスティルチェス積分に関係しても述べた．もともと，森
さんの『積分論入門』第 1 章に，その注意があって，多分私はそこで学んだ
のだと思う．通常の微積分の教科書にはこのような正面切っての説明は見られ
ない（と思う）．丁寧な解説があったとしても**実数値函数**のダルブーの定理の
場合にとどまるのが殆どだ．似てはいるが，やはり違う．

　自分の行う講義では，学生が細部まで理解するかどうかは別として，概念
の違いが区別できる程度に触れることにしている．ただ，そういうのはきっ
と例外的なのだろう．

　さて，**分割を細かく**するのに，少なくとも二通りの考え方がある：

(1) 分割の最大幅 $d(\Delta)$ という単一の量による；
(2) 分割の「細分」という半順序（有向順序）による，

の二つである．以下，各々について説明しよう．

まず，(1)だが，分割の最大幅とは

$$d(\Delta) = \max_{e \in \Delta} d(e)$$

で，$d(e)$ は e の径(さしわたし)である．1次元で e が区間のときはたまたま $|e|$ に一致するが，一般には異なる．つまり

$$d(e) = \sup\{\text{dist}(p, q) \, ; \, p, q \in e\}$$

で，dist は考えている空間の距離．ここは次元を上げた場合と，区間以外による分割も想定している．

分割の最大幅を用いてのリーマン可積分の定義は，「$d(\Delta) \to 0$ ならば，ξ によらず $s_\Delta(f\,;\xi) \to s$」或いは，エプシロン・デルタ式に書くなら，

▶任意の $\varepsilon > 0$ に対して，$\delta > 0$ が存在して，$d(\Delta) < \delta$ なら，
   ξ によらず $|s_\Delta(f\,;\xi) - s| < \varepsilon$

となる．これは，本家本元のリーマン(B. Riemann)による(歴史的には)由緒正しきもの．(ベクトル値の場合は，必要な読み替えを適宜おこなう．)

次に，(2)「分割の細分」について説明する．I の分割 Δ, Δ' について，Δ' が Δ の**細分**であるとは，任意の $e' \in \Delta'$ について，$e \in \Delta$ が存在して，$e' \subset e$ となること，と定義しておけばよい．このとき，各 $e \in \Delta$ は $\{e'\,;\,e' \subset e\}$ によって分割されることになる．細分を記号で $\Delta \geq \Delta'$ と書いておこう．

(2)の意味でのリーマン可積分性の定義は

▶任意の $\varepsilon > 0$ に対して，分割 Δ_0 が存在して，$\Delta_0 \geq \Delta$ なら，
   ξ によらず $|s_\Delta(f\,;\xi) - s| < \varepsilon$

となる．分割という乗り物による収束は，分割全体が「有向集合」なので，点列などに比べて少し判りにくいかもしれないが，新しい概念を取り入れることに抵抗さえなければ何ということはなく，むしろ自然である．

ここで二つの定義の関係を見ると，$\Delta \geq \Delta'$ ならば $d(\Delta) \geq d(\Delta')$ なので，(1)の意味でリーマン可積分なら，(2)の意味でリーマン可積分である．実は，

その逆も成り立つ．それを**ダルブーの定理**という[註9]．

ダルブーの定理については，あとで幾分（？）つっこんで見るので，今はこの程度にとどめる[*4]．

多くの微積分教科書では，函数は実数値としている．その場合，(2)の意味でのリーマン可積分性（ダルブーによる）は，リーマン（またはダルブー）上積分，下積分の一致という形をとる．見かけはすこし違うが，精神は同じである．但し，実数でなじみのある（と言っても上限・下限は大学初年度の最初という意味）大小関係を利用した定義なので，心理的には或る意味ずっと親しみやすくなっている．

定義から確認すると，分割の小区間 $e \in \Delta$ に対して，

$$m_e(f) = \inf_{x \in e} f(x), \quad M_e(f) = \sup_{x \in e} f(x)$$

と置き，下リーマン和，上リーマン和を

$$\underline{s}_\Delta(f) = \sum_{e \in \Delta} m_e(f)|e|, \quad \bar{s}_\Delta(f) = \sum_{e \in \Delta} M_e(f)|e|$$

と置く．分割を細かくすると，$\Delta \geq \Delta'$ のとき

$$\underline{s}_\Delta(f) \leq \underline{s}_{\Delta'}(f), \quad \bar{s}_{\Delta'}(f) \leq \bar{s}_\Delta(f)$$

はすぐ判るので，それぞれの上限，下限

$$\underline{\int}_I f(x)\,dx = \sup_\Delta \underline{s}_\Delta(f), \quad \bar{\int}_I f(x)\,dx = \inf_\Delta \bar{s}_\Delta(f)$$

をリーマン下積分，リーマン上積分と呼ぶ．この二つが一致するときにリーマン積分可能とするのは，(2)の可積分性と同じになる．そして，ダルブーの定理は，この場合，少し精密になり

$$\lim_{d(\Delta) \to 0} \underline{s}_\Delta(f) = \underline{\int}_I f(x)\,dx, \quad \lim_{d(\Delta) \to 0} \bar{s}_\Delta(f) = \bar{\int}_I f(x)\,dx$$

となる．つまり，それぞれ上限，下限で定義されているものが，分割の最大幅さえ小さくすると，いくらでも近似されるということだ．

上限・下限と極限の違いは，少し微妙なのでその意義が初学者にはすぐにはピンと来ないかもしれない．もっと判りやすい**ダルブー型の定理**は曲線の長さに関してである．曲線の長さ（例えば円弧）を折れ線の長さの上限として定義するが，分割を細かくしさえすれば（例えば円に内接する正多角形の辺

の数をどんどん多くしさえすれば),「上限」として定義された値にちゃんと近づくということだ.

註

[註 0] 『数学セミナー』誌で「徹底入門」と銘打って連載したのは [1]「測度と積分——有界収束定理をめぐって」2002.11—2003.4;[2]「Fourier 級数——δの変容」2008.7—2009.6 [*5].

[註 1] 実は,その前に《これは批評というよりは,むしろ一種の挑戦状である.》と書き,続けて《これに対して何の反論も起こらないとしたならば,SSS は余程の腰抜けであると僕は断じたい.》とまで付け加える.最初から論争を狙っているのだ.

[註 2] マシャル『ブルバキ』の第 1 章.特に冒頭 (pp.6-7) に於て,カルタン (H. Cartan) とヴェイユ (A. Weil) 二人の証言を引いて,ブルバキ結成の発端を明らかにしている.

[註 3] 「方正」の訳語事情:『数学の歩み』の時点では,原語をそのまま引用していたが,『積分論入門』(1968) では《これは,レグレといわれるが,きまった訳語はないようである.「品行方正」だから,**方正**とでも訳しておこうか.》(p.51) となる.これが,ブルバキ『実一変数』の邦訳で正式に採用されたわけだ.

[註 4] 階段函数では(第一種)不連続点が有限箇.その列の一様極限なので,可算箇の例外点を除けば連続.

[註 5] 今なら「都市伝説」と呼びたくなる.

[註 6] 連載当時と今で少し状況が変わったのは,高木の『数学の自由性』がちくま学芸文庫に入り,読者がより自由に高木の原典に当たれるようになったこと.

[註 7] 上に引いた 2004 年の記事以外にも,『数学セミナー』1999.8「名著とのつきあい方」,2002.12 (註 0 [1](2)「積分と一様収束」),2011.8 (「解析概論/解析教程のながれ」) などで触れているが,もっと繰り返し書かないといけなかったのか.

[註 8] 一点集合は許容しても,空集合は許容しないのが普通かもしれない.

[註 9] 『数学セミナー』徹底入門 [2] (2009.3)(9) [*3] ではダルブーの定理はスティルチェス積分がらみで触れた.その場合はダルブーの定理は一般になりたたず,(1) と (2) では可積分性の意味が違ってくる.

[* 1] 本書下巻「ベクトル解析篇」(下巻 pp.002-115) を参照.

[* 2] 『徹底入門 解析学』(日本評論社 2017) 第 1 部「「微分のことは微分でせ

よ」とは——謎とその解明」(pp. 001-023)に収録.
[＊3] 『徹底入門　解析学』(日本評論社 2017)第3部「徹底入門 FOURIER 級数——δの変容」第9章「変奏とその技法」(pp. 204-216).
[＊4] 本書「積分篇(6)」(pp. 170-184)，および，下巻「微積分篇」(下巻 pp. 118-161)を参照.
[＊5] [1]『徹底入門　解析学』第2部；[2]『徹底入門　解析学』第3部.

積分篇（2）

　「積分篇」も，初歩的ながら，基礎に立ち返って説明するとなると，それなりの時間（＝紙幅）を要する．リーマン積分も，単に定義を与えて終わりなら世話はないが，連続函数の積分可能性を証明してくれたダルブーに義理を立て，二つ・三つの定義の関係の説明（ダルブーの定理）に立ち入るのも道理ではある[註0]．尤も，そこまで微に入り細に入り説明する教科書はあまりない．面倒だからというのか，自分の習った定義を再生産しているだけなのかは定かではない．

　定義だけでも，そんな風に話せば長くなる．誰のとも判らぬ身の上話をながなが聞かされては辟易だが，むしろリーマン積分の重要な性質のうちにある「欠陥」の説明にも時間を割くべきだろう．でないとPL法（製造物責任法）に抵触する──とは，もちろん冗談だが，或る種の説明責任は発生する──苦労して勉強したものが「使えない」のも困る．そんな否定的な側面に終始するなら，確かにリーマン積分は労多く益少なきわざだ．でも，どうせ「知る」なら欠陥も充分わきまえておいた方がよい．何と言っても教科書じゃないんだし，効率や経済原則などは趣旨に反する．少しは「役に立つ無駄」を雑学として心得ておくのも悪くない．

1 ❖ リーマンの論文

　今更ながらの感もあるので，前回には触れなかったが，少し歴史に戻ってリーマン積分の出自を眺めておく．急ぐ旅じゃゴザンセンし，むしろモノゴ

トの由来を知るのも大切なことだ，ということ．尤も，それはそんなに簡単明瞭な話でもない．

リーマン積分は，言うまでもなく，かの大リーマン（B. Riemann 1826—1866）に由来する．フーリエ級数に発する問題を扱った "Ueber die Darstellbarkeit einer Function durch eine trigonometrische Reihe" の中で定義された．この論文の背景は，あとで触れるが，タイトル[註1]から判るように，主題は，フーリエ級数ないし三角級数であって，我々の当面の関心事「積分」は，全体の中心ではない．従って，論文全容の詳細は別として，説明を積分に関する部分に限定することは不適切である．しかしともかく，幸いにも邦訳がある（『リーマン論文集』(朝倉書店 2004)所収）し，その気になれば読者は直接論文に接することができる．

三角級数の論文は，1853/4 年「就職論文」またの名を「教授資格申請論文」（Habilitationsschrift）の一つとして用意された[註2]．これは，大学で教える資格があるかどうかを判定してもらう一種の試験で，申請者はテーマを三つ用意し一つを当局が選ぶ．リーマンは 1853 年 12 月，弟への手紙に，二つは完成していると書く：その第一のものが三角級数の論文で，それを選んでもらうことを期待していたのだ[註3]．ところが審査員のガウスは，第三のもの「幾何学の基礎をなす仮説について」を選び，1854 年の公開講演は老ガウスを感激・興奮させたというのも有名な話である．

このように準備された三角級数の論文も，幾何学の基礎の論文も，第一級の仕事であったにも拘わらず，結局，生前には公刊されなかった．それらは漸く没後，1867 年，デデキント（R. Dedekind）によってゲッティンゲン王立科学アカデミー紀要（Königlichen Gesellschaft der Wissenschaften zu Göttingen vol. 13）で公にされた．全集(1876)には，遺稿という扱いで収録された．

さて，この三角級数の論文は，その性格から，専門家だけに向けたものではない「概説部分」から始まる．リーマン自身は，論文は二部からなるというが，或る意味で三部構成であって，第一部が歴史を振りかえる概説，第二部が（第一部を承けての）積分概念の新たな提唱，そして第三部がさらにオリジナルな部分で，三角級数で表わされる函数の「一意性」の問題，である．第一部のフーリエ級数の研究の歴史，これは，当時の研究状況を知る恰好の文献である．それを引くのが筋ではあるが，ちょっとひねって，先行するフ

ーリエについては,『異説数学者列伝』にある森さんの名調子を見るのも,本書の主旨に適うに違いない:

《(フーリエは)30歳のときに,ナポレオンのエジプト遠征軍の学芸委員会の一員となる.(中略)当時のかれは考古学に熱中し,エジプト文明の偉大さにうたれたか,ファラオの呪いにやられたかのどちらかで,偉大な文明は炎暑からしか生まれない,という生涯の信念を持つにいたる.(中略)

エジプト時代の習慣から,炎熱の中で思索する奇癖ができて,これはだんだんひどくなったらしいのだが,夏でもしめきった部屋の中で,身体中に真綿をつけて繃帯でぐるぐる巻き,やっとユークリッドなみの思索が可能になった.そのときに考えたのが「熱の理論」だから奇妙な暗合だ.(中略)

ともかくはじめにフーリエが熱伝導論をのべるのは39歳のときで男爵になる前年,それの完成に科学学士院が賞金をかけたのが5年後(ナポレオン没落の前年),そしてさらに10年後に著作が完成したときは,フーリエは科学学士院に常任幹事として君臨していたのだから,どうも筋書きができすぎているような気がする.(中略)

熱伝導を三角関数の級数で解くというのは,半世紀前にダニエル・ベルヌーイが弦の振動を三角函数の級数で解いた方法の再現だが,それはまた,半世紀前にオイラーとダランベールを巻きこんだ論争を再燃させることになる.しかも,波ならまだしも三角関数というのもわかるのだが,熱と三角関数とは奇態なことである.この論争のエネルギーは1世紀間の解析学の原動力となる.現代解析の基本的なカテゴリー,〈集合と関数〉,〈位相と連続〉,〈測度と積分〉のすべてが,この「フーリエ級数」の問題から生まれた.》

フーリエと熱の「熱い」関係が語られた面白い解説はまだまだ続くが,ここで止める.

ともかく,フーリエは熱伝導の問題に於いて,三角函数の重ねあわせで函数を書き,熱方程式を解く(熱方程式は線型なので「重ねあわせの原理」が成

り立つ)というダニエル・ベルヌーイ以来の「手」を使う[註4].このとき,**不連続**であろうが,なんだろうが,**どんな**函数も「三角級数」に展開できるというウソのような話,つまり上にいう「オイラーとダランベールを巻き込んだ論争」が再び,かつ大きな問題になって浮上してきた.但し,この「任意」の意味についてはそれを一意的に確定することは難しい.おおらかな「任意函数」は18世紀的表現である.それをどう扱うかが問われ,数学の本質的な進歩をもたらした.実際「任意」の意味に関して,ダランベール,オイラー,ダニエル・ベルヌーイ,ラグランジュ,コーシー,そしてフーリエなど個々の数学者に於いて温度差があって,それも論争の種であったのだ[註5].例えば,最初の弦の振動の問題を扱っていた段階では,弦を表わすのだから,函数は連続としていて当然.「任意」といっても連続をはみでたものを考えたわけはない.しかし,フーリエが熱伝導の問題で不連続な場合にも踏み込んだ点で真に新たな局面を迎えたのだ.

　邦訳『リーマン論文集』の論文タイトルは「任意関数の三角級数による表現の可能性について」である.上に引いた(『論文集』「編訳者まえがき」にも同じ)ドイツ語を訳したとしたら,訳し過ぎとも言える[註6].但し,この意訳(?)を単純に誤訳と断じるつもりはない.というのも邦訳解説(p.270)では,典拠した文献が異なるのかして,函数 Function を修飾する語は上の einer ではなくて willkürlicher となっているし,論文の最初の概説部分のタイトル[註7]には確かに「任意の」が冠されているからである.

　ともかく,そこに現われる「任意函数」は上に述べたような一種の衝撃のニュアンスを反映している.論争の種であった「任意函数」を,真の19世紀的厳密さに照らし定義したのは,ディリクレ(R. Dirichlet)である.彼はまず函数の概念を「任意」という究極の一般にまで広げた上でフーリエ級数の収束を論じた(cf. 高木『近世数学史談』「ディリクレ小伝」岩波文庫版 pp. 180-184. そこに引かれた論文の一つは「与えられたる区間に於て任意の函数を表わすべき三角級数の収斂性について」クレルレ誌第4巻(文庫 p.180)[註8]).

　一方,リーマンの論文は「三角級数によって函数をあらわすことについて」(文庫 p.181 脚注)であるが,先に述べたように,最初の歴史的概説部のタイトルはディリクレの論文と同様「任意函数」が入っている.この第一部で,リーマンはディリクレの仕事を要約し,その時までに得られたフーリエ級数の

8　積分篇(2)

研究の決定版だとしている．しかし，同時にディリクレの考察を限定している条件[註9]を吟味し，その際「積分」の根本に不確かなものがあるとして，《予備的考察》をした部分というのが，今日でいうリーマン積分の定義になる．積分が問題となるのは，フーリエ係数が積分で表わされるからである．ここでリーマンはディリクレが扱えなかった種類の不連続函数の例を挙げつつ，自分の定義で積分できることを示している．

　論文の残りの部分は，さらに三角級数によって表わされる函数の「一意性」の問題を扱う．これは本当にオリジナルな研究である[註10]．これがのちにカントール(G. Cantor)によって再びとりあげられ，ついには集合論を産むきっかけになろうとは誰が想像できたであろうか．数学史上の奇観というべきである．

　本格的な解説をするなら，本来そちらが主題となるべきだろう．これが「集合篇」「位相篇」「積分篇」を貫く源流となったのは間違いないからである．別の言い方をするなら，そこまで話を延ばすと戻ってこられなくなるほど多くの現代解析の主だった話題が続くことになってしまう(さきの森さんの引用部の最後のところ参照)．論文の全容は，このように解説の幅を大きく逸脱するほどのものを含んでいるのである．

　リーマンに戻ると，そもそも不連続函数の「積分」はどうするのか(フーリエ係数は積分で書かれるし，ディリクレは函数概念を一般にしてしまったし)ということもあって，リーマンは積分の定義に立ち返った．積分概念は19世紀的厳密さに達していなかったのである．調べてみると，「積分」概念に関する数学史の記述は，リーマンより前ではかなり貧弱で，肩すかしを喰らうほどである．それはおそらく積分が「微分の逆演算」という「基本定理」の認識が，積分自体の反省をもたらさなかったのであろう．そこに一石を投じたのがほかならぬフーリエ級数だったのだろうと思う．そのため，それ自体がスピンオフして大きな主題を形成してしまった．このようにたった一篇の論文ながら，内蔵していた問題のスケールの大きさは想像を絶する．リーマンはこのような論文を何篇もものしているのだから，さすがにその偉大さは尋常ではない．

　論文の核心であるリーマンの「一意性」定理について言うと，それ自体の解説は技術的すぎるし，集合論を生んだその後の影響については，重要では

あるが余りに遠大なテーマなので，ここでは論じないことにする．ともかく，ついつい途を外れそうになるところを「リーマン積分」に引き戻そうとしているのである．

ところで，この流れから判るように，リーマンの積分論は，或る種の不連続函数でもきちんと扱えるというのがウリで，一般的な観念の枠を超えた函数でも扱おうという精神のもとに定義されているのだ．ところが，なんという皮肉か，リーマンには「一般の」連続函数がリーマン積分可能であることに言及がない．

このあたりは，切実さがないために「実数」の本性と現在なら考えられている性質についての認識が充分でなかったことによる[註11]．一般の連続函数の積分可能性については，ハイネ(E. Heine)による一様連続性の定義(1870)と証明(1872)を承けて，ダルブー(1875)が解決したという歴史は，よく知られている．但し，一様連続性については，ダルブー(1875)はハイネでなくトマエ(Thomae)を挙げつつ，自身でも「新」証明を与えている[註12]．

2 ❖ リーマン積分の問題点

積分自体からは少し外れたが，以上のような経緯によってリーマン積分が世に登場したのだった．或る意味で，はじめての本格的な積分概念の誕生であって，それによってようやく「一般函数」を相手にすることができるようになったわけだ．その分，積分が可能でない函数も認識されることになる．

以下では，もう歴史を正確に追い求めることはしない．というよりその余力はない．なので，時代をひとっとびに下り，楽な現代の立場から話をする．

積分は，今日，より精密なルベーグ(Lebsgue)の理論が確立しているから，単純にそれと比較してリーマン積分の欠点をあげつらうことが多い．まず，リーマン積分可能でない函数はすぐに作れる．従って，理論上，積分可能性の吟味はいつも必要な手続きとなる．これは確かに面倒だ．例えば，収束定理に関係して，リーマン積分可能な函数列の各点収束極限が必ずしもリーマン積分可能ではない．ただ，これを重大な欠陥と看做すほど切実な問題なのかどうか判らない．リーマン積分可能でない函数は，すぐに作れると言っても(特に1変数では)大抵人工的で，普通の議論に登場することはまずない．

ほかの欠陥も，要するにリーマン積分可能性の吟味という手間が煩わしいということに多くは帰着される．

これから述べる「問題点」というのも，大体はこのレベルであって，一般的な言明をすると，とたんに細かい条件の付加が必要になり，それが煩わしいという話である．

リーマン積分以前では，積分を「面積」概念に帰して直観的に理解していたと思われるが，一旦そのような理解が不確実だと認識されると，面積概念自体の反省も迫られる．だったら，2変数以上（どうせ体積なども考えるのだから）の積分がすぐに問題となるわけである．ここで，ブルバキは1変数しか扱っていなかったが，同様の「方正函数」による積分を高次元で考えたらどうか．1次元では区間の定義函数の線型結合が「階段函数」であり，その一様極限が「方正函数」であったから，区間の直積（高次元の「区間」）の定義函数の線型結合を高次元の「方正函数」の基礎としてしまえばいい．安直との誹りは甘んじて受ける：実際「安直」だから仕方がない．そのとき何が問題なのかというと，それでは簡単な図形，例えば「円」，ですら，方正函数の積分では面積が求められない．というのも，簡単に判ることだが，円の定義函数は（2次元の）方正函数ではないから．尤も，このレベルでもなんとかする方法があるのかもしれない（が，私は知らない）[註13]．

ということで，一様収束ではなくて，やはり内と外から挟み撃ちにする面積概念の導入となるが，それは自然，というより殆ど必然と思われるほどだ．大学初年級でも習う「面積確定」の概念である．（一般の次元も込めるためには，やや大げさなジョルダン（Jordan）可測という名前が使われる．）こうして見ると，1次元では，それほど悪くはなかった「方正積分」もやはり特殊な綱渡りであったのかもしれない．

たとえば2次元で，通常の「面積確定」（挟み撃ちにする定義）は，積分概念ではリーマン積分に対応するもので，その意味で，リーマン積分も高次元で，より自然な概念として意味をもつことになる．しかし，皮肉にもここで再び，リーマン積分のより本質的な欠陥が明らかになってくるのである．

リーマンの手からすり抜けていた「連続函数のリーマン積分可能性」もそうなのだが，「連続性」という位相的な規定が「積分可能性」という量的な把握に対してよい振る舞いをするかどうかは自明ではない．つまり，それらは

そもそも別々の出自をもつ概念なのだ．今考えている「面積」を1次元で考えれば「長さ」だが，その場合は，自然な対象は「区間」で，問題はない．もちろんブツブツにチギレタ図形を考えることも可能だが，動機に乏しい．しかし，2次元となると，ツナガッタ（数学的には「連結な」）開集合や閉集合でも「面積確定」でないものが出てくる．そのようなものは昔だったら病理的と思われたかもしれないが，今ではフラクタル図形としてなじみが随分できてきて，自然な対象との認知度が上がっている．しかしともかくそういうものは，リーマン積分の範囲では手に負えないので，開集合や閉集合などの基本的な図形にも，いつでも「面積確定」とか「ジョルダン可測」とかの限定をつける必要があるのである．

そして，そればかりでなくて，重積分（＝2次元でのリーマン積分）と逐次積分（1次元で切って積分し，その結果を積分する）との関係がまた厄介なことになるのである．厄介さの本質は上に述べたことと共通であるが，現象としてよりはっきりする．おそらくリーマン積分の一番の欠点は，一般的に定理などを述べようとする時に起こるこのような面倒にあると思われる（極限操作の欠点より，こちらの方が普通に気になる）．この関係はルベーグ積分まで行けば，明快な定式化が得られ，フビニ(Fubini)の定理というのだが，リーマン積分の欠陥はフビニ型の定理をめぐって顕著となるのだ．ルベーグ積分対応物で言えば，有界収束定理はたしかにすっきりしたものだが，リーマン積分においてもアルツェラ(Arzelà)によってルベーグ以前に得られている[註14]．フビニ型の定理というのもリーマン積分でないわけではないが，それがなかなか面倒だというのだ．実はこの「積分篇」の大きな動機は，それをテコにリーマン積分をもっと明快に定式化してはどうかというところにある．その詳細は次回以降（一回では済まない）に述べたいと思っている．

思わず宣伝予告をしてしまったが，このフビニ型の定理について大まかに述べておこう（詳しい例などは次回にまわす）．フビニの定理についても，微妙な違いをもった形があるのだが，こだわらず大雑把に言おう．先ほどから，積分の話に，少しすり替わった面積の話が入り込んでいるが，それは別にゴマカシではなくて，図形の定義函数の積分が面積だという同一視を経ている．フビニ型の定理の問題点を述べるときには，この図形のレベルで充分なので，その形で説明する．

ルベーグ積分でのフビニ型定理だと，2次元（説明をはっきりするため xy 平面としよう）の「可測」集合 A を x 軸に平行な直線 $y=b$ で切った $A(b)$ を考えた時，無視できる例外の b を除いて，それら $A(b)$ が1次元の図形として可測である．なので「長さ」（＝1次元測度）が決まり，その寄せ集め（＝積分）で面積が求められる．このように明快だ．「例外」というのが，ちょっと曲者っぽいが，ルベーグ積分で「零集合」と呼ばれるもので，ルベーグ測度が0のものである．例外が出ない（出さない）ように「可測性」を制限したような定式化もあるが，それは措く．

同じことをリーマン積分，或いは別名ジョルダン可測集合でやろうとすると，次のような問題が生じる．集合 A が2次元「ジョルダン可測」とする．それを直線 $y=b$ で切った $A(b)$ が1次元の図形としてジョルダン可測でない b が沢山でてくることがあるのだ．「沢山」という意味は，それらがジョルダン測度で0ではないということである．もちろん，ルベーグ測度で測れば0なのだが，それは最初の定式化の範囲外の概念となっている．

このような中途半端さはこの例だけでない．しかも，ルベーグ積分の概念を導入するなら上手く処理できるわけだから，イライラがつのるわけである．

ただ，この中途半端さは，どの程度深刻か，よく判らないのだ．実用上は，上に述べたような「ヘンな図形」を扱うことは少ない．切り口がジョルダン可測でない点 b 全体がジョルダン測度0であること，或いはもっと言えば空集合であることの方が多いとも言える．ただしそれは「実用上」という限定のもとなので，一般性をもった定理として述べるとすると「数学者」の職業倫理が許してくれないのだ，嗚呼．

こんなことがあるから，きっとリーマン積分は鬼子扱いされるのだろう．にも拘わらず，大学初級の微積分では，いまだに不動の（？）の地位を占める．

ここで一つだけ注意しておくと，先ほどは役に立たないとして却下された高次元の「方正積分」だが，この場合は限定が強いので，フビニ型の定理はスンナリ成り立つ．何故かというと，例えば2次元の階段函数を，座標軸に平行な直線で切ってできるものは1次元の階段函数であり，2次元の空間で「一様収束」していれば，それを部分に制限しても，もちろん一様収束であるから．ところが，リーマン積分（ジョルダン測度）の場合には「一様収束」ではなくて「面積」の意味での近似を考えているから，部分に制限しても，関

係は自明ではない．関係をはっきりさせるためにはルベーグ積分でやるような，相応に複雑な議論をする必要があるのだ．

　もちろん「方正」などにしなくても，連続函数なら，制限の問題はもっと簡明で，2変数の連続函数を1次元で切っても連続だ．但し，積分領域の問題は依然あって，限定をつける必要はある．このあたり，「実用上」は大抵問題はないのだが，「理論上」は注意しないといけないという分裂が生じる．実際の講義でも二本立ての説明をするにはするが，それでこちらの意図が伝わっているか，はなはだ心許ない．そして，障子の桟に溜まった埃を細かく注意するようなイヤな気分も同時に味わって，リーマン積分を教えるのがドンドン鬱陶しくなるのである．

註

[註0] 前回を含め，いろいろなところでも述べているが，リーマン積分の定義は，教科書では二通りの流儀に分かれる．一つはリーマン本家の分割の最大幅によるもの．もう一つは，実数値函数として，上積分と下積分の一致とするもの．後者はダルブーが導入して，それがリーマンのと同じだと証明したのだが，そちらの方が自然なので，いつの間にかそれを「正式な定義」としている流れが生じた．高木『解析概論』ではそこまで主張してはいなかったが，我が『数学辞典』(日本数学会編)はその立場になっている．ところが第4版で，項目が統合されたため，話が一部ちぐはぐになっている．これも以前指摘した．「徹底入門：Fourier 級数(9)」，『数学セミナー』2009.3，注5参照[*1]．

[註1] 高木貞治『近世数学史談』「ヂリクレ小伝」岩波文庫版 p.181 脚注に従うと「三角級数によって函数をあらわすことについて」．

　　ところで，ん？ドイツ語タイトルに異和感がある．Function は Funktion の間違いでは？？ いやいや，全集を見ると，リーマンは一貫して Function で通している．数学用語として特別な扱いをしているのだろうか．実は，ドイツ語正書法が確立したのは，もっと後だから，今の辞書にない書き方があっても不思議はないのだそうだ(この最後の点は，高橋礼司先生のご教示)．調べてみると，ガウス(論文や著書はラテン語で書いていた時代だが，民族意識の高まりに伴ってのちにドイツ語でも書くようになる)やディリクレも実際 Function と書いている．

[註2] デデキントによるリーマンの伝記(全集に収録)があり，その邦訳も『リ

ーマン論文集』にある(赤堀庸子訳).そこで,リーマンがディリクレのもとに通い,フーリエ級数について議論したさまが書かれている(邦訳 pp. 351-352).

《先生(= ディリクレ:引用者注)は,就任論文の執筆に必要な注意を完全に与えてくれたので,仕事がかなり容易になりました.そうでなければ,図書館でいろいろなことを調べるために長時間を費やすところでした.先生は,一緒に学位論文を通読してくれ,二人の立場の大きな隔たりからは予想もできないほど親切にしてくれました.》

この論文は,ディリクレがやり残したことを補うという役割も果たしているのでもある.

[註 3] 上の伝記から引用(邦訳 p. 352):1853 年 12 月 28 日に弟ヴィルヘルムに送った手紙

《12 月のはじめに教授資格論文を提出しました.ここでは,試験講演のために,三つのテーマを提出し,そこから一つを学部が選ぶことになっています.最初の二つは完全に仕上げてあったので,そのどちらかを選んでもらいたいと思いました.しかし,ガウスは三つめを選んだのです.仕上げの仕事をさらにしないといけないので,いま困っています.》

[註 4] 『異説数学者列伝』のフーリエの章の引用で判るとおり,森さんは,この点に関して,「熱」なのになぜ「三角函数」か,という疑問を呈している.「波」なら波をあらわす「三角函数」が自然に連想されるが,「熱」は波のイメージがない,というわけだ.尤も,これにはオチがあって,マリリン・モンロー(Marilyn Monroe)には熱波(heat wave)というのがあるではないか(cf.『ショウほど素敵な商売はない』)というのだ.そんなことを講義で聞いた気がするが,錯覚だろうか.

[註 5] ここでリーマンの書く論評は,事実関係をきびしく追求しているように見える(邦訳『論文集』p. 228):

《フーリエがフランス学士院に提出(1807 年 12 月 21 日)した,熱についての彼の初期の研究の一つの中で,まったく任意に(グラフ的に)与えられた関数が,三角級数で表現できるという命題をはじめて述べたとき,この主張は,老ラグランジュにはあまりに意外なものと

みえたので，彼は断固たる態度で反対を表明した．これに関しては，パリ学士院に記録が残っているはずである．にもかかわらず，ポアッソンは，［フーリエのオリジナリティを否定するために］任意関数を表現するのの三角級数を用いたときにはいつも，振動弦に関するラグランジュの業績の中の，この表現が登場する箇所を引用している．誰でもよく知っているフーリエとポアッソンのライバル関係で片づけられてしまう，この主張に反駁するするために，ラグランジュの論文をもう一度検討しなければならない．というのも学士院の記録には，公刊されたものは何も残っていないからである》

或いは，ドイツの大学に提出する「教授資格論文」の原稿だからこそというところが残っているのか．いずれにしてもフーリエとポアソンの関係とは数学的な観点からも興味深いところだ．

[註6] 註1の『近世数学史談』の訳が「素直」である．但し，前半の「概説」部分の節のタイトルは「任意に与えられた関数の三角級数による表現に関する研究の歴史」であって，「任意函数」は或る意味リーマンの意を汲んでいる．或いは，「邦訳解説」のように，別のドイツ語のタイトルがあったのかどうか，調べはついていない．

[註7] Geschichte der Frage über die Darstellbarkeit einer willkürlich gegebenen Function durch einer trigonometrische Reihe.

[註8] 『近世数学史談』に引かれているディリクレの論文二つは，全集では続いている(第1巻のⅧとⅨ)．一つはフランス語の "Sur la convergence des séries trigonométriques qui servant à représenter une fonction arbitraire entre des limites donée"(Crelle誌 Bd. 4, 1829)で，もう一つがドイツ語の "Ueber die Darstellung ganz willkürlicher Functionen druch Sinus- und Cosinusreihen"(Repertorium der Physik, Bd. 1, 1837)である．後者は出版年が1837となっているが，全集の他の論文の並びと出版年を見ると，実質的に書かれたのは1829か1930頃なのかもしれない．どちらもタイトルに「任意函数」が入っている．高木が《たどたどしいようではあるが，当時これほど端的に任意の函数の観念を道破したものは外になかったであろう．(中略)何でもないことのようであって「しかし」も「但し」もなく，すっぱりと言い切ってしまうのが，いつも天才の役割である．》という定義は後者のドイツ語論文で与えられたものである．そこで graphisch gegeben という函数の定義の仕方が例示されているので，リーマンの論文の最初でもそのように書いてあるのである．

有名なディリクレの函数(有理数でc，無理数で$d \neq c$という値をとるもの)は1829年の論文の終わり頃にでてくるので，ディリクレは不連続

であろうがなかろうが，現代の函数概念を呈示したと思うところであるが，それでも，そう断定できないとの説が中根美知代『ε-δ 論法とその形成』(共立出版 2010) にある．たしかにディリクレは「任意の」**連続**函数をその論文の最初に (高木が引用したように) 定義しているだけ，と言えば言える．しかし今日謂うところのディリクレの函数を論文の最後で呈示しているからには，不連続函数も念頭に置いていたという可能性は高いのではないか．それを考察の対象にしなかったのは，そのようなものに対する積分概念があやふやだったという理由も考えられる．そのあたりについては，充分文献を読みこんでいないので何とも言えないのだが．

[註 9] 『リーマン論文集』p.230：

《1829 年 1 月，クレルレ誌に，ディリクレによる論文が発表され，それによりおよそ積分可能であってかつ無限に多くの極大，極小をもたない関数に対しては，三角級数による表現可能性の問題に完璧な厳密性をもって決着がついた．》

[註10] ここからはフーリエ級数とは限らず，問題を逆転して，三角級数で表わされる函数についての考察に変わる．Zygmund "Trigonometric Series" vol 1 Ch. IX 'Riemann's Theory of Trigonometric Series' は，その後のカントールなどの研究も含めての解説である．

[註11] リーマンは自分の積分が「不連続函数」をも扱えるという点に意識が向いていたため，連続函数の方にはさほど注意しなかっただけなのか，問題に気づいていたが，大したことはないと打棄ったのか，やればできると思ったのか，ディリクレの研究で解決ずみのことだと思ったのか，いろいろ考えられるが，このような問題について充分考察し玩味咀嚼していないので，今は何とも言えない．ことの重大性に気づいていながら言及しなかったという可能性だけはおそらくないだろう．ただ，リーマン仮設 (Riemann hypothesis) ほどの大問題ではなかったにせよ，実際に，実数の本性について，後の数学者の深い研究を誘ったことは間違いない．

[註12] C. F. Thomae (1840.12.11—1921.4.1) の読み方は，トマエと呼ぶ人が，私の周囲に圧倒的に多いのでそう信じていたが，註 8 に引いた中根美知代『ε-δ 論法とその形成』ではトーメとしている．そう言われればそれも正しそうに思えるが，確信はない．なのでとりあえずトマエとしておく [*2]．今までの習慣と違って，本書では人名をカタカナで表記することにしたので，このような問題にも出くわすことになった．

[註13] 例えば，2 次元では，タチのよい曲線を境界にもつような開集合や閉集合などを基礎にすることができればいいし，ベクトル解析などの定式化

にも役立つだろうが，きちんと考えたことはない．その場合でも一旦はリーマン積分・ジョルダン可測性の議論を経ることにはなるのだろうと思う．

[註14] 私がアルツェラの定理を知ったのも森さんの著作からである．例えば何度も引いている『積分論入門』p.56．或いは「位相解析入門」の積分の章の冒頭（『位相のこころ』ちくま学芸文庫版 p.289）など．尤も，そのネタ元はブルバキなのかもしれない．尚，アルツェラの定理については，以前の数セミ連載『徹底入門：測度と積分』(2002.11—2003.4)[*3]で詳しく述べたので参照されたい．このあたりの話はそれとの重複が避けられない．
ついでに，イタリア語の原論文を探し出す苦労も書いてある．

[*1] 『徹底入門　解析学』(日本評論社 2017)第3部「徹底入門 FOURIER 級数——δの変容」第9章「変奏とその技法」[注5] (p.215)参照．

[*2] 本書下巻「はじまりのおわり」3節（下巻 pp.304-305）参照．

[*3] 『徹底入門　解析学』(日本評論社 2017)第2部「徹底入門測度と積分——有界収束定理をめぐって」(pp.025-102)．

積分篇（3）

ただただ，リーマン積分の欠点をあげつらう，とばかりに話を進めるとしたら，余りにも非生産的で情けない．本当のねらいは，反例を通じて定義の限界を明らかにすれば，なにがしかの手直しの方法が自ずと示せるだろうということにある．

改良版の定義にしても，いきなり述べたのでは，なにをどう変えたのか，理由も動機も不明で，説得力に乏しい．アマクダリ的な導入方法は，現代の常套手段で，無駄を削ぎ落した手法と言えるが，本書のような記述に於いては有効でない．だから，敢えて問題点を掘り起こすような(愚)挙にでる．何度も言うが，効率や経済原則は，教育においては二義的なのだ．

もちろん，反例を考えるというのは，それなりの数学的な活動で，無駄でも無益でもない．上滑りでなく，注意深い推論を行うには欠かせないものと言える．今回の前半は，そんな例で遊ぶというのが主旨である．

1 ❖ ジョルダン測度の基本的性質

リーマン積分と表裏一体にジョルダン測度というものが定義される．つまり，1次元なら長さ，2次元なら面積，3次元なら体積など，図形の大きさを量的にはかる道具だ．積分の一種であるが，図形に限定して議論ができるので，切り離して考えてもよい．ジョルダン測度という用語は，次元毎に名前が違っては不便なので使う．日常語との乖離を気にしないなら，「体積」で通してもいい[註0]．

ジョルダン測度については，多くの教科書に記載があるが，話をはっきりさせるために復習しよう（教科書とは細部が若干異なる点もある）．これについては，以前，本誌連載『徹底入門：測度と積分——有界収束定理をめぐって』(2002.11—2003.4)[*1] の最初に比較的丁寧に説明した．それとの重複は避けられない．ただ，不親切にも別の本を参照せよと言うわけにはいかないから，必要最小限は述べる．但し，冗長になるのを避けるために，証明の多くはサボる．

まず，長さ・面積・体積等がはっきりした図形として，「区間」或いは，その有限合併としての「区間塊」をとるところから出発する．但し，**区間**とは，拡大解釈した意味で用い，1次元区間（普通の区間）の直積を指す．つまり，長方形や直方体で，各辺が座標軸に平行なもの，及びさらにその高次元版を考えている．それらに対し，区間なら長さ，長方形の面積なら小学校以来のタテ×ヨコ，など普通のやりかたで n 次元体積（測度）のモトが定義される．そのような「高次元区間」の有限合併を**区間塊**と呼ぶ．次元についての特定は必要がなければ省略する．証明は必要だが，区間塊にも明らかな方法で体積（測度）が定義できる[註1]．

以下，無限大に煩わされないために，一つの有界な（n 次元）区間 E を考えて，考える図形はすべてその部分集合と限定する．その E に含まれる区間塊全体を $\mathscr{A}_0$ とすると，これは集合束 2^E の部分ブール束をなす．また，区間塊 $I \in \mathscr{A}_0$ の（n 次元）体積を $|I|$ と書く．それは**加法的**である．つまり，$|\emptyset| = 0$ 及び

$$|I \cup J| + |I \cap J| = |I| + |J| \quad (I, J \in \mathscr{A}_0)$$

が成り立つ[註2]．これを基礎に集合 $A \in 2^E$ のジョルダン外測度 $|A|^*$，内測度 $|A|_*$ をそれぞれ

$$|A|^* = \inf_{A \subset L \in \mathscr{A}_0} |L|, \quad |A|_* = \sup_{\mathscr{A}_0 \ni K \subset A} |K|$$

と定義する．これらについては，加法性は成り立たないが，それを少し弱めた，劣加法性，優加法性

$$|A \cup B|^* + |A \cap B|^* \leq |A|^* + |B|^*,$$
$$|A \cup B|_* + |A \cap B|_* \geq |A|_* + |B|_*$$

が成り立つ．集合 $A \in 2^E$ がジョルダン可測とは，これら外測度 $|A|^*$ と内測

度 $|A|_*$ が一致することと定義する．そのとき，共通の値を $|A|$ と書き，A のジョルダン測度と言う．有界区間 E のジョルダン可測(部分)集合全体を $\mathcal{A}$ とすると，それもやはり 2^E の部分ブール束をなし，ジョルダン測度はその上の加法的な集合函数となる．

外測度，内測度の劣加法性・優加法性と同様に次の不等式も重要である：$A \cap B = \emptyset$ のとき

$$|A \cup B|_* \leq |A|_* + |B|^* \leq |A \cup B|^*.$$

これは補集合(相対的補集合)の可測性に関わる．

ついでに，ジョルダン可測性の別の定義を述べておくと，区間塊によって，(ジョルダン外測度の意味で)近似される集合というもので，エプシロン・デルタ式に言えば，

▶任意の $\varepsilon > 0$ に対し，区間塊 I が存在して，$|A \triangle I|^* < \varepsilon$ となる

ことである．但し，記号 $\triangle$ は集合の対称差(「集合篇(1)」参照)．外と内からのハサミウチより，直接に近似を書いた方が好きという人もいるだろう．実数論で言えばデデキント(順序構造)かカントール(距離構造)かの違いである．後者についてもう少し説明すると，ジョルダン外測度を定義し，それが劣加法性を満たすことを確認すると，集合束 2^E に擬距離 $|A \triangle B|^*$ が導入される[註3]．「擬」がつくのは $|A \triangle B|^* = 0$ でも $A = B$ を満たさないという違いを意味する．この擬距離に関して，区間塊全体 $\mathcal{A}_0$ の閉包を $\mathcal{A}$ としたわけだ[註4]．

ここまでのところ，随分サラッと書いたが，いろいろな注意とともに証明もしていたら，そこそこの分量になる．行間を埋めるのも練習問題である．森さんの本は，くどくどしくなくて，肝腎な要点の注意にとどめてあるのが私は気に入っていたが，今の学生さんの嗜好には合わないのかもしれない．

▶**注意**

このジョルダン可測性は，位相的な性質で特徴付けられる．そのためにまず，集合 $A \in 2^E$ の**境界** ∂A の定義を思い出しておこう(思い出すと言っても，本書で，前にでてきたという意味ではなくて，大

学初年級の微積分とか，もう少し経ってからの「位相」の講義などで習った概念を思い出そうということである）．「位相篇」ででてきた閉包 A^- と内部 $A°$ を使って書けば $\partial A = A^- \setminus A°$ と書ける[註5]．従って特に，境界は閉集合である．

「境界」という言葉を用いると，ジョルダン可測性は次のように特徴付けができる．

▶集合 $A \in 2^E$ がジョルダン可測であるための必要充分条件は，その境界 ∂A のジョルダン外測度が 0 であること：$|\partial A|^* = 0$．

これはジョルダン可測性の判定として使いやすく便利である．直感的に明らかみたいだが，よくよく考えると，そうでもなかったりする点もあり，詳しいことは場所を改めて（ダルブーの定理に関わる話として）論じることにしたい[*2]．ここでは，簡単に判ることだけ注意しておく．まず，A を内から外から近似する区間塊 K, L をとって
$$K \subset A \subset L$$
としたとき，内側は内部で，外側は閉包でおきかえて
$$K° \subset A° \subset A \subset A^- \subset L^-$$
としても $|K°| = |K|$ 及び $|L^-| = |L|$ なので，
$$|A|_* = |A°|_*, \quad |A|^* = |A^-|^*$$
が判る．また，$A^- = \partial A \cup A°$ が disjoint union であることに注意すると，
$$|A|^* - |A|_* = |A^-|^* - |A°|_* \geq |\partial A|^*$$
が出る．特に，ジョルダン可測なら，その境界のジョルダン外測度は 0 ということが判る．逆も，実は一般に $|A|^* - |A|_* = |\partial A|^*$ が示せるのでそれから判る[*2]．この等式の証明は難しくないが，そこまで行くと（一般にはそうと認識されないかもしれないが），ルベーグ測度にあと一歩でもある．いずれにしろ，それほど精密なことまで必要かどうか．大仰に，細かい話にコダワってみせたくはないが，案外整理されていない箇所のように思えてきた[*2]．

2 ❖ いくつかの例

ここでは，2次元のジョルダン可測性と，それを1次元で切った切り口の(1次元)ジョルダン可測性の関係(フビニ型の定理)について，必ずしもうまく行かない例をいくつか挙げる．

最初に，1次元でのジョルダン可測でない集合の例を見る．これはいわゆるディリクレの函数に関係したもので，例えば有理数で1，無理数で0という函数がリーマン可積分でない，ということと同じである．但し，記述の簡明さのために，有理数の分母を2の冪に限ることにし，区間 $I = [0,1]$ の部分集合 P を

$$P = (0,1) \cap \mathbb{Z}\left[\frac{1}{2}\right] = \left\{0 < r = \frac{奇数}{2^n} < 1\right\}$$

と定める．これは，$I = [0,1]$ の部分集合としてジョルダン可測でない．実際，P の閉包は区間全体 I になり，P には内点がないから，外測度と内測度の差は1となる．ついでに，後の都合上，このような $r \in P$ に対し，その分母部分を対応させる函数

$$v(r) = \frac{1}{2^n} \quad \left(但し，r = \frac{奇数}{2^n}\right)$$

を導入し，また，$x \notin P$ なら $v(x) = 0$ と決めることで I 上にまで函数 v を拡張しておく．

さて，正方形 $E = I \times I$ を固定して，その中の図形 $V \subset E$ を考える．座標を (x,y) とし，それぞれの座標軸に平行な切り口を

$$V.b = \{x \,;\, (x,b) \in V\}, \quad a.V = \{y \,;\, (a,y) \in V\}$$

としよう．記号はこの場限りのものなので，他所で断りなく使っても通用しないことに気をつけよう．ここで V と切り口 $V.b$ 及び $a.V$ のジョルダン可測性の組み合わせを考えると，可測と非可測の可能な組み合わせは $2^3 = 8$ 箇あるが，切り口の方は $b, a \in I$ によって変わり得る．そのうち，非可測性の方は，パラメータの集合について，

$$\{b \in I \,;\, V.b がジョルダン非可測\}$$

とか

$$\{a \in I \,;\, a.V がジョルダン非可測\}$$

が，(1 次元)ジョルダン測度 0 なら，積分するときに無視可能なものと看做せるので，その場合はフビニ型の定理の成立にとって何の不都合もない．そこで，**本当に問題**のある場合として，これらのジョルダン外測度が正な集合を成すときに「非可測」との印をつける．この規約のもとで，可測・非可測の組み合わせを表にすると

	V	$V.b$	$a.V$
(1)	○	○	○
(2)	○	○	×
(3)	○	×	○
(4)	○	×	×
(5)	×	○	○
(6)	×	○	×
(7)	×	×	○
(8)	×	×	×

となる．ここで○は可測，×は非可測の印．但し，上に述べたように，「非可測」とは非可測になるパラメータ全体のジョルダン外測度が正になるような場合とする．以下，この全ての組み合わせについて例を呈示する．

表の両極端の(1)と(8)の例は容易である．(1)なら $V = I \times I$，(8)なら $V = P \times P$ でよい．この(1)については何も説明は要らない．(8)についても，$P \times P$ もその切り口も内部は空なので，閉包に注目すればよいが，

$$(P \times P)^- = I \times I,$$

及び

$$((P \times P).r)^- = P^- = I, \quad (r.(P \times P))^- = P^- = I$$

が $r \in P$ について成り立つから，$r \in P$ なら切り口が非可測であり，そうなるパラメータの集合はジョルダン外測度が正である．表の(2)と(3)，及び(6)と(7)は，片方を作れば，他方は (x, y) の転置で得られる．従って，本質的に 4 箇の場合の例を作ればよいが，実際は，少しの工夫で，より基本的なものを組み合わせて，これらの例が得られる．

まず，二つの集合 X, Y を導入する．

$$X = \{(x, y) \in P \times P \,;\, 0 < x < v(y)\}$$
$$Y = \{(x, y) \in P \times P \,;\, v(x) = v(y)\}$$

これらの図形の概略は，図1，図2を参照のこと．ここで，X については

$$X = \bigcup_{r \in P} \left((0, v(r)) \cap P \right) \times \{r\}$$

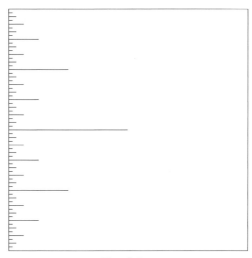

図1 集合 X

図2 集合 Y

とも書けることに注意して図1を見るとよいかもしれない．図1で $y=r$ という x 軸に平行な線分（長さ $v(r)$）は，そこに P のように分母が2冪の有理点が埋め込まれているのである．また，Y の方は，

$$\left(\frac{奇数}{2^n}, \frac{奇数}{2^n}\right) \quad (n=1,2,\cdots)$$

という座標をもつ点の集合である．

この X の2次元ジョルダン測度は0である．実際，$\varepsilon > 0$ に対し，E の左端に長方形 $[0,\varepsilon] \times I$ を考えると，その面積は ε で，そこからはみ出た X の部分は，有限箇の線分で覆われ，そのジョルダン測度は0．従って，$|X|^* \leqq \varepsilon$ で，$\varepsilon > 0$ は任意だから，$|X|^* = 0$．

一方，$r \in P$ について，$y=r$ で X を切ると，切り口は $(0,v(r)) \cap P$ で，1次元の集合としてはジョルダン可測ではない．そのような r もジョルダン外測度正だけあるので，V.b の欄は×となる．ところが，$x=a$ で X を切ると，その上に乗る X の点はたかだか有限箇なので，すべて1次元ジョルダン可測（ジョルダン測度0）．だから，a.V の欄は○となる．以上より，集合 X は(3)の例を与える．転置を考えた

$$'X = \{(x,y) \in P \times P ; 0 < y < v(x)\}$$

は従って，(2)の例になる．

この X と $'X$ との合併 $X \cup 'X$ は，2次元ジョルダン可測だが，切り口の方は，どちらも1次元ジョルダン可測でない座標がジョルダン外測度正だけあることになり，これは(4)の例を与える．

さて，今度は集合 Y を見る．Y は E で稠密，かつ内点をもたない．よって，ジョルダン外測度は1で，内測度は0と，2次元ではジョルダン非可測である．ところが，x 軸，y 軸のどちらに平行な直線で切っても，切り口は有限集合なので1次元ジョルダン可測で測度は0．つまり，この Y は(5)の例を与える．

残る(6), (7)は，この Y と $'X, X$ を組み合わせればよい．つまり，$'X \cup Y$ は(6)の，$X \cup Y$ は(7)の例になることは今までのことから容易に判る．これらの例をまとめて表にしておこう：

	V	$V.b$	$a.V$	例
(1)	○	○	○	$I \times I$
(2)	○	○	×	${}^{t}X$
(3)	○	×	○	X
(4)	○	×	×	$X \cup {}^{t}X$
(5)	×	○	○	Y
(6)	×	○	×	${}^{t}X \cup Y$
(7)	×	×	○	$X \cup Y$
(8)	×	×	×	$P \times P$

これで一応，一通り可能性のある例を出したが，ついでに Y を少し変えて，次のような集合 Z を考えてみよう（図3参照）：
$$Z = \{(x,y) \in P \times P\,;\, v(x) \geqq v(y)\}.$$
つまり，
$$\left(\frac{奇数}{2^m}, \frac{奇数}{2^n}\right) \quad (m, n = 1, 2, \cdots)$$
で $m \leqq n$ という座標をもつ点の集合である．これは Y と同じ理由で，2次元ではジョルダン可測ではない．しかし，切り口については x 軸，y 軸で対称性が崩れ，$y = b$ で切ると切り口は有限集合だが，$x = r \in P$ の場合は1次

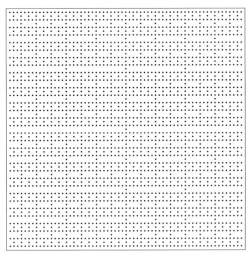

図3 集合 Z

元の内点のない稠密集合となって，ジョルダン非可測である．この Z は (6) の例を与える．

ともかく，このようにいろいろな可能性があるのは，例としては面白い．しかし，理論としては不統一さを意味し，一般的定理を述べる際，いちいち煩瑣な条件をつけざるを得ない理由となる．リーマン積分に於けるフビニ型の定理の「取り扱い上の注意」が，例を目の当たりにすることで実感させられるのだ．

3 ❖ リーマン積分に於けるフビニ型定理

前節で見たとおり，重積分と逐次積分の関係をリーマン積分で一般的に述べようとすると，なかなか面倒なことになる．なにしろ，リーマン積分を考える土台としてのジョルダン可測集合一般に対しては，その低次元での切り口が無条件ではリーマン積分の枠組みに入ってこないというのだから．

では，リーマン積分に於けるフビニ型の定理は，全く望みのないものかというと，そうでもない．このあたりの「揺れ」も，リーマン積分の「理論」を述べる上でイライラ感の募るところだ．いっそ，全然ダメなら，未練なく捨ててしまうことができるものを！

さて，その定理は，次のやさしい補題から従う．

▶ **補題**

I, J を有界区間（次元は問わない）とし，f を直積 $I \times J$ で有界な**実数値関数**とする．この時，リーマン下積分に関して，次の不等式が成り立つ．

$$\underline{\iint}_{I \times J} f(x, y)\, dxdy \leq \underline{\int}_J \left(\underline{\int}_I f(x, y)\, dx \right) dy.$$

これは下積分について，「重積分」と「逐次積分」の間の不等式だが，証明は定義に戻って，I, J の小区間による分割 $\Delta_I = \{i\}$，$\Delta_J = \{j\}$ を考え，小区間 $i \times j$ に於ける不等式を足しあわせるだけである．明らかな

$$\inf_{(\xi,\eta)\in i\times j} f(\xi,\eta) \leqq \inf_{\xi\in i} f(\xi,y) \qquad (\forall y\in j)$$

に $|i\times j|=|i||j|$ を掛けて足したもの(の分割に対する上限)を考えればよい.少しキッチリ言ってみると，$y\in j$ を固定して

$$\inf_{\xi\in i} f(\xi,y) \leqq f(x,y) \qquad (x\in i)$$

を i 上で x について下積分すると，左辺は定数なので

$$|i|\inf_{\xi\in i} f(\xi,y) \leqq \underline{\int_i} f(x,y)dx$$

となる．左辺で $y\in j$ に関する下限を考えれば，$y\in j$ に対し

$$|i|\inf_{(\xi,\eta)\in i\times j} f(\xi,\eta) \leqq |i|\inf_{\xi\in i} f(\xi,y) \leqq \underline{\int_i} f(x,y)dx$$

だが，これを $y\in j$ について下積分して

$$|i||j|\inf_{(\xi,\eta)\in i\times j} f(\xi,\eta) \leqq \underline{\int_j}\Bigl(\underline{\int_i} f(x,y)\,dx\Bigr)dy$$

を得る．これらを $i\in\Delta_I$, $j\in\Delta_J$ で足すと，左辺は $I\times J$ での下リーマン和で，右辺は

$$\underline{\int_J}\Bigl(\underline{\int_I} f(x,y)\,dx\Bigr)dy$$

で押さえられる(下積分でも領域に関する加法性は成り立つが，不等式のためには優加法性で充分[註6])．あとは分割に関する上限をとれば補題が判る．
　補題は，上積分におきかえたもの(但し，不等号は反対になるが)でももちろん成り立つ．これと，下積分，上積分に関する明らかな不等式を併せると，重積分に関する下積分・上積分，及び逐次積分でそれらを組み合わせたものに関する不等式が得られる．つまり

▶定理

I,J を有界区間とし，f を直積 $I\times J$ で有界な**実数値函数**とする．こゝで，(上下)積分(1)-(6)を考える：

(1) $\displaystyle\underline{\iint_{I\times J}} f(x,y)\,dxdy$

(2) $\underline{\int_J}\left(\underline{\int_I} f(x,y)\,dx\right)dy$

(3) $\underline{\int_J}\left(\overline{\int_I} f(x,y)\,dx\right)dy$

(4) $\overline{\int_J}\left(\underline{\int_I} f(x,y)\,dx\right)dy$

(5) $\overline{\int_J}\left(\overline{\int_I} f(x,y)\,dx\right)dy$

(6) $\overline{\iint_{I\times J}} f(x,y)\,dxdy$

この時，次の不等式が成り立つ：

$$(1) \leqq (2) \leqq \begin{Bmatrix} (3) \\ (4) \end{Bmatrix} \leqq (5) \leqq (6).$$

特に，不等式 (2) ≦ (4) 及び (3) ≦ (5) より，もし f が $I\times J$ でリーマン積分可能ならば，これらを下からと上から抑える(1)と(6)が等しくなり，y に関する函数

$$\underline{\int_I} f(x,y)\,dx,\qquad \overline{\int_I} f(x,y)\,dx$$

は J でリーマン可積分である．もう少し一般には $y\in J$ に関する函数 φ が

$$\underline{\int_I} f(x,y)\,dx \leqq \varphi(y) \leqq \overline{\int_I} f(x,y)\,dx$$

を満たしていれば，φ は J でリーマン可積分となり，積分値

$$\iint_{I\times J} f(x,y)\,dxdy,$$
$$\int_J\left(\underline{\int_I} f(x,y)\,dx\right)dy,\qquad \int_J\left(\overline{\int_I} f(x,y)\,dx\right)dy,$$
$$\int_J \varphi(y)\,dy$$

は全て等しい．もちろん x と y の役割を入れ替えることもできるから，適当な条件の下での積分の順序交換定理も得られる[註7]．

4 ❖ フビニ型定理に関する疑問

　以上のように，実数値函数に限ってだが，それなりの形でフビニ型定理が得られてメデタイ，と思うかも知れない．実は，逆に問題点がいろいろと見えてくるので，必ずしも手放しで喜んでなどいられないのだ．
　まず，ジョルダン可測性に関する例として挙げた集合 X（図1参照）をとろう．積分の形にして，その定義函数 1_X を f としてとれば，

$$\iint_{I \times I} f(x,y)\,dxdy = 0$$

であり，先に y で積分すると，任意の $x \in I$ に対してはリーマン可積分で，積分値は 0，つまり

$$\int_I f(x,y)\,dy = 0 \qquad (x \in I)$$

であるが，x での積分は

$$\underline{\int}_I f(x,y)\,dx = 0, \qquad \overline{\int}_I f(x,y)\,dx = v(y),$$

と，$y \in P$ に於いては下積分と上積分の値が異なる．だから，P というジョルダン外測度 1 の集合上で逐次積分の最初のステップが行き詰まる．にも拘わらず，下積分値と上積分値の間の値をとる函数を**何でもいいからとってやれば**（値の取り方は無数にあるかもしれないのに），どれをとっても x での積分としての「役割もどき」を充分果たし，それを y で積分して，重積分の値である 0 になるという．随分勝手な話だ．今の場合，特に上積分の方をとって $\varphi(y) = v(y)$ とすると，不連続点が沢山ある（実際 $y \in P$ が不連続点）が，リーマン可積分であり，積分値は 0 となる．こちらもなかなか微妙な話ではないか．森さんはリーマン積分を連続函数に対してのものだと，思想的観点から断じていたが，これを見ると，リーマン積分は不連続函数に対して確かにそれなりの機能を果たしている．そして，リーマンの当初の目的に（或る程度）適っているではないか，と自らの姿を我々に（痛々しくも）訴えかけているようでもある．
　この類の例を孕んでいるので，いくら簡単とは言っても，上の定理で以って，リーマン積分に於ける重積分と逐次積分の関係がスッキリしているとは

到底言い難い．上の定理は，その意味でかなりギリギリを極めている．実践的というだけなら，もっと条件を課した形の定理でよいが，それではリーマン積分の不条理感を味わうことはできず，敢えてそこから抜け出そうとは思わないだろう．

このようにゴタゴタした問題に接してみると，そもそものリーマン積分の定義を含めて，どこか何か，定式化が正しくないのではないか，との反省が生まれる．マジメに考えればもうちょっとマシなことができそうな気もしてくる．さて，それは一体？

註

[註 0] 「ジョルダン測度」なる大げさな用語を避けたいなら「体積」で通したいところだが，はかられる図形の方は「区間」や「区間塊」なので，連想される次元が異なってしまう．「区間の体積」と言うのは，ちょっと難があり，さすがに異和感があるが，そんなの気にしないというなら，それでイイノダ．尤も，ジョルダンをそこまでして忌避する強い理由もない．「ルベーグ」と区別するためにいつも「ジョルダン」をつけるのは確かにウルサイことではあるが，否定詞をつけたとき「ジョルダン非可測」の代わりに「体積不確定」というのも却ってヘンだろう．

[註 1] 何が問題かというと，区間塊を区間の合併として表示する方法は沢山あるだろうから，その表示によらずキチンと体積が決まるかどうか（well-defined か）ということ．このあたり，いつもいつも重箱の隅をほじくりかえすようなことばかり注意していると思われるかもしれないが，思考法の精緻さを知る簡単な例としては悪くない．せめてその程度のことくらいは，論点だけでも，共通の思考パターンとして獲得したいものだと思うが，無理なんだろうな．普通の生活で，そんなこと気にする人間は，ノイローゼ扱いされるのがオチだ．それくらいアタリマエに見えることではある．

[註 2] 「加法的」の別の形は，$I \cap J = \emptyset$ ならば $|I \cup J| = |I| + |J|$ である．

[註 3] ノルムに対してセミノルム，或いは，正定値に対して半正定値というようなもので，それなら「半」距離の方が統一がとれるが，慣用に従った．

念のため，三角不等式の証明をしておこう．ブール環の記号
$$ab = a \cap b, \quad a+b = a-b = a \triangle b$$
を使うと，$a \cup b = a+b+ab$ でもある．まず，$(a+b)(b+c)(c+a) = 0$ が計算で判る（意味を考えても判る）．次に

$$(a+b) \cup (b+c) = a+c + (a+b)(b+c)$$

なので $((a+b) \cup (b+c))(a+c) = a+c$ となる. 従って,
$$(a+b) \cup (b+c) \supset a+c.$$

以上と劣加法性から
$$|a+b|^* + |b+c|^* \geq |(a+b) \cup (b+c)|^* + |(a+b) \cap (b+c)|^*$$
$$\geq |(a+b) \cup (b+c)|^* \geq |a+c|^*.$$

[註 4] ルベーグ外測度で同じことをすると,ルベーグ可測集合が得られるわけだが,擬距離が 0 のものを同一視して,距離にした場合は,完備な距離空間になる. では,ジョルダンの場合はどうか? そして完備化はどうなるか,など考えると,自前で測度論を展開するきっかけとなる.

ついでに,ジョルダン可測性の二つの定義の同値性を確認しておこう. 最初の定義が後の定義を導くのはよい. 逆が問題だが,それは
$$I \triangle A \subset J$$
ならば
$$I \cap J' \subset A \subset I \cup J$$
に注意すればよい(本書では事情により J' で J の補集合を表わす).

[註 5] 別の定義の仕方の方がなじみがあるかもしれない:点 $p \in E$ が A の境界 ∂A に属するとは,p の任意の近傍 U について,それが A 自身とも,補集合 A' とも交わるときに言う:$U \cap A \neq \emptyset$, $U \cap A' \neq \emptyset$.

[註 6] 下積分,上積分は,分割に関する上限,下限で定義されているので,被積分函数に対する加法性は判らない(優加法性,劣加法性は言える)が,領域(今の場合は区間(塊))に対するものは成立する. 高木貞治『解析概論』(岩波書店) p. 92 では,その証明を「明白ではあろうけれども,念のために」とわざわざ[挿記]に書く. これは,上積分や下積分でも,定積分の上端の函数と見ると(「不定」上(下)積分とでもいうもの),連続函数に対して原始函数を与えることを注意するため. 慎重なのは,こうして連続函数の積分可能性の証明から「一様連続性」が除けるからなのだ. なお,領域に関する加法性は,より一般にジョルダン可測集合に対しても正しい.

[註 7] リーマン積分に関するこの形のフビニ型定理は,例えば,小林昭七『続微積分読本 —— 多変数』(裳華房 2001),笠原皓司『微分積分学』(サイエンス社 1974),スピヴァック『多変数解析学』齋藤正彦訳(東京図書 1972)などにある.

[* 1] 『徹底入門 解析学』(日本評論社 2017)第 2 部「徹底入門測度と積分 —— 有界収束定理をめぐって」(pp. 025-102).

[* 2] 本書「積分篇(6)」(pp. 170-184)を参照. そこでもう一度論じる.

積分篇(4)

　リーマン積分の欠点は，フビニ型定理の不条理に於いて端的に見られる．これが前回の結論．もちろん，ルベーグ積分ならばその欠点は解消される．そうではあるが，それは結果論だ．我々が捉えた矛盾の本質を直視して得られる改善策とは言えない．せっかくの不条理を，誰もが知っている「デキアイの理論」への導入として「前座」扱いし，軽くやり過ごすというのでは，既存の理論へのオモネリないしはナレアイという知的怠慢だと言わざるを得ない．

　そんな安直な矛盾解消の片棒は担がず，不条理を無駄に消費しない途はないのか．それを模索するのが今回のテーマである．リーマン積分は「歴史的意義」しかない，とナメられている．その常識に対して敢えて異を唱え，踏み込む途があるのではないかという話だ（ウーム，大きく出たな，ホントに大丈夫か）．

1 ❖ 記号の欺き，記号の歎き

　幾分唐突だが，数学者と初学者にどのような「感覚」の違いがあるのだろうか？——いや，「数学者」にも「いろいろな人」がいるし，そんなこと一概には言えないのじゃない？——と「正確さ」にどうしてもコダワルのが数学者の一般的傾向だろう．いやいや，別段，自己言及的なクレタ人のパラドックス風の主題で話を始めようとしているのではナイノデス．

　言うまでもなく，例外を認めた上で（というところが，また「数学者」らし

いが)，数学者は「安直には」明白に誤った式や言明を立てることを「本能的に」避ける．「安直には」と但し書きをしたのは，「意図的に」或いは「常識に敢えて逆らって」オカシナ式や言明を述べることがあるのを排除しないためだ．研究の過程で矛盾に逢着することはアタリマエだし，一見マチガッタことを考えるのも数学活動のうちだ．そういうのも日常茶飯事だから，むしろ一般人より「矛盾に対する耐性」がある，というのも森さんから教わったことのような気がする．

　何を言っているのか．数学者は日々，論理的や数学的な矛盾や誤りに囲まれながら生活し，その選別を行っている．このような訓練と経験を経ているので，それが本質に関わるか否か，つまり「危険」か否かを判断・区別し，直ちに判るような「偽」命題は敢えて述べない(述べたくない)傾向があるというのだ．つまらぬ箇所で無駄なエネルギーと時間は使いたくないからだ．本能的というのは，将棋の上級者が「自玉の詰み」という危機をすぐさま察知するのと似た感覚だろう．

　これに対して，初学者，例えば普通の大学生が数学を学んでいるような場合，誤った式を書いても「危険」に対する**嗅覚**が働かないことが多く，先生から指摘されても，まるっきり気づかない，或いは，間違いの理由を説明されても上の空，なんていうのもありふれた光景だ．重要な**ツボ**を逃して，自ら**ドツボ**に嵌まっていく姿勢を立て直すのは容易ではない．

　そんな「感覚」の違いの例をちょっと挙げてみよう．あれは，初等・中等教育の弊害なのかと思うが，不等式で，学生は $a<b$ というように等号ナシのを「平気」で書く．数学者なら $a<b$ と書くのは $a\leqq b$ と書くのと比べて(多分)遥かに慎重になる．大袈裟に言えばそう書くには，それなりの勇気と覚悟を要する．何故かと言うと，$a<b$ は，$a\leqq b$ のうち，$a\neq b$ の場合だから，この $a\neq b$ が成り立つかどうかを確かめないうちにそう書くことは許されない．安全な $a\leqq b$ を基準とするなら，$a<b$ には，$a\leqq b$ と書いてしかるべき「二段構え」の意識が必要なのだ．しかし，学生の感覚は反対で，$a<b$ はむしろ $a\leqq b$ と書くのと同じであったり，さらには(あろうことか)等号をつけるのを嫌うという，自らの身をわざわざ危険にさらす(単にメンドーだからなのか？)挙にでて，しばしば間違ったこと——些細なものから深刻なものまで——を主張してしまう．これを正すために，かなり頻繁に注意をす

るのだが，なかなか直らない．高校までに染まった悪習は根強いのである[註0]．このような感覚の違いの生じる理由の一つは a, b が「変数」であり，「可能域」の増えた文字を扱っているという認識が足りないことによるのではないか．最初の戯れ言のような「過度の」正確さに数学者が敏感なのは，無意識にこのような「場合分け」の取り尽くしを行っているからだろう．

　今のは習慣の問題であるが，もう少し本質的なのは

$$\lim_{n\to\infty} a_n$$

などの極限の記号．これも，こう書いた場合は，きちんとその極限が存在することが確かめられてはじめて意味をもつ．だから，書いた瞬間には，ひょっとして無意味な記号かもしれない．そんな不安を伴っている．極限が存在すると「仮定する」か「証明される」かの裏書きがないと「空手形」なのだ．よくあるのが「挟み撃ちの原理」の証明．実数列 $\{a_n\}, \{b_n\}, \{c_n\}$ について，$a_n \leq b_n \leq c_n$ かつ $\lim a_n = \lim c_n$ なら云々というやつ．きちんと命題が言えていればそれなりの証明になるが，そもそもの言明がテキトーだと

$$\lim_{n\to\infty} a_n \leq \lim_{n\to\infty} b_n \leq \lim_{n\to\infty} c_n$$

で不等式の両端が等しいから $\lim a_n = \lim b_n = \lim c_n$ などとやってしまう．前提の不等式から，極限に移行する時点では，真ん中の記号 $\lim b_n$ に存在の根拠はない．だから，正しい証明になっていないのである．

　「記号には書いた瞬間から意味がある」かの如く思ってしまう錯誤．それに注意を促すには，この記号は，クレジットカードでの支払い（ツケ ＝ 債務）のようなもので，後で請求書が来るものだと教えた方がいいのかもしれない．同様に積分というのも極限で定義されているから，クレジット払いなのだ．

　数学記号には，必ず定義がある．その定義のなかに「それが存在するときに」という限定付きのものも多い．充分注意すれば間違いはないのだが，限定に伴う「請求書」を踏み倒しては数学でなくなる．「ツケがまわってくる」というのは通常**比喩**として使われるが，この類いの記号は，**文字通り**ツケなのだ．（真の）不等号の場合の，書いた瞬間に「等号を排除している」確認と同様の心理的負担が極限の記号についてまわる．数学者には軽い「負担」だが，初学者には重い「罠」となり得る．違いは「真偽の判定」という請求書

（ツケ）がまわって来たときの応対だ．それがこの節の最初の問いへの一つの答えである．

＊　＊　＊　＊　＊

上の話は，記号には「神経を使う」ものは，そうだときちんと認識し，その扱いを知るかどうかが，初学者から脱却できるかどうかの分かれ目，ということ．現実にそういう記号があるから仕方がないのだが，考えてみると，本当なら，記号はすべて神経を使わず書けるのが理想だ．数学は本来，細かい神経が使えるから上級者だ，などとイバってみせる下品な学問ではない筈だ．記号だって，自分では「欺く」つもりなどないと「歎く」だろう．（それにしても「欺」と「歎」は漢字の感じが遠目には似ているなあ．）

「神経を使う必要のある記号」は，敢えて言えば「できのよくない未完成品」．だったら，そのような場合，「神経を使う必要のない」便利で上品な記号を導入して補完するのが，むしろあるべき姿ではないか．

さきほどの極限について言えば，実数列なら，上極限や下極限

$$\limsup_{n \to \infty} a_n, \quad \liminf_{n \to \infty} a_n$$

などがそれに当たる．これらは，記号を書いたその瞬間から（±∞ という値を許して）意味をもつ．後から請求書が追いかけてこない記号ではあるが，その定義には請求書と同程度の手間が要る．初学者にとっては，請求書の来る極限をとるか，請求書の来ない上極限・下極限をとるか，の選択を迫られるところではある．何度も使うなら，一度手間を掛けておくのが有利だろうが，誰にとってもそうとは限らない．市バスの一日乗車券を買うかどうかの損得勘定と同じレベルだ．買ったはいいが，使わずに使用期限を過ぎてしまう失敗なども，単なる比喩ではなしにあり得る話だ．

数学の概念には大抵，導入に伴うこのような得失がある．便利なものを得るには，それなりの手間賃を払う．或る種の「(手間)エネルギー不変の法則」である．これを観念し，覚悟するのがいい．法則の正否はともかくも，そういう現象の認識は学習の助けになる．費用対効果比はいつでも問題で，上品に洗練されたものを得るには，対価が必要なのだ．

話を戻して，神経を使わずに済む記号を知っていれば「挟み撃ちの原理」

だって

$$\lim_{n\to\infty} a_n \leq \liminf_{n\to\infty} b_n \leq \limsup_{n\to\infty} b_n \leq \lim_{n\to\infty} c_n$$

と書くのは問題なくできて，これから

$$\liminf_{n\to\infty} b_n = \limsup_{n\to\infty} b_n$$

と結論づければ，$\{b_n\}$ の極限が言える．この一手間を掛ければ（料理でもなんでも一手間が大事なんだよな），正しい手続きになるのだ．

2❖リーマン積分の「新しい」定義

こう前振りをした後に，前回のフビニ型定理に対する問題点を振り返ると，オボロゲにでも狙いが見えてくるかな，と読者の「慧眼」をちょっと強めに期待してみる．まず，数学の本質はサボリにある，だったか（正確な引用はいつか調べるとして）の「森一刀斎」サボリ流のココロはいつでも生きていて，上で述べたような「神経を使う」記号法はシンドクてカナワンのよ[*1][*2]．だったら「いっそ」(前回にも違う文脈でこの演歌っぽい言葉を使ったな)記号に，より適切に（？）拡張した意味を持たせてしまう．厳密さをいくぶん緩めて「そんな記号は不当だ」とメクジラたてないようにしてしまおう，そういう戦略を立てるのはどう？　アリ？

こう思った時，過去のぎこちないコトドモが脳裏に去来する．どっちが先かは別として，

 (a) リーマン積分の定義，
 (b) リーマン積分に於けるフビニ型の定理，

という二つを何とかしたいという動機は定義自体を考え直すバネになる．

リーマン積分の定義で，いつも最後にヒッカカルのは，定義の言明自体ではなくて「小区間の(代表)点の取り方によらずに」云々，というところ．意味から言えば何の不明瞭さもない．が，それなりの定式化を試みると，ここがシックリこない．

不思議に思うことは世の中にいくらもあるが，ブルバキに何故リーマン積分がないのか，はその一つ．「積分篇(1)」の引用箇所で森さんがチラと触れているように，『積分』の巻の演習(4章§5)に，あるにはある．だが，古色蒼然の内容をブルバキ風に味付けしただけだ．意図が歴史的事実の「記録」だとしても陳腐だと，森さんになり代わって文句を言いたい．

もちろん本格的な積分論を展開するのだから，過渡的なリーマン積分などにカマっている暇はない．しかし，『実一変数』ではその場しのぎに近い「方正積分」を編み出したではないか．だったら，由緒正しいリーマン積分をリサイクルしてもよかったのではないか．

別段ナイモノネダリをしているのではない．ブルバキのウリの一つがフィルター概念だったのなら，リーマン積分の定式化**こそ**が，その**最新兵器**を使ってみせるべき場だったのではないか，ということ．先ほどの代表点の取り方は，何故一つずつ個別にするのか．それは値にこだわるからだ．「代表点の取り方によらず」というなら，一斉に考えればよいではないか．フィルターは「集合」からなるわけだから，そういう発想がどうしてブルバキに生じなかったのか不思議なのだ．

区間(塊) I の分割 $\Delta = \{e\}$ からリーマン和を**集合**として

$$s_\Delta(f) = \sum_{e \in \Delta} f(e)|e|$$

と素直に作れば，リーマン和の可能な値の全体になる．これを基に収束を論じればよかったのではないのか．積分の対象になる函数は，ベクトル値でよい．値をベクトル空間 V にとるとして，スカラーは例えば実数 $\mathbb{R}$ でよいし，複素測度を扱うなら $\mathbb{C}$ とすべきだが，これは測度に必要に応じて変えることになる．スカラー倍と和というベクトル空間の基本的演算を部分集合に延長するのは，$u \in \mathbb{C}$ 及び $A, B \in 2^V$ に対し

$$uA = \{ua \, ; a \in A\}, \quad A+B = \{a+b \, ; a \in A, \, b \in B\}$$

と定義し，$f(e)$ は普通に f による e の像

$$f(e) = \{f(\xi) \, ; \xi \in e\}$$

と解する．これらの演算は空集合に対しては，空となることに気をつけておこう．ともかくこのように，分割に対し，我々の(集合値)リーマン和は，各小区間からのあらゆる可能な代表をとったリーマン和ベクトルの総体を決め

ている.

　収束を考えるのだから，値の空間 V にも位相が定義されているとしよう（擬位相を考える，などと敢えて凝ったことは言わない）．フィルターの収束のように，この（集合値）リーマン和が，値 $s \in V$ に収束するとは，

▶ s の任意の近傍 U に対し，分割 Δ_0 が存在して，Δ_0 より細かい任意の分割 Δ_1 に対し，$s_{\Delta_1}(f) \subset U$ となること

とすればよい．念のため言うと，別段**新しい**ところはなく，従来の定義を書き換えただけだ．ただ，これではフィルターが出てきていない．この異議に対しては，この手の常套手段として

$$S_\Delta(f) = \bigcup_{\Delta \geq \Delta_1} s_{\Delta_1}(f)$$

を作り，その全体を考えればフィルター基になると言っておこう[註1]．ここで，$\Delta \geq \Delta_1$ は分割の細分の記号（既に，「積分篇(1)」で用いた）．このように，フィルターそのものにこだわると少しだけヤヤコシクなるが，上の定義で充分理解可能だろう．実質は何も変わっていない．繰り返さないが，もちろんリーマン流に，分割の最大幅を用いた定義でも同様の定式化は可能だ．

　新しいことは何もないとはいえ，一つ注意すべきは，普通の実数値函数の場合だと，分割の細分だけで，リーマン和（ダルブー和）の範囲は，より「小さく」なっていくということだ[註2]．それにアヤかってベクトル値でも何とかならんかと思うわけだが，それには，リーマン和の凸包をとることで対処できる．実数値という 1 次元の場合に下限と上限で挟む，としたやり方のベクトル版である．

　ということで，凸（convex）に関わる話を補足しよう．それほど自明な手続きではないし，やや横道でも，凸性は重要な概念だから，知っておいて損はない．少しくらい話が凸凹（デコボコ）してもエエやないの．こういうところは横着しない方がいい．

　実数体上のベクトル空間 V の部分集合 C が凸とは，C の任意の点 $p, q \in C$ に対し，それらを結ぶ線分

$$[p, q] = \{tp + (1-t)q \, ; \, 0 \leq t \leq 1\}$$

が C に含まれるとき言う．明らかに V の部分ベクトル空間は凸で，特に V 自身は凸．ちなみに，数学の通常の規約に従って空集合は凸と考える．定義から容易に判るように，凸部分集合の任意箇数の集まり $\{C_\lambda\}_{\lambda\in\Lambda}$ について，その共通部分

$$\bigcap_{\lambda\in\Lambda} C_\lambda$$

はまた凸である．このことから，V の任意の部分集合 S に対して，それを含む**最小の凸集合** $\widehat{S}$ が

$$\widehat{S} = \bigcap_{S\subset C\in 凸} C$$

として作れる．但し，記号「凸」は V の凸部分集合全体を表わした（判りやすいでしょ）．これを S の**凸包**(convex hull)という．上のような「最小の」モノの作り方は「集合篇(1)」でもでてきた手続きである．

これを踏まえて，我々の（集合値）リーマン和 $s_\Delta(f)$ の凸包 $\widehat{s}_\Delta(f)$ を考える．この**凸包リーマン和**は，分割の細分 $\Delta_0 \geq \Delta_1$ に対し，

$$\widehat{s}_{\Delta_0}(f) \supset \widehat{s}_{\Delta_1}(f)$$

と振る舞う．凸包をとるだけでフィルター基になって，実数値と類似の状況が得られる．形式上は，最初より議論が粗くなるが，実用上はこれで充分．というのは，通常使う位相ベクトル空間は局所凸(locally convex)だからである．局所凸とは，近傍の基本系として凸集合からなるものがとれるという性質で，位相ベクトル空間の豊かな一般論は，局所凸空間を中心に組み立てられている[註3]．そういうゴチャゴチャした言葉遣いがイヤなら，ノルム空間（完備ならバナッハ空間）で済ませてもいいが，もちろんそれは局所凸．

凸包をとった場合の包含関係について簡単に説明しておこう．その基礎は，先ほど定義した集合に対するスカラー倍と和について，その凸包演算が，

$$(uA)\widehat{} = u\widehat{A}, \quad (A+B)\widehat{} = \widehat{A}+\widehat{B}$$

を満たすことにある．最初のは明らかだが，うしろのはどうだろうか[註4]．明快に理解するために，二つの補題を用意する：

▶**補題**

(1) V, W をベクトル空間とする．この時，線型写像 $\varphi: V \to W$ に

よって凸包演算は保たれる．つまり
$$\varphi(A)\widehat{} = \varphi(\widehat{A}).$$
(2) $A \subset V$, $B \subset W$ に対し，直積 $V \times W$ の中で
$$(A \times B)\widehat{} = \widehat{A} \times \widehat{B}.$$

▶ 補題の証明は読者に任せてもいいのだが，念のため備忘も兼ねて（歳をとるとナンでもすぐ忘れるので）概略を書いておく．まず(1)だが，最初に，線型写像による凸集合の像(image)も逆像(inverse image)も凸集合であることに注意しておく．すると $A \subset \widehat{A}$ より $\varphi(A)\widehat{} \subset \varphi(\widehat{A})$ は明らか．逆に，$\varphi(A) \subset C$ なる凸部分集合 C を任意にとって，φ による逆像を考えると
$$A \subset \varphi^{-1}(\varphi(A)) \subset \varphi^{-1}(C)$$
だが，$\varphi^{-1}(C)$ は凸だから $\widehat{A} \subset \varphi^{-1}(C)$．これを φ で写せば
$$\varphi(\widehat{A}) \subset \varphi(\varphi^{-1}(C)) \subset C$$
で，特に，$C = \varphi(A)\widehat{}$ とすれば
$$\varphi(\widehat{A}) \subset \varphi(A)\widehat{}$$
となる[註5]．

次に(2)だが，凸集合の直積がまた凸であることから，まず $(A \times B)\widehat{} \subset \widehat{A} \times \widehat{B}$ が判る．逆に $A \times B \subset C$ と凸集合 C をとる．$b \in B$ に対して $A \times \{b\} \subset C$ だから，凸包をとれば $\widehat{A} \times \{b\} \subset C$ で，$b \in B$ は任意だから $\widehat{A} \times B \subset C$．同様に $a \in \widehat{A}$ に対し，$\{a\} \times B \subset C$ で左辺の凸包をとって $\{a\} \times \widehat{B} \subset C$ であり，$a \in \widehat{A}$ は任意だから $\widehat{A} \times \widehat{B} \subset C$．特に $C = (A \times B)\widehat{}$ として，逆向きの包含関係が判る． ∎

この補題を $\varphi : V \oplus V \longrightarrow V$, $\varphi(x, y) = x + y$ という線型写像に用いて，$A \times B \subset V \times V = V \oplus V$ の像の凸包と凸包の像の関係（一致）を書く．但しもちろん $A, B \subset V$．まず $\varphi(A \times B) = A + B$ なので，像の凸包は $(A+B)\widehat{}$ である．一方，$A \times B$ の凸包は(2)より $\widehat{A} \times \widehat{B}$ となるから，φ によるその像は $\widehat{A} + \widehat{B}$．補題(1)はこれら二つの一致を保証し，$(A+B)\widehat{} = \widehat{A} + \widehat{B}$ が判る．

以上より，凸包をとったリーマン和は

$$\widehat{s}_\Delta(f) = \sum_{e \in \Delta} \widehat{f}(e)|e|$$

とも書ける．さらに，分割の細分で「凸包リーマン和」が「縮小する」ことを見るには，例えば，$e = e_1 \sqcup e_2$ の時，$f(e) = f(e_1) \cup f(e_2)$ であり，$|e| \neq 0$ として

$$f(e_1)|e_1| + f(e_2)|e_2| = \left(f(e_1)\frac{|e_1|}{|e|} + f(e_2)\frac{|e_2|}{|e|} \right)|e|$$

と書くと，右辺の表示より $\widehat{f}(e)|e|$ の部分集合になり

$$\widehat{f}(e_1)|e_1| + \widehat{f}(e_2)|e_2| \subset \widehat{f}(e)|e|$$

が判る．$|e| = 0$ でも両辺は $\{0\}$ だから，それも排除されない．これを見るだけなら，上の凸性に関する補題などは不要かもしれないが，見慣れないものに親しむのに，基本的性質の確認は理解の助けになる．

　さて，リーマン和を「集合値」とするという一歩を踏み出したからには，いっそ「毒を喰らわば皿までも」と函数自体も「集合値」を受け入れたらよいのではないか．飛躍しすぎだろうか？ 形式的には単なる拡張だが，実質的な御利益も伴うもので，この節の最初の(b)が動機の後押しをする．つまり，前回見たように，実数値函数に対するフビニ型の定理では，逐次積分の最初の段階で一意的にキチンと積分値が確定しない場合にも，上積分と下積分の間の値の函数なら，逐次積分の最初の積分として意味を持ち得るのだった．ここは上と下の「間の値」を勝手に選んでとる函数などという不自然な選択より，「集合値」函数として扱い，その積分を考えて，もう一段積分したときに合理的に積分の値を賦与する方がずっと自然に見える．謂うなら，フィルターの精神をここでも貫くのだ．積分記号にひろい意味をもたせれば，収束するかどうかなど過度の「神経」を使わなくてもすむ．ズボラな態度に徹しようというのだ．森毅流「ズボラ」の真意は，神経を使うなら適切な箇所で使うということであって，別にいい加減な怠慢を意図してはいないのである．

　集合値函数のリーマン積分の定義で，函数 f が集合値なら，リーマン和の部分は

$$f(e) = \bigcup_{\xi \in e} f(\xi)$$

と変更すればよい．問題は「値」の方での収束だが，それくらいなら何も難しいことではないだろう．と，明日への希望を胸に，今日のところは床につくとしよう．

3 ❖ 部分集合の空間での収束の問題？

　ところが，部分集合の収束を考えつつ，一夜寝たあと，気がかりな朝を迎える．容易でないかもしれない．話を簡単にしようと思ったのに，ひょっとして面倒な世界に足を踏み入れたのか．バイロンならまだしもグレゴール・ザムザでは悪夢の世界だ．

　実際，トコトン議論を深めようとすると，集合値函数で連続性や微積分まで本格的にやらないといけないのではないか．これではホントに泥沼に沈潜するさまを『変身』だか『変心』だかという数学小説に書く破目に陥る．興ざめにも，可？不可？などと古びたダジャレが寝覚めを襲う．が，もともとサボリ流から出発しているからには，律儀に厳密な理論を追い求めることは避ける．この際，そんなものは先延ばしにすることでこの場を取り繕うことにしよう．さっきは「手間エネルギー不変の法則」とか言っていたわけだし，どれほどの泥をかぶるかは，目的次第だ．

　大仰に困難さを仄めかしているが，当面の問題は分岐点での選択にある．つまり，リーマン和の極限として何をとるかだ．通常なら，点に収束する定義ははっきりしていて，フィルターのように集合の「群れ」がやってきても問題はない．確立された「位相」の定式化に乗っかればよいだけだ．しかし，収束する先を「集合」に緩めるとどうしたらよいのか．森さんのこだわりである「収束概念」の問題がジカに迫ってくる．リーマン積分の意味を拡張して「集合値」として扱うと，とたんに部分集合の空間での収束をどうするかという選択を迫られるのだ．

　「選択」というからには，手の候補は既にいくつか思い描いている．その程度の読みはある．それでも，通常の教科書をアテにできない種類のものかもしれない．点から集合にいくと自由度がいきなり無限に増える．余り見かけない濃度の「高次元化」である．そのような問題に直面すると初発の地点に戻って考える幸福を知る．そして，そこで対処できないと「学習した知識」

の脆弱さを味わうことにもなる．

　しかし，本格的な選択肢を並べる前に，考えるべき点もある．例えば，もともとフビニ型定理を動機としているので，それが扱えればよいと割り切り，少々安直に，リーマン和，もしくは，扱いやすい凸包リーマン和「フィルター」の**接触値**全体を積分値の候補としてみよう．実数値でのフビニ型定理では上積分と下積分の間の値をとればよかったわけだから，そう考えるのも自然だろう．

　復習だが，数列の場合，部分列の極限が接触値で，実数列なら最大の接触値が上極限，最小の接触値が下極限だった．と，ここで**問題**です：「数列に接触値がただ一つしかないとき，それは極限値でしょうか？」時間がないのですぐに答えを言ってしまうと，通常の実数列で，これはウソだ．例えば $a_{2n} = n$, $a_{2n+1} = 1$ では，有限な接触値は一つだが，無限遠に逃げる部分が，有限な値に反映されない．但し，上極限，下極限の場合には，最初から $\pm\infty$ と無限遠を値に入れているから，取りこぼしがないのだ．別のよい状況として，有界数列に話を限ると，接触値がただ一つのとき，それは極限値と言えるが，ボルツァーノ–ワイエルシュトラスの定理を用いたちょっとした練習問題だ[註6]．

　そう，集合値で話をする途はいくつもあるだろうが，それがもとの収束に直ちに戻れるかどうかの吟味が必要なのだ．上では，接触値が一点集合でも普通の収束とは違うという一般的注意と，条件を加えて二つの状況が同じにできる場合の両方を述べた．後者は，上極限・下極限のように最初から無限遠を入れる手と，有界数列に限定するという手．この二つに共通するのは「コンパクト性」である．都合によって「位相篇」の後半を先延ばししてしまったので，重要なコンパクト性の概念を説明しきれていないが，ともかくこれがやはり議論の核心になっているのだ．

　今の場合，接触値で行くとしても，

　　（イ）ベクトル空間の方で無限遠を付け加え，コンパクト化する，

という手と，

(ロ) 函数の値をコンパクトに近いものに限定する,

という二通りの選択がある．(イ)だと，無限大に関する代数演算の問題が生じる．これについて少し説明すると，大学初年級の微積分で，数列の収束について学ぶ際，実数に加えて $\pm\infty$ を導入し，$a_n \to +\infty$ $(n \to \infty)$ など極限記号の意味を拡張するが，そのとき「正の無限大に収束する」とは言わず「正の無限大に発散する」と「収束」の語を避ける．しかし，実は，「位相」の都合だけで言うなら，別に「$+\infty$ に収束する」でも構わない．なのに「発散」とするのは，「収束」では代数的演算(和とか積とか)との整合性が保てなくて混乱を生じるという「教育的」理由からなのだ．

ということで，多分ベクトル空間をコンパクト化する方向は，あまりいい手ではない．なにしろ，我々は積分という代数演算にかかわる話をしている．ルベーグ積分の方では，零集合の積極的使用と $\infty \times 0 = 0$ と規約することで，上手くやるのだが，今の程度の段階では，そこまでの必要性もない．なので，第二の途である「値」の集合の性質の制限が現実的だろう．通常は「点」なのだから，それに近い集合だけを扱う．つまり，コンパクトとか相対コンパクトとか，或いはより一般にプレコンパクト(全有界)とかに限るのも尤もらしい．但し，位相篇を中断したので，これだけでは用語説明が不充分だ．申しわけない[*3]．

通常の(有限次元のベクトル値)リーマン積分で要請する「有界性」も，一般の場合なら，上と同様，相対コンパクト等々とするのが多分適当だろう．

ともかく，究極の一般化などという色気を出さず，適当な妥協点として，集合値リーマン積分を，凸包リーマン和の接触値全体とすることに決めると(**リーマン凸積分**とでも名付けるかな)，リーマン和の閉凸包(凸包の閉包)もフィルター基をなすから

$$\int_I f(x)dx = \bigcap_\Delta \overline{s}_\Delta(f)$$

と I の分割 Δ に亘る共通部分として書けてしまう．この定義自体には，上でこだわった「値」の有界性の制限は不要だから，融通性も高い．式を書くだけなら簡単だったのだ．但し，函数については適当な条件(有界性に対応するもの)を仮定しないと，値が空になることもあり得るし，値が一点集合で

も，通常の意味の収束と一致するという定理は成立しないわけだ．

註

[註0] 高校だって，不等式の証明というのは，等号付きのものを扱うのだから，どの段階で「真の不等号」が好まれるようになるのかは，余りよくわからない．

不等号 ≦ と < について，森さんの本では『現代の古典解析』(文庫版 pp.015-016)や『位相のこころ』(文庫版 p.040)の最初で，注意をしているが，特に前者の面白いところを断片的に引いておくと《A or B というのは A と B のドチラカがホントとわかったら，あとはドーデモエエのである．判断する必要のないことまで考えてクヨクヨするのはノイローゼで，数学は本来，ノイローゼにならないようにできている．》(p.015)《「大きいかまたは等しい」などと固定観念をもっているとヘンな気になるのである．》(p.016)

[註1] 分割全体は細分という順序で有向集合となる．つまり，二つの分割に対して，そのどちらよりも細かい分割が存在する．そのように，有向集合で添字付けられたもの(ネット)に対しては，同じやりかたでフィルター基が作れる．

[註2] 上下のリーマン和(ダルブー和)で挟まれる区間について，$\Delta_1 \geq \Delta_2$ の時，
$$[\underline{s}_{\Delta_1}(f), \overline{s}_{\Delta_1}(f)] \supset [\underline{s}_{\Delta_2}(f), \overline{s}_{\Delta_2}(f)]$$
と範囲が狭まっていくということ．

[註3] 自然に現われる重要な位相ベクトル空間で，局所凸でないものは殆どない．しかし，例外として，(ルベーグ)可測函数の全体の空間で，測度的収束の位相を考えた場合というのがある．解析学の常として，モノゴトを一般論に解消するのは困難なのだ．

[註4] この事実を個別に証明することと，それをより基本的な事実に分解して理解すること，この態度の違いが「一日乗車券を買うかどうか」という損得勘定の感覚だ．より基本的なことは，いつか別の形で使えるかもしれないし，なにより確実さの明証性が高い．今回のテーマの一つは，このような理解形式の「スペクトル分解」にある．

[註5] ここは，要するに凸集合の線型写像による像，逆像が凸であること，に加えて，定義より明らかな写像に関する単純な集合算
$$A \subset \varphi^{-1}(\varphi(A)), \quad \varphi(\varphi^{-1}(B)) \subset B$$
を組み合わせただけである．

[註6] これは森さんの『位相構造』にでてくるフレッシェの「星印公理」(文庫版

pp. 022-023)という形の命題を使えばよい．やってみる：有界数列 $\{a_n\}$ の接触値がただ一つ α だとして，この数列が α に収束しないとする．定義から，或る $\delta>0$ があって $|a_n-\alpha|\geqq\delta$ なる n が無限箇ある．その n からなる部分列を考えると，有界数列なのでボルツァーノ-ワイエルシュトラスの定理によって，さらにその部分列をとればどこか β に収束する．それは最初の数列の部分列の極限だから，$\{a_n\}$ の接触値でもある．さきほどの不等式から $|\beta-\alpha|\geqq\delta$ だが，仮定で $\{a_n\}$ の接触値はただ一つ α なので $\beta=\alpha$ と矛盾．

[＊1] 『ものぐさ数学のすすめ』(青土社)の帯には，はっきり「数学の精神はサボリの精神」とある．本文にも p. 46, p. 112 など「サボリ」のキーワードが散見される．

[＊2] 「大学サボリ道入門」(『数学のある風景』海鳴社 1979)所収(p. 59)．

[＊3] これらについては本書下巻「コンパクト篇」(下巻 pp. 160-229)で述べる．

積分篇（5）

　前回は，リーマン積分の定義の形をフィルター中心に書き換えたついでに，フビニ型定理にかこつけ，函数を「集合値」とし，さらに積分自体の値も「集合値」としたものを考えてみた．少しばかり冒険したので，釈明じみた背景説明が多くなったが，なにぶんにも誰かの批判を仰いだわけでもなく，いささか注意深くなったわけだ．話を詳しく展開することで，理論の妥当性などの検討は可能ではある．しかし，それでは話全体のバランスを崩すだろうから，テキトーなところでとりあえずは手を打つ．

　ただ，微積分の構想としては，他にも考えることはあって，うまく行けば多変数も含めていろいろな点で簡易化も可能だろう．機会があれば，本書でもその一端も含めて紹介したい（また文債が増えた）．

1 ❖ ベクトル値リーマン積分

　リーマン積分は，どういう理由か，実数値函数に対して定式化されることが圧倒的に多い．ブルバキの演習（『積分』4章§5）ですら，ダルブーの焼き直しでしかないわけで，ベクトル値函数が意識されることは滅多にない．このあたりも，解析学の初歩「教育」の伝統にずっと引きずられている故であろう．一つの理由はダルブーの定理の精密化に関わるが，そのような細かいことのため——結構こだわっている点だが——に実数値に限るとしても，それ自体は充分意識化されていない惰性のように思う．実数に限る主な理由が「順序」構造にあるとすると，本質的でないにも拘わらず，それを安直に利用

する心性が，私には最も抵抗がある[註0]．つまり，ダルブーの定理に注意を向ける「私的な」理由は，重要だからというより，定理・定義の本末究竟を明らかにしたいという意志に基づくのだ．

　ベクトル値へとわざわざ一般化したとしても，有限次元なら，実数値とさほど違わず —— 各成分で考えればよいから —— 恩恵に浴する部分は少ない．つまり，御利益に比して支払いが超過し，明らかに損なのだ．ここで理念だけのために一般化するのは空論に近い．ベクトル値は，無限次元空間に値を持ってはじめて意味のある違いや困難の可能性がでてくるのである．

　御利益と言うなら，初歩を少し越えたくらいの段階では，バナッハ空間（完備なノルム空間）に値をとる函数などは，殆ど有限次元空間の場合と変わらないし，実際そう扱う利点がある．だからこそ，実数という順序構造に大きく依存した議論を避ける意味が生じる．

　その点，積分に関して言えば，「方正積分」は安直さゆえ充分役に立ち，ラング（S. Lang）の本などでも重宝されている．つまり，連続函数に対してだけ積分ができればよいという程度なら方正積分が「お手頃」なのだ．可換ノルム環での基本定理にバナッハ空間値の積分を用いるなど，具体的な使い方には事欠かない．

　しかしまた，ベクトル値（面倒なので値はバナッハ空間としておこう）のリーマン積分が，なぜ扱われないのか，不思議といえば不思議だ．定義はそのまま通用するではないか．実際は，リーマン積分は実数値に対してですら，あまりマジメに扱われないので，実数値函数に対するものの性質のうち，どれを尊重するかの取捨選択の原理が明確ではない．不連続函数まで扱おうというのなら，一挙に本格的なルベーグ積分を扱うのが自然だから，それも頷けないわけではない．「方正積分」と同程度のものならば，深く吟味する必要はないのである．

＊　＊　＊　＊　＊

　ここで，念のための復習だが，**ノルム空間**と**バナッハ空間**について思い出しておこう．さんざん言葉を出しておきながら，今頃かと思われるかも知れないが，実際は，その程度の易しい概念である．

　実数体上のベクトル空間 V に，ベクトルの「長さ」に当たるノルム（norm）

という函数

$$V \ni v \longmapsto \|v\| \in \mathbb{R}$$

が与えられて，次の要請を満たすものを言う：

(1) $\|v\| \geqq 0$,
(2) $\|v\| = 0$ ならば $v = 0$,
(3) $\|\alpha v\| = |\alpha|\|v\|$,
(4) $\|v_1+v_2\| \leqq \|v_1\|+\|v_2\|$

但し，α はスカラー（実数か複素数）で $|\alpha|$ はその絶対値．不等式(4)は「三角不等式」という名前がついている．幾何的に言えば，三角形の二辺の和は他の一辺より大きいという奴である．上の要請のうち，(2)を落としたものをセミノルム (semi-norm) という．

ノルムという函数が与えられたベクトル空間をノルム空間 (normed space) という．ノルムとは，ベクトルの長さであるが，ベクトルの差の長さを考えることにより，2点（二つのベクトル）間の距離が定義できる．つまり，

$$\mathrm{dist}(v_1, v_2) = \|v_1-v_2\|$$

とすると，距離の公理を満たすことがすぐに判る．この距離に関して，「完備」ならばバナッハ空間 (Banach space) という．**完備** (complete) とは，実数の性質で習ったのと同じく，コーシー列が収束するということである．

ついでながら，少しコメントする．一つは，前回述べた凸性とのつながりで，このノルムによる球（$a \in V$ を中心として半径 r の開球）

$$B(a, r) = \{v \in V \,;\, \|v-a\| < r\}$$

を考えると，これは凸だが，その根拠はノルムの定義（三角不等式など）にあること．もう一つは，完備性に関してで，大学初年の微積分で習う，「絶対収束する級数は収束する」という，一般人が聞くと冗談のような重要な定理があるが，これが完備性の言い換えになっているということ．つまり，ベクトルの列 $\{v_n\}_{n=0}^{\infty}$ について

$$\sum_{n=0}^{\infty} \|v_n\| < \infty$$

と，ノルムの総和が有限なら，

$$\sum_{n=0}^{\infty} v_n = \lim_{N \to \infty} \sum_{n=0}^{N} v_n$$

という級数が V で収束するという性質は，完備性から従う．また，逆にこの性質があればノルム空間は完備，つまり，バナッハ空間になっているということである．どちらも標準的な演習問題なので，曖昧さが残らないように復習しておきたい．

ところで，以前の連載「徹底入門」[*1]で，チラと引用したが，バナッハ空間値のリーマン積分を，知る限り殆ど唯一正面切って定式化しているのがシュヴァルツ『解析学』（邦訳全7巻＝東京図書）である．

そこ（邦訳『解析学3 積分法 上』pp. 7-8）での定義は次のようなもの．シュヴァルツは，積分領域を最初は1次元に限定しているが，それはともかく，まず，実数値函数に対するリーマン上積分を定義し（本書でも「積分篇(1)」で出した），それをもとに，まず，有界区間 I 上の有界函数 f, g の距離を

$$\overline{\int_I} \|f(x) - g(x)\| dx$$

とし，この距離で階段函数によっていくらでも近似できる函数をリーマン可積分と定義する．そして，そのとき，階段函数の積分は有限和だから問題ないわけだが，リーマン可積分函数に対しては，近似階段函数列のとりかたによらず，階段函数列の積分値に極限があり，極限は全て一致するという，二段構えの定義になっている．もちろん，その一致する極限値で積分値を定義するのだ．

これは，「積分篇(3)」(p. 128)でジョルダン可測集合の「別の」定義として述べたものと並行であり，どこにも文句のつけどころはない．かつまた，この定義の下では，我々がよく知っているリーマン和の極限としても，リーマン積分が定義できる．

何ら問題はなさそうだ．だが，騙されてはいけない．実はリーマン和の極限という「素朴な」定義から微妙にズレているのだ．このズレは，余りに微妙で察知することは通常難しいかもしれない．

私も，シュヴァルツ先生の権威と威光のもと，これが通常のリーマン積分の自然な延長なのだろうと思い，それに合わせて必要な性質を証明しようとしていたのだ．しかし，うまくいかず次第に異和感を覚えるようになった．

決定的な違いは，リーマン可積分性の特徴付けに関する，有名な**ルベーグの定理**によって明らかになる．古典的な場合(たとえば実数値函数)で，よく知られているが，

> ▶有界区間で定義された，有界函数がリーマン可積分であるための必要充分条件は，その不連続点全体のルベーグ測度が0となること

という定理[註1]．零集合という概念の有効さが顕著なので，その導入には恰好の題材である．実際，ルベーグ積分の本(例えば溝畑茂『ルベーグ積分』岩波全書，pp. 36-40)で扱われるのみならず，微積分の教科書である『解析入門I』(杉浦光夫，東京大学出版会)などでも触れられている(定理9.5, pp. 266-268).

ところで，このルベーグの定理，バナッハ空間値で対応する定理がシュヴァルツ『解析学4 積分法 下』定理74 (p.17)にある．但し，ここの定義は，より一般の「リーマン積分」なので，少々面倒である．それはブルバキの積分論の演習(上述)を敷衍したものだが，そこまで徹底するシュヴァルツ先生は実にエライ[註2]．見習いたいものである．

それはさておき，例えば実数の区間に限定した，普通の場合では，リーマン積分について，上で説明したものになっている．以上の前置きのもと，ひとつの重大な点だが，このルベーグの定理が，シュヴァルツの定義と我々の「素朴な」定義とを峻別する．これを以下に述べたい．

2 ⋄ 例

上に見たとおり，シュヴァルツの定義では，バナッハ空間値のリーマン積分でも，ルベーグの定理が成立している．それはとてもメデタイのであるが，我々の定義ではどうか．さきほど，実はわざと，あっさり通り過ぎたのだが，シュヴァルツの定義は，普通の意味のリーマン和の極限としての積分を確かに導く．しかし，その逆がどうなのか言及していない(気づいていたかな？)．我々の定義は，単純に普通のリーマン和の極限(存在すれば)であり，この「逆」が本当は吟味の対象であったのだ．つまり，リーマン和の極限の存在が，シュヴァルツの意味でのリーマン可積分条件を導くのかについてという点で

ある．

　理論的な吟味も大事だが，「逆」が成り立たないことに対しては，例を挙げるのが，最も端的な立証手段である．実に我々の定義では，バナッハ空間値積分で，いたるところ不連続でも，リーマン可積分になり得るのだ（ヘンでしょう）．但し，その例に用いられるバナッハ空間は，異常にデカイもので，見慣れたバナッハ空間で同様の現象が起こるのかどうか[註3]．

　まず，次のような"数列空間"を考える．一般に，集合 E に，各点の「測度」を 1 とする counting measure（計数測度・離散測度）を考え，それに関する p 乗可積分函数全体 $\ell^p(E)$ と書こう[註4]．但し $1 \leq p \leq \infty$ とする．面倒なら，典型的な $p = 1, 2, \infty$ だけでもいいのだが，同じことなので，この系列を取ろう．集合としては $p < \infty$ なら

$$\ell^p(E) = \left\{ a : E \to \mathbb{C} \,;\, \sum_{x \in E} |a(x)|^p < \infty \right\}$$

として，$p = \infty$ の場合の ℓ^∞ は有界函数全体を取る．ノルムは $p < \infty$ なら

$$\|a\|_p = \left(\sum_{x \in E} |a(x)|^p \right)^{\frac{1}{p}}$$

で，$p = \infty$ の場合は

$$\|a\|_\infty = \sup \{|a(x)| \,;\, x \in E\}$$

とする．これは E が自然数全体 $\{0, 1, 2, \cdots\}$ の場合に数列のなす空間としてよくでてくる．但し，これらがベクトル空間をなし，さらに上の写像がノルムの公理をみたし，かつ，そのノルムに関して完備であることは，一度はやっておくべき演習問題である．離散的なので，測度論的な難しさなどは全くない．そのうち，特に上に書いた典型的な $p = 1, 2, \infty$ に限れば，準備も殆どいらないが，それでもきちんとやっておきたい事実だ．よくでてくる場合を超えて，E の濃度（基数）が非可算，たとえば実数全体，の場合には，函数 $a(x)$ は，$p < \infty$ なら，0 でない値をとる x は可算箇しかないことも容易である．もちろん $p = \infty$ なら，そんな制約はない．

　この $\ell^p(E)$ の標準的な函数（ベクトル）として

$$u_t(x) = \begin{cases} 1 & (x = t) \\ 0 & (x \neq t) \end{cases}$$

を導入しておこう．但し $t, x \in E$ である．要するにクロネッカーのデルタで

あるが，この文脈ではデルタ測度とも紛らわしいし，文字 δ は別のところで使うので避けたのだ．上の説明の繰り返しになるが，$p < \infty$ なら $\ell^p(E)$ に属する函数は，これら u_t ($t \in E$) の線型結合の形をしているが，その係数としては，係数の絶対値の p 乗和が有限という条件から，係数は可算箇を除いて 0 でなくてはならないわけだ．

さて，実数の有界区間 $I = [0,1]$ を E としてとる．これは非可算集合(連続濃度)である．その上の $\ell^p(I)$ はルベーグ測度に関する p 乗可積分函数の空間 $L^p(I)$ とは異なるから注意したい．ここで I 上の函数 $I \ni t \longmapsto u_t \in \ell^p(I)$ を考え，f としよう:

$$f : I \longrightarrow \ell^p(I) \, ; \qquad f(t) = u_t.$$

このバナッハ空間値の函数 f はいたる所で不連続である．実際，$s \neq t$ に対して

$$\|f(s) - f(t)\|_p = \begin{cases} 2^{1/p} & (1 \leq p < \infty) \\ 1 & (p = \infty) \end{cases}$$

と差のノルムは常に一定で，連続とは程遠い．ところが，$1 < p \leq \infty$ の時，この函数は，リーマン和の極限としての積分が可能で，その値は 0 となる．実際，I の分割 $\Delta = \{e\}$ をとって，リーマン和

$$s_\Delta(f) = \sum_{e \in \Delta} f(t_e)|e| = \sum_{e \in \Delta} u_{t_e}|e|$$

を考えて，そのノルムを計算してみよう．但し $t_e \in e$ は小区間の代表点だが，その取り方を省略して単に $s_\Delta(f)$ と書いた．前回導入した集合値リーマン和の書き方でも構わないのだが，慎重を期して，従来のように「代表」をとって考えている．このノルムは，まず $p = \infty$ の時は

$$\left\| \sum_{e \in \Delta} u_{t_e}|e| \right\|_\infty = \sup_{e \in \Delta} |e|$$

であり，$1 \leq p < \infty$ ならば

$$\left\| \sum_{e \in \Delta} u_{t_e}|e| \right\|_p = \left(\sum_{e \in \Delta} |e|^p \right)^{1/p}$$

である．ここで，分割の最大幅を $\delta = d(\Delta)$ とすると，$p = \infty$ なら

$$\|s_\Delta(f)\|_\infty = \delta$$

であり，$p = 1$ なら

$$\|s_\Delta(f)\|_1 = 1$$
であり，$1 < p < \infty$ の場合は，
$$|e|^p = |e|^{p-1}|e| \leq \delta^{p-1}|e|$$
と $\sum_{e\in\Delta}|e| = 1$ に注意すると
$$\|s_\Delta(f)\|_p \leq \delta^{p-1}$$
と評価される[註5]．結局，$\delta \to 0$ では $1 < p \leq \infty$ で
$$\|s_\Delta(f)\|_p \longrightarrow 0$$
が判る．つまり，この場合には，不連続なベクトル値函数 f は素朴な意味でリーマン可積分で，その積分は0となる．だから，シュヴァルツの意味のリーマン可積分性は，われわれの素朴なリーマン和の極限の存在，という概念とは異なるわけだ．

ついでながら，シュヴァルツの定義にでてくるとおりに f と階段函数の差のノルムの（リーマン）上積分を計算してみる．その前段階として，一つのベクトル $a \in \ell^p(I)$ を固定して，u_t と a の差のノルムがどうなるか見る．最初に，ノルムの定義から，任意の $x \in I$ について
$$\|a\| \geq |a(x)|$$
という自明な不等式が成り立つ．

上に注意したとおり
$$a = \sum_{x\in I} a(x) u_x$$
と書くと，可算箇の x を除いて $a(x) = 0$ であり，更に，$\varepsilon > 0$ を任意に固定すると，有限箇の x を除いて $|a(x)| \leq \varepsilon$ である．この注意から，$u_t - a$ の t 成分を考えると，t が動いても，可算箇の $t = x$ で $1 - a(x)$ となるが，それ以外は1であり，その可算箇の中でも，上に注意した自明な不等式から，有限箇を除けば絶対値は $|1-a(x)| \geq 1-\varepsilon$ と下から評価される．よって，有限箇の t を除いて
$$\|f(t) - a\| \geq 1 - \varepsilon$$
となる．

さて，階段函数 φ を，分割 $\Delta = \{e\}$ の各小区間で一定値 a_e をとる
$$\varphi = \sum_{e\in\Delta} a_e 1_e$$

とすると，上の議論から，有限箇の t を除いて
$$\|f(t)-\varphi(t)\| \geqq 1-\varepsilon$$
と下から評価される．ここで 1_e は集合 e の定義函数（e 上では 1 それ以外では 0 となる函数）．よって，リーマン上積分について
$$\bar{\int}_I \|f(t)-\varphi(t)\| \, dt \geqq 1-\varepsilon$$
となり，我々の不連続函数 f は階段函数では，シュヴァルツの定義の意味では近似できない．このように，辻褄はあっている．

注意として，分割 $\Delta=\{e\}$ の小区間 e の代表元での f の値を以って，その区間の値とする階段函数ならもっと評価はやさしいが，一応念のため一般の形での考察をしておいた．

次節では，背景説明のために，リーマン積分可能性についての，より基本的事実の復習を少ししておく．

3 ❖ 函数の振動量とリーマン積分可能性

これは元祖リーマン先生の考察するところだが，リーマン和の極限が存在するかどうかを，コーシーの条件によって判定する．このときは，当然，値のベクトル空間には完備性を要求することになる．

ベクトル空間 V に値をとる函数 f の集合 e 上の振動量（集合値）を
$$\omega_f(e) = f(e) - f(e) = \{f(\xi) - f(\eta) \, ; \, \xi, \eta \in e\}$$
と置く．ついでにその凸包を考えるとして
$$\hat{\omega}_f(e) = \hat{f}(e) - \hat{f}(e)$$
とする．区間 I の分割 $\Delta = \{e\}$ に対しては，振動量の重み付きの和
$$\Omega_\Delta(f) = \sum_{e \in \Delta} \omega_f(e) |e|$$
或いは，その凸包
$$\hat{\Omega}_\Delta(f) = \sum_{e \in \Delta} \hat{\omega}_f(e) |e|$$
を考える．これは，集合値リーマン和，及びその凸包

$$s_\Delta(f) = \sum_{e \in \Delta} f(e)|e|, \quad \widehat{s}_\Delta(f) = \sum_{e \in \Delta} \widehat{f}(e)|e|$$

との関連で言えば

$$\Omega_\Delta(f) = s_\Delta(f) - s_\Delta(f), \quad \widehat{\Omega}_\Delta(f) = \widehat{s}_\Delta(f) - \widehat{s}_\Delta(f)$$

である．これを見ても判るが，凸包をとると，フィルター基になっている．また，リーマン和が通常の意味で(前回最後に導入した集合値の「リーマン凸積分」ではなくて)収束したならば，分割を細かくすると

$$\widehat{\Omega}_\Delta(f) \longrightarrow 0$$

となる．逆に，この(凸包)振動量和のフィルター(基)が0に収束すると，凸包リーマン和は，コーシーフィルターを生成するので，値の V がバナッハ空間なら，収束する．

ここは，コーシーフィルターについて説明していないので，ちょっと不親切だが，点列がコーシー列というのと同様だと考えればいい[*2]．と，一応は弁明を述べておくが，実際は通常の微積分の場合でも，「列」でないものがでてきているのを，言葉のアヤで通している可能性はある．大体，「区間縮小法」というのが，そもそも「点」だけでない「集合」の収束を扱っているのだから，それを考えれば，特段に難しいことを言っているのではない．

さて，もし，値が**実数**(1次元)なら，丁度ダルブー和の場合(上下の差)と同様に，凸包は数値化される．例えば，今の集合 e 上の振動量 $\omega_f(e)$ ならば，

$$o_f(e) = \sup\{\|f(\xi) - f(\eta)\| ; \xi, \eta \in e\}$$

という差のノルム(の上限)で過不足なく計られる．実際は中味の凸包をとっておいてもよい(球が凸だから)．これを，点 $x \in I$ へと極限を以って延長するのも自然で，e としては x の近傍を動くとして

$$o_f(x) = \lim_{x \in e^\circ} o_f(e)$$

と，その点での振動量が定義できる．この量 $o_f(x)$ が0とは f が x で連続ということに他ならない．「極限」の意味は近傍フィルターによるのだが，今の場合は，上限(sup)をとる集合 e が小さくなれば，値 $o_f(e)$ は減少するから，下限(inf)に収束している．

さて，上と同様，振動量和をノルムを使って計るものとして，分割 $\Delta = \{e\}$ から

$$O_\Delta(f) = \sum_{e \in \Delta} o_f(e)|e|$$

を作る．これは実数値であり，分割を細かくすると減少する．この $O_\Delta(f)$ は，もちろん振動量の集合 $\widehat{\Omega}_\Delta(f)$ を「優越」(dominate)する：

$$[[\widehat{\Omega}_\Delta(f)]] = \sup\{\|v\|\,; v \in \widehat{\Omega}_\Delta(f)\}$$

と置くと，

$$O_\Delta(f) \geqq [[\widehat{\Omega}_\Delta(f)]].$$

従って，それが 0 に行くなら，リーマン和は当然収束する．が，その逆は必ずしも言えないというのが，前節の「例」だったのだ．一般に $O_\Delta(f)$ は $[[\widehat{\Omega}_\Delta(f)]]$ と異なるが，$O_\Delta(f)$ では，各小区間で先にノルムの評価をおこなってから和をとるという「大きな」違いが利いている．そして，シュヴァルツのリーマン積分の定義はこの $O_\Delta(f)$ を通じていることになる．それは，差のノルムのリーマン上積分を用いた定義を見ても，大体が察せられる．

しかしまた，重要な注意だが，値のベクトル空間が有限次元であれば，我々の定義とシュヴァルツの定義は一致するのだ．それは，まず実数値(1次元)なら，

$$O_\Delta(f) = [[\widehat{\Omega}_\Delta(f)]]$$

は明らかである．というのも $o_f(e)$ は ± 1 を掛ける作用で閉じているし，1次元では，その作用で絶対値の最大(厳密には上限)の向きを実現できるからだ．有限次元では，それを有限回使えばよい．例えば，複素数値関数なら，実部と虚部に $f = \operatorname{Re} f + \sqrt{-1}\operatorname{Im} f$ と分けて，実数値関数にすると，

$$O_\Delta(\operatorname{Re} f) = [[\widehat{\Omega}_\Delta(\operatorname{Re} f)]], \quad O_\Delta(\operatorname{Im} f) = [[\widehat{\Omega}_\Delta(\operatorname{Im} f)]]$$

だが，さらに複素数に対する単純な評価式

$$|\operatorname{Re} z| \leqq |z|, \quad |\operatorname{Im} z| \leqq |z|$$
$$|z| \leqq |\operatorname{Re} z| + |\operatorname{Im} z|$$

から

$$\begin{aligned}
O_\Delta(f) &\leqq O_\Delta(\operatorname{Re} f) + O_\Delta(\operatorname{Im} f) \\
&= [[\widehat{\Omega}_\Delta(\operatorname{Re} f)]] + [[\widehat{\Omega}_\Delta(\operatorname{Im} f)]] \\
&\leqq 2[[\widehat{\Omega}_\Delta(f)]]
\end{aligned}$$

と逆向きの評価式が得られる．一般の(有限次元)ベクトル空間でも，基底をとって成分を考えれば同様である．そこから，$\widehat{\Omega}_\Delta(f)$ に属する値が Δ を細

かくするにしたがって 0 に近づくなら，$O_\Delta(f)$ も 0 に行くことが判る．

4 ❖ ルベーグによるリーマン可積分性の定理

　上の $O_\Delta(f)$ を用いた可積分性の判定，或いは，実は同じことだがシュヴァルツの定義でも，ノルムをとってから積分するという手続きを経ている．だからこれは，基本的に実数値函数の積分の話になっている．

　ここで，上に述べた，リーマン積分可能性の特徴付けをどう理解するか，ルベーグ積分の定理として（少なくとも半分を）理解する概要を説明する．実は，他にも，リーマン積分に関わる定理で，ルベーグ積分の定理としての意味を考えれば，より明瞭になることはいくつもある．ならば，やっぱり無理してリーマン積分に拘泥わることはないとも言えるが，行きがかり上，リーマン積分の内部から世界を覗いてみている．

　ルベーグ積分については，本書ではその基礎を殆ど何も解説をしていないので，数学としては実質的な説明にはなっていないが，一つの型の定理を挙げる：**収束定理**というもので，

▶（ルベーグの意味で）絶対可積分函数列 $\{f_n\}_{n=0}^\infty$ について $f_n \to f$ とする．適当な条件の下，f_n の積分値は f の積分値に収束する

である．ここで，函数列の収束は，各点収束（殆どいたる所の収束でもいい）とする．適当な条件とは，例えば「絶対可積分な優函数の存在」とか「単調収束」など．ルベーグ積分でよく知られた定理である．

　先ほどの $O_\Delta(f)$ は階段函数

$$\sum_{e \in \Delta} o_f(e) 1_e$$

の積分である．これが，分割を細かくしていくとき，この $O_\Delta(f)$ が 0 に行くというのが，シュヴァルツの意味でのリーマン可積分性だが，その場合，分割も列にしておけば，単調収束する階段函数列が，（可算箇の点をのぞいて）各点での振動量 o_f に各点収束するから，上の収束定理より，（正値函数である）振動量の（ルベーグの意味での）積分は 0 になる．従って，それは殆どい

たる所 0 でなくてはいけない．

　この議論を，ルベーグ積分の言葉を使わずに翻訳すれば，リーマン可積分性の特徴付けであるルベーグの定理の証明になるわけだ．

　今は，おそらく最もやさしい単調収束だ．同様な議論は他にもできる．先ほどは，各点収束を仮定していたが，その逆に，積分での収束から，殆どいたる所の収束を導く定理として

▶（ルベーグの意味で）絶対可積分函数列 $\{f_n\}_{n=0}^{\infty}$ について $f_n \to 0$ (in L^1) ならば，部分列をとると，零集合を除いて $f_{n_k}(x) \to 0$ である

がある．証明は，積分論の教科書のどれを見ても同じようなものだから，ここでは省略する．重要なのは，このような定理の存在を認識することである．一旦，定理を認識したなら，証明は自分で考えて何とかなる．

　定理の直接の応用としては，この「積分篇」でも実質触れたが，「2次元でのジョルダン可測集合を1次元で切る時，**殆どすべての切り口が1次元のジョルダン可測**」といったことがある．それは，内と外から区間塊で近似したとき，一方の軸（x 軸としようか）をパラメータとして y 軸に平行な直線上にあらわれた図形の内と外の差の長さの x 軸に関する積分が，2次元図形を内と外から区間塊で近似した差になっているわけだから，近似の度合いを高めていくことは，積分の意味で 0 にいく（つまり L^1 の意味での近似）列が得られることになる．部分列はとらないといけないが，ともかく，殆どいたる所の x で 0 に行くことになり，そこでは，内と外から測った1次元のジョルダン測度が，極限として一致する．つまり，その x での切り口がジョルダン可測ということになる．

　このようにルベーグ積分を用いると，リーマン積分に関する事実が明瞭になることがある．そのような現象は，結局，リーマン積分が理論として自立していない証拠を表わしていることになるわけで，リーマン積分にとってはメデタイとは言えないかもしれない．

註

[註 0] 解析学で不等式を使うのは，むしろ本質的で，それを忌避しているのではもちろんない．数や量を計る道具・機器（＝ 距離）を意識・経由せずに，安直に，対象である数自体の大小を使うのが，ココロザシの低さを象徴しているようで異和感をもたらすのだ．

　　　　数学が，論理的に正しければ文句を出せない，というようなもの―― それでは論理の奴隷だ ―― でないことも忘れてはいけない．

[註 1] これを「リーマン可積分であるための必要充分条件は，殆どいたるところ連続であること」と書く文献も多いが，誤解を招きやすく不適切だと思う．「殆どいたる所」と言うと，零集合での値を無視してよい，との意味に取られる可能性も高いが，今の場合は，零集合での値は無視できない．問題の零集合での値を変えると連続性・不連続性が変わってしまうので，敢えて安直な言い方をする正当性がどこにあるのか判らないのだ．リーマン積分はルベーグ積分とは別の文法に従った世界であることを認識すべきである．

[註 2] これは，微量な皮肉を含んでいないとは言わないが，測度 0 を除いて本心である．

[註 3] デカイという数学的意味は，可分（separable）でないということ．可分とは，稠密な可算集合が存在することである．シュヴァルツ『解析学』などでは可分の代わりに「密可算」なる訳語が用いられている（cf. 齋藤正彦『数のコスモロジー』（ちくま学芸文庫）p.206）．ザッと調べたところでは，ブルバキの訳では「可分」も「密可算」も見当たらない．森毅訳のディユドネ『現代解析の基礎』には「可分」が使われているから，きっとブルバキにはでてこないのだろう（出てくれば「訳語委員会」が決めただろうから）．

[註 4] ここでは，E の任意の部分集合が可測であり，その測度とは，その部分集合の点の箇数である．だから，「点の箇数を数える」という意味で counting measure と名付けられる．

[註 5] よくあるように，指数 p に対して，その双対的な指数 q を $1/p+1/q=1$ となるように定義すると，この評価式は
$$\|s_\Delta(f)\|_p \leq \delta^{1/q}$$
と統一的に書ける．但し，$p=1$ の時は $q=\infty$，また，$p=\infty$ の時は $q=1$ とする．

[* 1] 『徹底入門　解析学』（日本評論社 2017）第 2 部「徹底入門測度と積分 ―― 有界収束定理をめぐって」（pp.025-102）．

[* 2] より正確な定義は本書下巻「コンパクト篇(4)」（下巻 pp.202-215）を見よ．

積分篇（6）

　前回は，リーマン積分の定義が，実は二通りあって，通常は一致するが，値が大きなバナッハ空間のとき，異なるものとなっていることを見たのだった．そんなこと，聞いたことがないし，ちょっと驚き．

　どちらの定義がいいのか，判断はむずかしい．でもまあ，無限次元相手なら，異なる定義があっても悪くはない．ルベーグ積分でも，ベクトル値積分には強・弱の異なる可積分性・可測性概念があり，それは可分でないと一般には一致しない[註0]．リーマン積分の定義という出発点で，すでにその違いが現われたと見ると，リーマン積分もなんらかの存在意義が主張できるのかもしれない．

　それはともかく，今回は，ちょっと積み残していることを片づけ，さらに，リーマン積分だって，実は，そんなに悪くないらしい，という説を簡単に紹介して，長くなった「積分篇」をとりあえず終わりにしたい．

1 ❖ ダルブーの定理

　大学初年級の微積分でリーマン積分に出会うとして，それが本格的であれば，ダルブーの定理というのを，殆ど積分の定義と見まがうほどに，表裏一体のものとして習う可能性がある．実際のところ，概念をはっきりさせれば，何の混乱もないと思うが，多くの教科書の扱いが，どういうわけか定義と定理の混淆という形になっている．

　ダルブーの定理は，実はポイントがどこにあるのだか，把握しにくいもの

だと思う．それは微積分初級段階であっても，もう少し上級になっても残る「意味のぬめり」を纏っているからである．

というような抽象的な言い回しでは判りにくいから，まずは，教科書に普通書かれている形の言明と証明を述べてみよう．

何度も述べているが，ダルブーの定理の一つの意味は，リーマン和の極限の二通りの取り方について，どちらでも同じになる(同値)ということ．二通りとは，分割を細かくする仕方として，「細分」という半順序(有向順序)によるか，「分割の最大幅」という数値によるか，である．後者の意味での収束が，前者の意味での収束を導くのは明らかなので，同値性は，その逆が言えるということだ．注意としては，通常のリーマン積分だとそれが成り立つが，リーマン-スティルチェス(Riemann-Stieltjes)積分では不成立なので，あんまりアタリマエのことではないということ．

ダルブーの定理のもう一つの意味は，実数値の場合であって，実際，多くの教科書で扱われるもの．リーマン上積分，或いは下積分という，分割に関しての下限，上限で定義される量について，分割の最大幅さえ小さくすれば，そこに近づけるという精密化である．下限・上限が極限で達せられるというのは，分割の「細分」という順序が全順序でないので，これまたアタリマエではないのである．

これら二つの精確な定式化は，「積分篇(1)」の最後に述べたので，必要があれば見返してもらいたい．ここでは，さらに証明に立ち入ってみる．

証明の仕組みは同じなので，細分の意味で収束すれば，分割の最大幅の意味でも収束するということの証明を示そう．但し，積分は1次元の区間での話をまず考える．値はノルム空間 V にとるものとしよう．

有界閉区間 I 上の V 値有界関数 f が，分割の細分の意味でリーマン可積分としよう．但し，有界とはそのノルムが有界という意味にとる．はっきりさせるため，$f(x)$ のノルムは定数 $R > 0$ で一様に押さえられるとしよう．以下，折角なので，集合値リーマン和の記号を用い，原点中心で半径 r の閉球を B_r と書くことにする．定義から，I の任意の部分集合 e に対して

$$f(e) \subset B_R$$

となっている．

仮定として，極限値 $s \in V$ が次の意味で存在するものとする：$\varepsilon > 0$ を任意

にとったとき，分割 Δ_0 が存在して，$\Delta_0 \geq \Delta_1$ なら，
$$s_{\Delta_1}(f) - s \subset B_\varepsilon$$
となる．この仮定の下，$\delta > 0$ を，

▶任意の分割 Δ について，$d(\Delta) < \delta$ なら，各 $e \in \Delta$ には分割 Δ_0 の分点が高々一つしか含まれない

という条件を満たすようにとる．そのような δ の存在は，Δ_0 に属する小区間の径（さしわたし）の最小より δ を小さくとればよいので保証される．ここで，**主張**は，このように δ をとれば，函数 f と分割 Δ_0 から決まる定数 c があって，充分小さい δ に対し
$$s_\Delta(f) - s \subset B_{c\varepsilon}$$
となるというもの．

証明のため Δ_0 と Δ の共通細分 Δ_1 をとる．つまり $e_0 \cap e$ ($e_0 \in \Delta_0$, $e \in \Delta$) の形の集合のうち，空でないもの全体を考え，それを Δ_1 とする[註1]．特に，Δ_1 は Δ_0 の細分なので，仮定より
$$s_{\Delta_1}(f) - s \subset B_\varepsilon$$
である．このとき，
$$s_{\Delta_1}(f) - s_{\Delta_1}(f) = (s_{\Delta_1}(f) - s) - (s_{\Delta_1}(f) - s) \subset B_\varepsilon + B_\varepsilon \subset B_{2\varepsilon}$$
となっていることにも注意しておく．

あとは函数 f と分割 Δ_0 から決まる定数 c_0 で
$$s_\Delta(f) - s_{\Delta_1}(f) \subset B_{c_0\varepsilon}$$
となることを示せばよい．実際，
$$s_\Delta(f) - s \subset (s_\Delta(f) - s_{\Delta_1}(f)) + (s_{\Delta_1}(f) - s) \subset B_{c_0\varepsilon} + B_\varepsilon \subset B_{(c_0+1)\varepsilon}$$
なので，$c = c_0 + 1$ ととればよい．

分割 Δ_1 は $e \in \Delta$ が Δ_0 の分点を含むか含まないかで分けられるが，δ に関する仮定より，e が Δ_0 の分点を含むときも，含まれる分点は一つだけである．そこで，Δ_0 の分点の箇数を N とすれば，そのような N 箇の e とそれ以外に分けられる．ここで，e が Δ_0 の分点を含まない場合は $e_1 = e \cap e_0 = e$ であって，そのような $e_1 \in \Delta_1$ の集合を Δ_1°，そうでない $e_1 \in \Delta_1$ の集合を $\Delta_1^\times$ として，

$$s_{\Delta_1^\circ}(f) = \sum_{e_1 \in \Delta_1^\circ} f(e_1)|e_1|, \quad s_{\Delta_1^\times}(f) = \sum_{e_1 \in \Delta_1^\times} f(e_1)|e_1|$$

と置くと,
$$s_{\Delta_1}(f) = s_{\Delta_1^\circ}(f) + s_{\Delta_1^\times}(f)$$
であり,同様に $e \cap e_0 = e$ となる $e \in \Delta$ の集合を Δ°,そうでない $e \in \Delta$ の集合を $\Delta^\times$ と置いて,$s_{\Delta^\circ}(f), s_{\Delta^\times}(f)$ を上と同様に定義すると,
$$s_\Delta(f) = s_{\Delta^\circ}(f) + s_{\Delta^\times}(f)$$
である.従って,
$$s_\Delta(f) - s_{\Delta_1}(f) = (s_{\Delta^\circ}(f) - s_{\Delta_1^\circ}(f)) + (s_{\Delta^\times}(f) - s_{\Delta_1^\times}(f))$$
であるが,まず,$\Delta^\circ = \Delta_1^\circ$ に関する和については,
$$s_{\Delta^\circ}(f) - s_{\Delta_1^\circ}(f) = s_{\Delta_1^\circ}(f) - s_{\Delta_1^\circ}(f) \subset s_{\Delta_1}(f) - s_{\Delta_1}(f) \subset B_{2\varepsilon}$$
である.残りの方は,各 $e_0 \in \Delta_0$ 上では函数値のノルムが R で押さえられ,$\#\Delta_0^\times \leq N$ 及び $|e| \leq \delta$ に注意すると,
$$s_{\Delta^\times}(f) - s_{\Delta_1^\times}(f) \subset 2 \sum_{e \in \Delta^\times} B_R |e| \subset B_{2RN\delta}$$
となって,δ を ε より小さくとれば,
$$s_\Delta(f) - s_{\Delta_1}(f) \subset B_{2(1+RN)\varepsilon}$$
と目的が達せられる.ここで N なんていう文字が入るから,一瞬,大丈夫かと思うのだが,この N は Δ_0 にしかよらない数だから問題ないのだ.

以上が普通の教科書,例えば『解析概論』など,にある証明と大体変わらない書き方.これはこれでいいとして,不安になるのが,次元が上がった場合である.2次元で書いてある本は,例えば笠原皓司『微分積分学』(サイエンス社) p.254 などがある[註2].格子状に区切られた分割で,その区切りであるタテ線ヨコ線を覆う ε 幅の絵が描いてある.ここではじめて(?),どこで1次元の特殊性を超えているのかが判る.ダルブーの定理を1次元だけで述べていては,ナンノコッチャとなりかねないのは,例えば,「分割 Δ を細かくとって,各 $e_0 \in \Delta_0$ の分点を高々一箇しか含まない」などとする意味.或いはそのとき,e_0 が細分されても高々**二つ**に分かれる,などと言われて,そこに何か重大な意味があるのかと誤解するモトが潜んでいた.思わせぶりな1次元なのだ.

しかしまた,この2次元の絵を見ているだけでは,また,一般次元の場合

に対して不安が増す．ゴチャゴチャしているので，完全に一般の場合がきっちり判るような形にはなっていないからである．

実は，もっと一般の状況も考え得るので，このあたりの特殊な絵を見ながら考えるというのでは，定理の本質には迫れない．つまり，すでに幾つかの障害を超えてきた筈のダルブーの定理も，まださらに非本質的な「思わせぶりなコロモ」を纏っていて，しかも，それらを乗り越えることが数学的には何ら実質的な内容を伴っていないという，なんだか考えれば考えるだけアホらしいことが積み重なっている．

本書で敢えてそこに触れるのは，そのアホらしさと，そうではあっても，或る意味では別のこだわりの理由も潜んでいるという，（こんな機会でもなければ重箱の隅をつついておく場所がないから），妙な理由による．ここでそんな分析をするのは本来不本意だが，今後は，どんな教科書も，すっきり述べてほしいという希望を込めているのだ．

2 ❖ 一般の場合

実は今までも伝統的な定義から少し逸脱していたのだが，リーマン和や，ジョルダン可測性（面積・体積確定）についてもう少し重箱の隅をほじくることにする．何故敢えてそんなことをするのか．

「一般」にするというとき，次元を上げるのはアタリマエのような一般化であるが，前節の注意のように，一見次元と関係なさそうなのに，逆に，伝統的な証明のうちに1次元の特殊性を露呈していることがある．もちろんそれは「正しい」特殊性ではない．謂わば安直な特殊性である．従って，一般化は，そのような安直さへの批判を惹起する視点として有効なわけである．

リーマン積分可能性に関して言えば，別の一般化は，分割を構成する集合の限定に関してである．今までは，明白に紛れのない区間塊であったものを，例えばジョルダン可測集合に拡げるといった一般化がある．実は，我々の出発点としてとった「区間塊」も伝統的なものからすると少し一般化されている．通常は各座標を分割してできるメッシュを基に高次元の区間の分割と看做すのだ．そこに何らかの違いがあるかないか．そこは微妙だが，記号法としては，伝統的な方がしばしば複雑になる．

それと比べて，分割の構成要素をジョルダン可測集合にまで拡げる方は，少なくとも論理的には非自明な一般化ではあるし，積分の変数変換の公式などを考える際にはあった方が便利なものであるから，それなりの実質をもったものと言える．

　そこまでとりあえず考えたとき，つまり，次元の一般化に加えて，ジョルダン可測集合による分割を用いてリーマン和を考えるとき，ダルブーの定理などがどう証明されるかは，またそれほど自明ではない．

　このようなことは，確かに重箱の隅をつつくような話に見えるが，むしろ特殊性のもつ安直さを明らかにする役目をもっているというのがここでのポイントである．

　そして，重箱の隅の自乗としては，その際の証明法へのこだわり，というものがある．何を使い何を使わないか，などということ．証明には適切な手段の段階がある，という主張に基づくのだが，これは案外数学者にも受け容れられないものだ．証明できれば何でもいいではないか，という無節操な「証明至上主義」が数学界に蔓延している，とまでは言わないが，「証明至上主義」に反論する思想的基盤は薄いのである．端的に言えば「牛刀を用いない」という理想とは裏腹に，とりあえずは証明しておけば文句はあるまいという実利が幅を利かせることになる．対して，「文句はある」というのが，本来の感覚だと思うが，ここはかなり微妙なところで，話をすれば相当長くなる．ただ，そのあたりも森さんは常に意識していたと思われるので，この種のこだわりは「主題の変奏」として，そんなにズレたものではないと思う．

　少し話が先走りすぎたようではあるが，具体的な定理と証明の前に，何にこだわるかという「愚かなまでの視点の強調」を予告しておいたのだ．

3 ❖ ジョルダン可測性の判定再論

　「積分篇(3)」で，ジョルダン可測性の判定条件として，その境界のジョルダン(外)測度が0ということに言及した．これは必要充分条件だが，実は，そこでは片側(ジョルダン可測集合の境界のジョルダン測度は0)しか証明していない．その逆は，絵を描いてみれば何となくアタリマエに見える．つまり，細かいメッシュで区切れば，境界を覆う(高次元)小区間とは，内と外の

どちらとも交わるもので，その総和は内側からと外側からの近似の差であるから，それがいくらでも小さくできるなら，ジョルダン可測という．これが通常の議論で，絵を見ている限り問題は見えにくい．しかし，内と外の両方と交わるものと境界の関係は，ちょっと微妙だ．絵を描けば境界が素直な図形ばかりになってしまうので，つい見逃すのだが，その補いとして区間の連結性など特殊な位相的議論を援用するのには抵抗がある．また，境界点の近傍はたしかに内と外の両方と交わるが，分割を構成している集合は境界点の近傍となっているとは限らないので，内と外の両方と交わるという条件ではすべてを覆えるかどうか明確ではない．このように細かいところが抑えられないと議論が不完全になりそうなのだ．

実は，そういう議論とは全く別の方向で，かつ簡潔な証明も可能ではある．ただ，それは後(第5節)にまわすことにして，今は上の議論の延長上の厳密化にこだわってみる．さらに，これはダルブーの定理とも関係が深いので，その基礎(集合版のダルブーの定理)をまず述べる．後々のためにまず定義などを確認しておく．一般に距離空間で $d(x,y)$ を距離関数として，二つの部分集合 P, Q の距離 $\mathrm{dist}(P, Q)$ と，一つの集合 R の径(さしわたし) $d(R)$ を，それぞれ

$$\mathrm{dist}(P, Q) = \inf\{d(p, q)\,;\, p \in P,\ q \in Q\}$$

と

$$d(R) = \sup\{d(x, y)\,;\, x, y \in R\}$$

と定義する．距離は閉包に移っても変わらない：

$$\mathrm{dist}(P, Q) = \mathrm{dist}(P^-, Q^-).$$

従って，閉集合間の距離が基本だが，P, Q が共通部分をもたない閉集合とすると，片方がコンパクトならば，$\mathrm{dist}(P, Q) > 0$ となることは重要な事実である(大学初年度で習う"最大値"の原理)．

さて，ジョルダン外測度の定義から有界閉集合 S と任意の $\varepsilon > 0$ に対して，開区間塊 M が存在して，$S \subset M$ かつ $|M| \leqq |S|^* + \varepsilon$ となるが，

$$\delta = \mathrm{dist}(S, M')$$

と置くと(M' は M の補集合)，$d(e) < \delta$ なる任意の e について，$e \cap S \neq \emptyset$ なら $e \subset M$ となる．実際，$e \cap M' = \emptyset$ を言えばよいが，もし，$y \in e \cap M'$ なる y が存在するなら，仮定の $x \in e \cap S$ と併せて，

$$d(x,y) \geqq \mathrm{dist}(S, M') = \delta > d(e) \geqq d(x,y)$$

と矛盾する．以下の記述のために，分割 Δ の最大幅の定義

$$d(\Delta) = \max\{d(e); e \in \Delta\}$$

を思い出す．また，分割は一般にジョルダン可測集合からなるもの，または特殊な場合には区間塊からなるものとする．記号として

$$\Delta^{\times}(S) = \{e \in \Delta; e \cap S \neq \emptyset\}$$

と

$$\Delta^{*}S = \bigcup_{e \in \Delta^{\times}(S)} e$$

とを導入する．以上の議論をまとめると，

▶**定理**

有界集合 S と任意の $\varepsilon > 0$ に対して，$\delta > 0$ が存在して，$d(\Delta) < \delta$ なる任意の分割 Δ に対し，

$$\sum_{e \in \Delta^{\times}(S)} |e| \leqq |S|^{*} + \varepsilon.$$

この定理の左辺は $\Delta^{*}S$ のジョルダン測度であることにも注意しておく．

分割の最大幅を細かくしさえすれば，ジョルダン(外)測度での近似をよくできるという定理である．これを(有界)集合 A の境界 ∂A に用いたとして，もし $|\partial A|^{*} = 0$ なら，$d(\Delta) < \delta$ なる任意の(区間塊による)分割 Δ に対し，

$$|\Delta^{*}\partial A| \leqq \varepsilon$$

となる．更に，δ を取り直して

$$|\Delta^{*}A| \leqq |A|^{*} + \varepsilon$$

も仮定できる．その差

$$\Delta^{\times}(A) \setminus \Delta^{\times}(\partial A)$$

に属する分割の要素 e とは，A と交わるが，境界 ∂A とは交わらないもの全体である．ここで，絵を見ながらウッカリとハヤトチリすると，それは A に含まれる e の全体かの如く思われる．それを正当化するのに，上でチラと触れたように，姑息にも連結性などを援用したくなるが，証明のバランスを考えると，それは避けたいというわけだ[註3]．

境界と交わらない $e \in \Delta$ が A にスッポリふくまれるか，或いは A の補集合にスッポリ含まれる，それくらい e の径が小さくできるというのは，ここまでの議論で，できそうでできない微妙なところである（私が間違っているのかもしれないが）．

それをキチンと立て直すには，もう一段階余裕をもたせるとよい．それは，∂A のジョルダン測度が 0 として，それを覆う開区間塊 M でそのジョルダン測度が ε より小なるものをとる．そのようにふくらませたもの（の閉包 M^-）を境界 ∂A の代わりに考える．すると $\delta_0 > 0$ を取って，$d(\Delta) < \delta_0$ なる任意の分割 Δ に対し，

$$\sum_{e \in \Delta^{\times}(M)} |e| \leqq 2\varepsilon$$

とできる．更に，

$$\mathrm{dist}(A^- \cap M', A^{\circ\prime} \cap M') = \delta_1$$

とすると $\delta_1 > 0$ である．実際，$A^- \cap A^{\circ\prime} = \partial A$ に注意すると $\partial A \subset M$ なので $A^- \cap A^{\circ\prime} \cap M' = \emptyset$ である．もちろん $A^- \cap M'$, $A^{\circ\prime} \cap M'$ はコンパクト集合であるから，その距離 δ_1 は正になる[註4]．すると e が $d(e) < \delta_1$ で M と交わらないなら，e は A または A の補集合にスッポリと含まれる．実際，そうでないなら，$x \in A \cap M' \subset A^- \cap M'$ と $y \in A' \cap M' \subset A^{\circ\prime} \cap M'$ が存在して，$e \ni x, y$ となるが，その時，

$$\delta_1 > d(x, y) \geqq \mathrm{dist}(A^- \cap M', A^{\circ\prime} \cap M') = \delta_1$$

と矛盾を生じる．

ここで

$$\delta = \min\{\delta_0, \delta_1\}$$

と置く．すると，$d(\Delta) < \delta$ なる分割について，$e \in \Delta$ は，

(a) M と交わる；その時，そのような e を集めた $\Delta^{\ast}M$ のジョルダン測度は 2ε 以下であり，

(b) M と交わらない；その時，そのような e は，

(b1) A にスッポリ含まれるか，或いは

(b2) 補集合 A' にスッポリ含まれるか，

のいずれかである(二者択一).

ここで，A と交わる e 全体を考えると(a)と(b1)のどちらかであって，そのような e の合併 L は，A を覆う区間塊である．一方(b1)を満たす e 全体の合併 K は A に含まれる区間塊である．つまり，

$$K \subset A \subset L$$

となっていて，

$$L \setminus K = \Delta^{\star} M$$

について

$$|\Delta^{\star} M| \leq 2\varepsilon$$

となる．つまり，内と外から任意の精度で区間塊で近似されるから A はジョルダン可測である．

4 ❖ ダルブーの定理——一般次元

1次元でのダルブーの定理をつぶさに観察すると，分割の要素を二種類にわけて，基準となる Δ_0 の境界と交わるか，或いは交わらず，その結果として，もとの分割の要素と同一であるという二者択一を使うのであった．その際，丁度前節で述べたような議論が問題になってくる．境界と交わらないという仮定だけから話がうまく行くというのは，ちょっとムシがよすぎるというわけだ．しかし前節のように修正することでうまく行く．もちろんそれは区間塊とは限らず，ジョルダン可測集合による分割でも通用する議論である．

この時，状況としては次元以外のものは，第1節と同じにとり，分割 Δ_0，Δ，Δ_1 を考える．但し，ここで Δ の細かさをどのように規定するかが，最大の焦点になっている．そのポイントは，Δ_0 の要素 e_0 の境界 ∂e_0 の合併である．そのような集合は，ジョルダン測度 0 であり，前節の議論と並行なトリックが使えるのだ．但し，もうちょっと丁寧に述べなくてはならない．

前節では A とその補集合だけで考えたが，今度は $e_0 \in \Delta_0$ 毎に自分とそれ以外の組すべてで考える．つまり，

$$S = \bigcup_{e_0 \in \Delta_0} \partial e_0$$

というジョルダン測度 0 の集合を出発点にして，それを覆う M をとり，

$$\delta_{e_0} = \text{dist}(e_0 \cap M', e'_0 \cap M')$$

を考え，その内の最小をδとするのである．詳しく書くのは煩わしいので，あとは読者に任せることにするが(ズボラだな)，前節や，ほかのところでもくどいくらいの議論をしてあるから，それは繰り返さなくてもよいだろう．

絵を描いたり，各次元で細かくメッシュに切り刻むよりは，こんな風な議論の方が煩わしくないと思う．視覚ほか，所謂直観に頼るのは，本当は何かの数学的暗算のゴマカシが入り込んでくる危険がある．数学では実験系とは違って，第一次資料の認定は難しいし，そんな研究ノートは作っているかどうかも怪しいが，どこでどう自分をゴマカシてしまうかの危険性だけはちゃんと察知しないといけない．数学をやっている以上，先生から習うとか何とかという，形式的な問題でないことであるのは実際，言うまでもない．(議論の確実性は先生に保証してもらう必要はないのだ——但し，数学でも，最低限のしきたりはどこかで学ぶ必要はあるように思う)．

5❖ジョルダン可測性——もう一度

分割を主な手段として，つまりそれはジョルダン可測性を積分に帰着させようという一元論に基づくもの(と言い切ってしまっていいのかどうか知らないが——無責任だな)とは別に，集合の世界だけで閉じた議論をする，というのもアリだろう．

上でも引用したが，「積分篇(3)」では区間塊のなすブール束とその上の加法的集合函数を出発点にとった．そのときジョルダン測度は，基準となる区間塊の位相的な性質，つまり，区間塊に対しては内部をとったり閉包をとっても同じジョルダン測度を与えるということから，境界のジョルダン(外)測度が，ジョルダン可測性の判定において重要だと知ることになるのだ．

しかし，また，これを「普通に」扱えば，実はルベーグ測度に直結する途になっている．そのことは，随分前の「徹底入門」(『数学セミナー』2003年)[*1]で述べたのだが，引用だけして済ますわけにはいかないだろう．

とは言っても，そんなに難しいことではない．加法的集合函数で，ちょっとだけ面倒なのは，集合束のようなブール束が全順序でないこと．つまり，関門を設定しても，そこを通らずに目的地に行ってしまう可能性だ．実数の

ような全順序なら，一つの点だけに見張りをおけば充分だが，より一般ではそうもいかない．

しかし，コンパクト性を利かせれば，ナワバリに至る途を一手に支配することができる．史実か伝説か知らないが，宮本武蔵が吉岡一門と戦った際の戦術だ．などと冗談めかした話をしているが，実際，無限に多い方向から攻めて来られても，有限で立ち向かうことができるというのがコンパクト性なのだ．

紙幅の都合もあるので，若干大雑把に述べるが，例えば集合 A のジョルダン内測度について，先ほどチラと述べた位相的な性質から

$$|A|_* = \sup_{U \subset A} |U|$$

に於いて U は開集合（開区間塊）としてよい．ところが，一方，

$$|A|_* = \sup_{K \subset A} |K|$$

と区間塊をコンパクトに限定してもよい．すると A の内部を内側から取り尽す任意の開区間塊列 U_n

$$U_0 \subset U_1 \subset \cdots \subset U_n \nearrow A^\circ$$

について，

$$\lim_{n \to \infty} |U_n| = |A|_*$$

が成り立つ．実際，任意の $\varepsilon > 0$ に対し，コンパクト区間塊 K をとって，

$$|A|_* - \varepsilon \leq |K|$$

なるのものをとっておくと

$$K \subset \bigcup_n U_n = A^\circ$$

とコンパクト性から，n が存在して

$$K \subset U_n$$

となり，

$$|A|_* - \varepsilon \leq |K| \leq |U_n|$$

となるからである．コンパクト性を利かすだけなので，ここでは可算性は本質的ではない（「位相篇(3)」で触れたラドン測度を思い出したい）．そして，

この取り尽しの議論をすすめると，開集合のジョルダン**内測度**が加法性をもつことが判り，それを基準にすることでルベーグ測度が容易に導入できるのだ．特に

$$|A^\circ|_* + |\partial A|^* = |A^-|^*$$

も言えるから，ジョルダン可測性の判定も，より明確に判る．

分割を細かくしていくダルブー型の議論でも，一般の場合にはコンパクト性を利かせたのだったが，それならいっそ上のようにするのが明快ではある．但し，区間塊だけで話をするなら，集合間の距離などはコンパクト一般まで使わなくてもよいから，そのあたりの選択がなかなか微妙なのだ．

ついでに注意だが，コンパクト集合については，ジョルダン外測度とルベーグ測度が一致するので，例えば，リーマン可積分性の判定として不連続点のルベーグ測度が0を，とくに集合の定義函数に使うと，「境界のルベーグ測度が0」となるが，これは上で述べた「境界のジョルダン外測度が0」と見かけが異なっても実は同じことになっているのだ．

6 ❖ リーマン積分の拡張

リーマン積分だけで6回も使ってしまったし，最後は結構駆け足で(キチンと述べようとすると案外面倒なのだ)通り過ぎ，端折ったことも増えてしまった．単なるこだわりだけでリーマン積分に沈潜するするというのは，健全ではないだろう．そこで一種の言い訳，アリバイ(?)のため，ちょっとだけ，積極的な方向に言及することにしよう．実は，リーマン積分の定義殆どそのままで，ルベーグ積分に匹敵する強力さを持った積分が存在するのである．名前は Henstock-Kurzweil 積分とかゲージ積分とかいう．最初の横文字は二人の人名で，互いに独立に研究をした．Kurzweil は Langweil という論文の冗談共著者名を思い出させるが，実在の人物である．

実は，この積分について，大したことは知らないのだ．が，定義くらいには触れておこう．集合値のリーマン和で

$$s_\Delta(f) = \sum_{e \in \Delta} f(e)|e|$$

としたのだったが，これを改良するのは，積分に寄与する「代表値」である

$f(e)$ の部分への注目である．分割の点すべてを代表として採用するのではなく，それを制限するのである．その制限は，「被覆」による．例えば各点 $I \ni x$ に対して開集合 $x \in U(x)$ が与えられているとき U に即した代表点を
$$e^U = \{x \in e ; e \subset U(x)\}$$
とし，分割 Δ が U-認容とは，各 $e \in \Delta$ について e^U が空でないこととする．不都合な点を U で排除しているのだが，さすがに空はマズイ．認容な分割に対し，リーマン和を
$$s_\Delta^U(f) = \sum_{e \in \Delta} f(e^U)|e|$$
と置く．積分の存在は，任意の $\varepsilon > 0$ に対し，「被覆 U」が存在して，任意の U-認容な分割について，そのリーマン和が「積分値」と ε 程度に近くなること（大雑把だが意味は判るでしょう）．

正式の 1 次元の Henstock-Kurzweil 積分では，U としては各点 x 中心で幅 $d(x) > 0$ の区間をとる（ゲージ）．この $d(x)$ が定値（定数函数）なら，リーマン流の定義，分割の最大幅なのだが，それを柔軟にしたものとも考えられる．たったそれだけでリーマン積分の欠点が大幅に改良されるとのことだから，世の中判らない．

註

[註 0] ベクトル値の積分については，論説「位相線型空間——Lebesgue 積分論と Banach 空間論の発展として」(『数学』12(1960)210-225) の §6 あたりに森さんの問題意識が出ていて面白い．特に可算性を表に出さない定式化と，その背後にある可算性の役割などの解説は読み応えがある．

[註 1] 形式的な話として，分割や，被覆のなかに空集合を入れていいものかどうか，ちょっと悩むのだが，入れない方が無難だろう．

[註 2] 一般次元で描いてある本として，溝畑茂『数学解析 下』(朝倉書店) p. 462, 杉浦光夫『解析入門 I』(東京大学出版会) p. 214, p. 276 などを挙げる．

[註 3] 「姑息」は「卑怯」とは関係ないので注意したい．「その場しのぎ」が本来の意味である．ラテン語起源の ad hoc に近い．「姑」に何か悪いイメージがあるのだろうか．

[註 4] 設定を改めて確認していないが，すべては $\mathbb{R}^n$ の有界閉な区間（塊）の中で考えている．

[* 1]『徹底入門　解析学』(日本評論社 2017)第 2 部「徹底入門測度と積分——有界収束定理をめぐって」(pp. 025-102).

微分篇（1）

「積分篇」が終わったので，「微分篇」に行く，などと安直に思うか．或いは微分の前に積分でよかったか，と疑問に思うか[註0]．いろいろ思惑を抱えながら，それでも，とりあえず微分でしょう．別段誰かに意見を聞いたわけでもないが，積分があったら微分もなくちゃね，ヤッパシ，というのは自然な流れ．

しかしながら，微分もなかなか広汎な話題で，どこに焦点を当てるかムツカシイ．例えば，ブルバキに積分の巻はあるが，微分の巻はない．本来，微分の巻に当たるものがあるとするなら『多様体』だった筈だが，その「要約」しか世に現われていない．ブルバキの初発の目的がストークスの定理だっただけに，最も本格的に，力を込めて，納得いくまで，扱わなくてはならないという重圧の為か，却って本編は出せなかったね，ケッキョク，という不自然が顕現している[*1]．

そうは言っても，微分のない「解析教程」も「微積分」の授業もあり得ない．ブルバキメンバーのデュドネやシュヴァルツの教程，或いはラングの教科書など，現代的でブルバキ風味の「微分」はいくつかある．森さんの『現代の古典解析』も，影響は受けつつ，単なる受容ではない独自な扱いを提示している．それは現代的でありながら，一方に保守的・古典的な味わいも残し，簡潔に要点を押さえ，全体の構成は類のない優れたものだ．森さんの著作のうちでも重要性の最も高い一つと評価してよい[註1]．その思想的基礎を支える多変数の微積分の構図は，森ダイアグラムとして知られる（後述）が，既に『ベクトル解析』(国土社 1966，現在はちくま学芸文庫 2009)にある．「森毅

の主題」のうちでも格別で，本格的に革新的な視点である．

但し，溯って『位相のこころ』所収「位相解析」(もとは『数学の歩み』vol. 5 連載 1957)の「3. 積分論」冒頭では，微分に対する苦手意識を率直に書く：

《今や，本論——微積分の形而上学——に入らんとして，僕は著しい困難に直面している．ここで微積分を(強いて)2つに大別すると，微分学——微分形式からカレント(特に超函数)，リー群，微分幾何，微分方程式論，複素函数論への途と，積分学——測度または確率論，スペクトル解析，フーリエ変換への途，のともに現代数学を縦断する2つの流れがある．ただし，もちろんここに2つに分けたのは無理であり，現存するのは数学という流れ，さらには真理という唯一の大流だけしかなく，上に述べた人為的な2つの流れにしてからが互いにからみ合っている以上，一方のみをとりあげるだけで満足されるものではない．にも拘わらず，ここに2つに分けた魂胆は，もうおわかりかもしれない．前者の部分は僕自身が入門段階に属するの故をもって，かつまたそれらについては他のものがあることにかこつけ，．．．（後略）》

と「微分学」関係の話題を横におく口実が述べられる．

しかし，森さんの口から「真理という唯一の大流」などという言葉が聞けるとは思わなかった(若かったんですね——当時森さんは30代前半！)が，さらに便宜的とは言え，「微分学」と「積分学」をもって分類する視点が微笑を誘い，高木貞治を意識してのことかと勘ぐってしまう[註2]．

とは言うものの，私も，高木に逆らって「微分学」を立てることに興味はある．前回まで「リーマン積分論」ぽいこと——明らかに『解析概論』の緒言に逆行——を書きつづってきたのだ．「微分学」の名の下に従来あまり取り扱われていない話題を展開するというヒネクレタことを思って当然なのかもしれない．

1 ❖ 微分ということ

むかしむかしは，「微分積分」といえば「高等数学」と言われたものだ(ど

れくらい昔やねん？——そやね，戦前——戦前ってどの戦争？——太平洋戦争やがな；平成生まれにはベトナム戦争はおろか，湾岸戦争も遠い昔かもね——念のため言うとくけど，ウチは太平洋戦争なんて経験してへんよ——そういえば京都では「この前のイクサ」言うたら応仁の乱のことらしいです——ソヤね，たしかに）．しかし，もちろん，今の進んだ世の中では，ありがたいことに，義務教育に準じた高校で「微積分」を習うのだから，国民の常識と思って間違いない．．．（ソラそや，何のために高校無償化しとんねん，てぇ）．

かくも時代の流れの「無常」を感じさせる数学だが，本来は「時代を超えた真理」の如く無窮かつ絶対不変とされていたこと自体が皮肉ではある．例えば「微分」の扱いを見ても，なんら不変不朽の定義ではない．ちょっと大袈裟だが，数学の概念も「旬」は案外短いと思う方がいいのかもしれないのだ．決して安住してはいけない，そういう戒めを読みとる機縁にしたい．

と，まあ，大仰な戯れ言はさておき，実際「微分」のテーマで何を扱うか，少し考えてみよう．まず，微分するとは「微分係数」を求めること．その微分可能性の**定義**がまず問題．高校のように差分商の極限（ブルバキの『実一変数』でもそう）でもいいが，それは1次元にしか通用しないので，大学で習う通常のは，「分母を払った」形の定義，つまり，1次式で最もよく近似するものを求めるというものだ．物理学者の今井功も『新感覚物理入門』（岩波書店 2003；もとは雑誌『科学』連載）で，1次近似の考え方を推奨している．「割り算」とは何かについて反省する機会にもなる．

ついで，微分の基本的な性質については，「平均値定理」にからんで論争的な箇所（19世紀的な話題についての争い）がある．「解析教程」の歴史を正確に辿るのは難しいが，1変数では，ともかくこれが，最も重要な**微分積分の基本定理**に直結するところ．たしかに，普通の途筋が**いまだに**コーシーの伝統を引き継ぐ「等式」主体に乗っ掛かっているのだとすると情けない．

微分係数の定義自体では，1変数と多変数が現在「線型代数」によって統一されるわけだが，細かい違いでは，偏微分の順序交換など些細でも（コダワレば）結構ウルサイ話もある．しかし，何と言っても，大きなテーマは「微分積分の基本定理」である．多変数でこれをどう扱うか．通常の教科書は，正面切って扱わない．多変数版の基本定理は，せいぜいがストークスの定理だと

して収めてしまっている．それでいいのか．

　一方，**思想**としては，微分（differential）という量の本質が問題となる．これは**ベクトル解析**で特に重要な論点．1変数に限っても，例えば，「積分篇(1)」で引用した森さんのブルバキ『実一変数』の『数学の歩み』(1960)の書評で，ブルバキには「微分」がないと，強く批判している：

> 《まずCauchy流の導函数の定義から始まり，微分学一般のさっとしたことが書いてあるが，微分（differential）の方は書いていない．これは第7巻（？）で書くつもりなのだろうが，微分のない微分学なんてあるだろうか．まあ，多変数を扱わない段階で，微分を考えることには若干の問題はあるかもしれない．そこで眼をつぶってLeibniz的微分の方は後回しとして，導函数の方だけで済ますとしよう．しかし，これで何かが判ったこととなるだろうか．》

そう書いた当人は，『現代の古典解析』で，実数論や収束概念を扱ったあと，直ちに「微分（differential）」という章を置き，微分概念を正面切って論じる．上の批判を読んだあとでは，待ちきれずに「微分」を書いたと解釈したくもなるが，さすがにそれは誤読かもしれない．ただ，そんな風に見たくなるほど意欲的なのだ．つまり，微分概念と微分係数の多変数での扱いは，森さんに於いて極めて明確で，高校時代に読んで感動した記憶が鮮明に甦る．正直言って，単なる線型代数（行列計算）ではなく，それが微分係数という形に受肉してはじめて，それまで見知っていたものとは違う，行列とベクトルの記法への深い必然を感じたのである．

　さらに，有名な**森ダイアグラム**[註3]：

が微積分を学ぶ上での明快な思想と指針を与えてくれる．ここに上向きヤジ

ルシ↗は多変数化を，下向きヤジルシ↘は函数の1次近似（微分世界への移行）という一般化を表わす．つまり，線型代数とは，小学校で習う正比例の多変数化であり，1変数函数の微分は各点で線型化した世界に移ること．微分係数とは正比例函数の比例定数のことになる．そしてこの二つの方向を統合して多変数の微積分だが，それがベクトル解析に他ならないという認識である．ベクトル解析は，物理（力学・電磁気学）などで用いられるので，どちらかというと応用数学ぽい印象があるが，**思想**として多変数微積分の中心的地位を占める，と喝破したのだ．（その点については『ベクトル解析』（国土社1966，日本評論社 1989）の「はじめに」，第0章ほか，ちくま学芸文庫版（2009）で加えられた第3章「なぜベクトル解析なのか」などに詳しい）．新鮮な視点の転換である．

　このダイアグラムはきわめて魅力的で，それが動機となって高校時代にはベクトル解析の様々な概念を理解しようとしたものである．特に，ベクトル場の回転（rotation）については森さんの説明がどうにも納得できず，格闘しつづけた．あとになって，何故私が心底納得できなかったか理解したのだが，どんな教科書を見ても，おそらく解決は無理だったろう．根の深い問題なのだ．より判りやすく，従って判ったつもりになっていた勾配（gradient）や発散（divergence）も，よくよく考えると高校生の浅薄な理解にとどまっていた．これらがどのような「微分量」に属する「微分係数」なのかを理解するのは当時の知識では殆ど不可能だ．

　このように書いてきて判ることだが，「微分学」或いは「ベクトル解析」は，私を数学に誘うものでありながら，既存の教科書をどれだけ学んでも心からの納得をもたらしてはくれなかった[註4]．もちろん，数学の学習とは多かれ少なかれ，そうしたものだ．しかし，このような「初等数学」へのコダワリこそ，いつまでも，初学者の自分へと回帰させ，繋ぎとめ，そこからの離脱を許さなかったのである．

　たしかにコダワリという点では，今まで扱った細かな点も，通常感覚とは違うと思われるかもしれない．ただ，それらは数学の技術的側面であって，思想的なものではない．そして，これまでは敢えて「思想」に踏み込まず，技術的な方向に「話をそらして」きた．しかし，森さんがブルバキ『実一変数』批判で述べたように，「微分」を「導函数」にすり替えて済むものではな

い.「微分」概念について,「森毅の主題」として扱うなら,「量」概念の議論を避けることはできない.

高階微分では,この微分量の問題がより先鋭化する.しかし森さんは,この重要な問題を扱い損ねている.いや,そこまで言うと言い過ぎかもしれないが,疑問符のつく議論にとどまっている.「微分量」自体は,実はずっと代数的なもので,狭い「極限概念」とは独立した概念だ.従って,直截に言えば,微分の思想的把握の不完全さが露呈しているのではないかという疑問だ.これは,1次の微分の理解の成功とはまた別の話なのだが,まわりまわって本質的な批判対象になってくる.

森さんへの賞揚が,却って段々批判へと転じる形になってきた.このあたり,実際,森さんの本がもたらしたものが大きなきっかけではあっても,一歩踏み込めば,その説明では飽き足らないものだということ.一方,言うまでもないことだが,現在,それをマトモに扱う本など殆どない.ここはおそらく決定版のない,まだまだ開かれた世界ゆえなのだ.

2 ❖ 量の世界とその混乱

このように書き出すと,一体どこから手をつけてよいかと思う.しかし,一旦,微分世界のことを口に出してしまったからには,そこを正面から論じないと「敵前逃亡」になる.尤も,「微分世界」の話になれば,却って或る意味,問題を限定することができる.つまり,微分によって線型化されたからには,「線型代数」の枠組みになる.だったら,そこで話をすればよい.とは言っても,一体それが何を含意するのか.

「量」の話は,森さんにもいくつか著作があるし,深く関わっていた数学教育の研究団体,「数教協」(数学教育協議会 —— 遠山啓が1951年に結成)は初等数学における「量の概念」を早くからとりあげ,「数」主体の「数え主義」を批判してきた.遠山自身の著述もいくつもある.そのため,一般には初等教育の中の「理論」のような印象があるかもしれないし,その立場も強調され気味である.が,そのような括りで収まるものでは,もちろんない.ただ,初等教育は,人間の原初的認識への反省をもたらすものとして,どの方向からも等しく重要だとも言える.

銀林浩・森毅『現代数学への道』(国土社 1970)は，例えば，このような成果を現代数学的視点(特に構造―カテゴリー)と絡めて解説・展開したもので，特に双対性などの扱いが新鮮に見える．ただ，「量」の視点は，まだまだ本格的ではない．しかし時代が下り，小島順『線型代数』(NHK 1976)が出版され，量の厳格な区別が，特に線型代数という大学教育に直結した部分で正面切って採り上げられるに至ると，その扱いに対する疑問を呈した齋藤正彦の書評(1976.9)が出て，『数学セミナー』を舞台に，ちょっとした論争(?)が巻き起こった．誌上(1977.7)では，小島・齋藤という当事者に加え，森さんも(仲裁役なのか何なのか)登場して，各々の主張の記事と討論の座談会が組まれた[註5]．直後には，「学校数学のうらおもて」のシリーズの一つとして，小島自身による「"量の計算"を見直す」という比較的詳しい解説記事が6回(1977.8―1978.1)に亘って出た．が，以来(?)逆に(?)一般人(?)からは「量」についてコダワルのはメンドクサそうと敬遠されたのではないだろうか．実際，「量」に関する根本的反省は，同時に「言語」とは何かと問うに等しい哲学的な迷路に入り込む危険もあり，一度入ると抜け出せなくなるのだ．好き好んで入る世界ではない．

　かく言う私も，当時は一般人の枠にいたクチだ．例えば，高橋利衛『基礎工学セミナー』(1974)，『基礎工学対話』(1979)(ともに現代数学社)なる浩瀚な書物を愛読はしたが，結局のところ，心底理解できた気がしたことがない[註6]．コダワリをもってはいるが，簡単に決着しない問題をいつまでも考え続けるほど，一般人は暇ではないし，第一，体力がもたない．

　物理を勉強すると，ますます混乱は増す．一見，むしろ，物理ではより明確に「量」の区別がなされるかのように思われるかもしれないが，実はそうではない．普通の物理の教科書では，ベクトルは一種類だけのヤジルシ一本槍で，「旧い」ベクトル解析が道具．その選択は，実は明らかに力学ですら正しい態度でないが，電磁気になると，さらに出てくる量はもっと複雑．いい加減な同一視をしてみんなヤジルシベクトルにしてしまうと何がどうなっているのか，誰を信じたらいいのか判らない．軸性ベクトルと極性ベクトル，パリティ云々等々，本によって異なる記述すらある．

　いくつかの真摯な著作は，いい加減な同一視を当然避けようとしているが，それでも立場はいろいろである．名著の誉れ高い，ゾンマーフェルト『電磁

気学』(邦訳＝講談社 1982)は，示量的量と示強的量の区別をはっきりさせる．これが遠山啓の言うところの外延量と内包量に対応するものかとも一瞬思うが，話は単純ではない．上記の高橋利衛には，見方によってそれらが転換するさまも書かれている．また，高橋秀俊『物理学講義――物理学汎論』(丸善 1990，ちくま学芸文庫 2011)は，「力」とは何かについて根本的で深い考察が展開されている得難い必読の書だ．ここにも示量変数と示強変数が登場するが，場面によっては，そのような区別が意味をなさないという指摘もある．

つまり，「意味」とは言っても，或る種の先入観(?)を伴ったひとつの世界が背景にあってのことで，構図が変わると，「意味」の意味するココロもコロッと変わる．ゲシュタルト心理学でよく出てくる図と地の反転が「量」の世界でも起こりうるという話である[註7]．高橋秀俊・高橋利衛という両・高橋先生達は共に**双対性**(duality)の達人として，二重(dual)の機会をもって，我々凡夫らを教え諭してくださっているかのようだ．

そうした中で，信頼のおける書物として見出したのは，ワイル『空間，時間，物質』(邦訳＝内山龍雄，講談社 1973，ちくま学芸文庫 2007)である．数学・物理・哲学に通じた著者ならではの明快さが，少なくとも私にとっては，つかの間の平安をもたらす．もちろん全面的な賛成ということではないが，議論の確かさとして，私のもつチェックポイントの多くがクリアされている．加えてパウリ『相対性理論』(邦訳＝内山龍雄，講談社 1974，ちくま学芸文庫 2007)があれば，ベクトル解析にまつわる不快な曖昧さは殆どといってよいほど払拭されるのではないか．ただ，それでも完全に自信をもって，そうだと言い切るまでには至らない[註8]．

このような混乱は，まずベクトルにかかわる諸量を無自覚・無節操に同一視すること，そこに発していることだけはたしかである．しかも，それを回避しようとしつつ，結局はその同一視の泥濘から抜け出せない**愚かな**試み(敢えて名は秘す)もあるので，ココロザシ(思いつき)の段階では何も評価できない．どうしてそこまで混冥を極めているのか，不思議でならない．

「量」に関する書物はかなりの数あるようだが，申しわけないことに，それらを充分に渉猟・精査できていない(実は，するほど勤勉ではない)．いつの日か，私が悩むことのないような決定版がでたら，そのときには是非とも勉強したいと思っている．

3 ❖ ベクトル解析

　と，話をさんざん難しくして，脅かしてきたので，読者も嫌気がさし，このあと一体どうなるのかと疑問に思い，かつ敬遠するだろう．それはたしかに尤もであるが，ちょっと弁明を述べると，私自身実際，モノゴコロついてから（？）何年も何年も，この混乱を我が身に引き受け艱難辛苦とともに．．．いや，ちょっとそれはオーバーだな．．．考えてきた（ホンマかいな）ので，この機会に少しばかり，その問題感覚を共有してみたくなったということだ．他人事（ヒトゴト）のように軽い気持ちでおつきあいいただければ結構である．

　数学内部のことならば，それでも，実はそれほど苦労はしない．何しろ，数学だから．しかし，物理的な量に話が絡むと，根（ネ）が数学者なもので，物理量に対する思考の集中時間の不足による直観の未発達がわざわいし，自信など到底もてるものではない．だったら，経験を積んだ物理学者の書いたもので勉強すればよいではないかと思われるだろう．が，立派な物理学者は各々，数学者なんぞ足もとに及ばないほどの絶対の自信をもって（いるかの如く）見解の相違した自説の披瀝に及ぶ．こちらとしては，その中で，いつかついに迷える仔羊となってしまうのだ．

　ではなぜ物理が関係するのか．それはベクトル解析の出自にかかわる．正確な時期を特定はできないが，そもそも数学と物理は長い長いあいだ不可分であった．ガウスが複素数を公認し，幾何学的意味を賦与することで強力な道具として整備したが，それを手本として，ハミルトン（W. R. Hamilton）は空間量を扱う四元数を編み出し，一種の狂信的な学派を作ることになった．対して，アメリカのギッブス（J. W. Gibbs）は現在のベクトル解析の手法を提案した．四元数教への反撥のため，包囲網は広がり，そちらが主流になっていく．いずれにしろ，これらは，現在言うところの「数理物理学」或いは「応用数学」の道具である[註9]．

　だから，ベクトル解析の主要な応用例は，電磁気学であったり，力学であったりして，相互の依存関係はずっと深い．ただ，"純粋"数学からは，どれくらいマジメに考察されたのか知らない．ベクトル解析の理解と電磁気学の理解が殆ど同じだというような説（つまり，単なる重要な例ではなくて本質的につながるということ）は，逆に言えば，いつまでもその段階にとどまるこ

とを意味する．数学的洗練がなかなか及ばなかった原因でもある．物理と数学のどちらにとっても不幸な話ではないか．

そのような中，森ダイアグラムは，ベクトル解析を多変数の微積分と中心に位置づけ，大学教育の枢要に据える構想を打ち出した．もはや，ベクトル解析を単なる「応用数学」として切り捨てることはできない．これは魅力的であるが，同時に，そのイメージの源淵である物理量の，心からの把握という大きな宿題が，ベクトル解析に避けがたくつきまとう．この正統な亡霊の鎮魂は容易ではないのだ．

4❖ベクトル

では，ベクトルとは何だ．一般に，高校の教科書でもそう定義しているように「大きさのみならず，方向を持った量」と理解される．文学的比喩にも使われるほど馴染みのあることばになっている．そして，その表象は，ヤジルシ．

ただ，そのヤジルシの喚起する多様な含意は，点の移動，速度ベクトル，力，などを代表とするとともに，法線ベクトルのように面に垂直なものを表わしたり，空間とのつながりもいろいろである．また，高校の物理で，既に問題なのだが，自由ベクトルと束縛ベクトルのちがいもある（一体いつどうやって区別する？）．方向と大きさと言うが，では，位置ベクトルって何？

一方，特定の座標系が特権的なベクトルもある．例えば「経済学」で扱われるような「表」，或いは単なる「数の組」に近いもの．森さんのベクトル導入はそのようなものと『数セミ』1977.7 で言う．ニュアンスの違いはあれ，他の書物でもその行き方が，ベクトルの最初におかれることも多い．

便利屋ベクトルさん，ヤジルシ印の看板をめぐる本家争いが生じるほどに，何もかも一手に引き受けてご苦労様でございますね．でも，それでいいのでしょうか？

対して，現在「数学」の標準的定義は，とりあえず，ベクトルとはベクトル空間の元（＝要素）のことだとする．何それ？　ベクトルとは，それ自体で自立してはいない．文脈のなかでのみ意味がある，ということ．例えば，函数はベクトルなのか，ヤジルシはベクトルなのか，**バターケーキ・カ**ップケ

ーキ，はベクトルなのか，などと問うても意味はない．加法とスカラー倍の定義された世界があれば，ベクトルだし，そのような世界が想定されなければ「ベクトル」と言っても仕方ないというのだ．

そのような規定の仕方は，誰が始めたのか，よくは知らない[*2]．少なくとも，ワイルの"The Classical Groups"は，そのようなところから始まっている．もちろん，ワイルの話はそれで終わりではない．

ベクトル，或いはベクトル空間を，そのように抽象的なものとして暫定的定義から始めることを認めたとして，では，ベクトルにもいろいろな種類があるというのはどういうことなのか？　と，当然の疑問が追いかけてくる．「量」或いは「連続量」のイメージを抽象化したものとしてのベクトル．つまりは，多種多様な量は各々箇々に設定されたベクトル空間が担う．それでいいではないか．——それはそうなのだが，今度は，それらの相互関係と，そこから生み出される新たな量が問題となる．——いやいや，それも，例えば双対やテンソル積などなどで大抵は解決する．つまり，テンソル量としての分類というものである．——本当か？　それですべて片付くとしてよいのか？　スピノルとかいうものがあるそうじゃないか，それは何なの？　また，旧来のベクトル解析で使われるような演算（ベクトル積など），そしてそれらを標準的な記法とした諸公式をどう腑分けして行くかなど，明らかなことのようには思えない．

5 ❖ 混乱という動機

ここに来て言うのもなんだが，本書のタイトルにある"森毅の**主題**による変奏曲"の**動機**（motif）は何か．**主題**（theme）の前にそれがある筈だ．誰だったか，出典・典拠をはっきりさせられないのが心苦しいが，記憶に頼ると，或る作家（藤本義一だったような気もする）の娘が大学だか，カルチャーセンターの「小説の書き方」みたいなものだか判らないが，そういう講義で「動機」について習ってきたのに対し，その作家はそれに批判的だった．残念ながら，作家の答えを覚えていない．ただ，確か遠藤周作のエッセイ（狐狸庵先生シリーズ）か，ひょっとして野坂昭如だったかもしれないが，柴田錬三郎の例に触れて，「それで一篇の小説が書けるもの」という「答え」の連想ととも

に話を記憶している．また，別の例になるが，多分テレビ番組で，かなり昔（1980年代だと思う）だが，坂本龍一が「動機」とは何かについて説明していたのによると（これまた記憶だけなので正確な引用でない），それを何度**繰り返しても飽きない**「ひとかたまりの音列」というような明快な定義が与えられていた．非常に納得できるものだ．上の小説の「動機」とも整合的だし，なによりベートーベン（Beethoven）のように「運命の動機」を楽曲を変えてもしつこく使う例を思えば得心できる．

これらの話の共通項は，作る側からの「動機」の実感的定義である．作品を外面から分析したものではない．翻って，では，この連載の動機は何か．そう，森さんから得た「異和感」或いは「混乱」——それは森さんの解説が明快なだけに一層目立つ——という「問い」とその「答え？」である．微分篇では，それが余りに大きくて，「微分」に入る前で，このありさま．単なる混乱のまま，導入部が終わりつつある．なので，ちょっとばかり弁解しておきたくなったのだ．

註

[註0] 微積分の講義でも，微分より先に積分をやって悪いことはない．それは微分と積分が異なる概念であることが前提．私も一度その順序でやったことがある．それが成功だったかどうかは別として，いまだに，なぜ微分が先なのか，疑問に思う．しかし，ともかく，そのように刷り込まれている学生相手だと判っているので，今は冒険はしない．

[註1] 雑誌『現代数学』連載（1968—69），単行本（現代数学社 1970），さらに日本評論社での再刊（1985, gay math のシリーズ 1），を経て現在はちくま学芸文庫（2006）．どこかで読んだものの（自分で持っている本であることは確かだが），出典が見つからないので情報としては若干あやふやなのだが，評論家佐高信の著作の多くを雑誌・単行本・文庫と，一粒で三度美味しいと，極めて批判的に評していたのがあった．のちに，別の新書本（これまた探したがどこかに紛れてしまった）で，実は，文科系評論家業界では，この三度の過程を経てあたりまえ（暮らしていけるだったのかな）といった主旨の記述を見出した．後者を基準にするなら前者は悪意のある言いがかりになる．ここでは，そのどちらが正しいかなど詮索する必要はないが，少なくとも森さんの『現代の古典解析』は一粒で四度美味しい，

数学書として極めて稀な存在であることは確認しておきたい．

[註2] 高木貞治「微積の体系といったようなこと」(『数学の自由性』ちくま学芸文庫所収——もとは雑誌『高数研究』考へ方社)は伝説の「ビブンのことはビブンでせよ」というダジャレのモトである．今は，こうしてオリジナルが誰でも読めるようになったので，伝説がどういうものか検証できる(本書「積分篇(1)」で触れた話を参照のこと)．ともかく，その最後あたりで，高木は微分と積分を分けることに毅然と反対する．或る意味当然の見識であるが，にも拘わらず「ビブンのことはビブンでせよ」などという伝説が流布した．高木自身にも何ほどかのかすかな要因があったのか(客観的にはその寄与はかなり少ないと思われるが)，興味深い．

[註3] このダイアグラムがいつできたのかは知らないが，『大学教育と数学』(総合図書 1967)所収の記事(初出 1966)には既に原型があるし，『ベクトル解析』(国土社 1966)はその思想に基づいているから，その頃であろう．

[註4] とは言うものの，歳を経るにつれて，ヒントになる書物を見出し，「つかの間の幸せ」に浸ることもあった．その一端については，本文で．

[註5] 『数学セミナー』1977.7 の特集は「線型代数を考える」で，小島順・齋藤正彦・森毅がそれぞれ一つの記事を書き，別立てでこの三人が討論するという徹底ぶり．この中の齋藤さんの記事は「意味オンチ党宣言」で，それは『数とことばの世界へ』(数セミブックス 1983)を経て『数のコスモロジー』(ちくま学芸文庫 2007)所収．一般の数学者の「量」にコダワルことへの抵抗感が素直に記されている．

恐らくは，この二つの感覚(意味へのコダワリと，意味からの自由な離脱)は一人の数学者の中で共存しながら，決して解消しない問題として残るのだろう．

ついでに森さんの記事の一部を引用：

《さて本題は，齋藤正彦と小島順の大「内ゲバ」について語らねばならない．1年ほど前，この仲の良い2人が，激烈な手紙のやりとりをしとる，というのが伝わってきた．そこはヤジウマ，これはこちらもハンショをたたきましょ，その結果が今回の特集へといたるのである．》

[註6] 第0回にも書いたが，高橋利衛の本の存在を知ったのは，森さんの自主ゼミ「自然科学ゼミナール」(単位は出ない)のテキストに挙っていたからだ．但し，私はそのセミナーにはでていない．高橋利衛の名前は『工学の創造的学習法』(オーム社 1965)がたしか『現代の古典解析』の巻末に挙っていたことで知ったと思う．その本は，友人が図書館から借りてき

たのを一度見たきりだ．復刊されないのかなあ．

[註 7] フレーゲによる文脈原理とかウィトゲンシュタインの真偽値表とかが数学の定式化に与えた影響などについて，どこかに信頼のおける研究がないのだろうか．例えば，ベクトル空間（線型空間）の現代的な公理はワイルにあるが，それに先行するものはあるのだろうか．公理による概念規定は，現在あまりに常識化しているので，その始原がどこかにあるとしても認識することは「通常数学者」には困難だ[*2]．

[註 8] パウリの本の訳者序を読むとこの二冊がどれほどすごい本であるか判るだろう（『この数学書がおもしろい』数学書房を参照）．ちょっとした，しかし，重要な注意としては，微分幾何の「反変(contravariant)ベクトル」「共変(covariant)ベクトル」という用語の不適切さをパウリが指摘し，その代わりに「共傾(cogredient)ベクトル」「反傾(contragredient)ベクトル」という用語を提唱している点である．表現論でおなじみの contragredient がでてくるのが嬉しいし，納得するところである．

　ちなみに，原著発行年は，ワイルが初版 1918，第 5 版 1923（邦訳はこれに基づく），パウリは 1921 である．

[註 9] ベクトル解析の歴史は面白いテーマで，たしか，信頼のおける成書（横文字）があったと思うが，そうでなくても，いろいろな所で語られている[*3]．上に引いた高橋利衛は必読の書．

[* 1] ブルバキの発端については，M. マシャル『ブルバキ——数学者達の秘密結社』(高橋礼司訳，シュプリンガー 2002) p.7 を参照．

[* 2] 連載時，熊原啓作氏よりペアノによるベクトル空間の公理的扱いの存在について御指摘いただいた．ただ申し訳ないことに，その後，充分詳しく調べる機会を得ていない．

[* 3] 本書下巻「ベクトル解析篇(2)」（下巻 pp.016-029）も参照のこと．

微分篇(2)

「微分篇(1)」は，助走ばかりしている状態で，いつの間にか終わってしまった体(てい)だが，だからと言って，結局，どこに向かっていたのか——右往左往していただけではないのか——それほど明瞭ではなかった．今回は，少し方向を絞ろう．

1 ❖ ベクトル的量とアフィン的量

前回も触れたように，「量」や「数」について根本的に考えると，それは，できるものならやればいいが，あまり徹底するのはカラダに悪そうだ．いくつもの考え方があるのに，何かひとつを基礎に据え，そこからすべてを導くという，創世記神話レベルに物語を作るのは如何にもシンドイ．それより，民間伝承レベルでいいから，ちょっとした断片でも本質的な話を積み重ねて，全体像を浮かび上がらせる方が，日本の風土に合っているのではないか（と，逃げ口上を予め打つ）．

さて，この節は，そんな話のうち，アフィンとベクトルという兄弟の物語．双子と言ってもよいほど似ている．違いは，ホクロのあるなし，といったところ[註0]．前回にも言ったが，今日，数学でベクトルというと，大抵は抽象化されたものを意味する．つまり，ベクトル空間というものが定義されていて，その元（＝ 要素）をベクトルという．とりあえずはそれ以上でも以下でもない．ここで，ベクトル空間には，二つの演算があって，それは加法〈足し算〉とスカラー倍〈ベクトルに数（＝ スカラー）を掛ける〉である．それら

が,「普通」の演算規則に従っていることが要件だ．単純極まりない．こんなものを数学の基礎に置くなど，数学が華やかに発展を遂げていた18・19世紀では考えられなかっただろうと思われるが，その時代にあっても，コツコツとそんなことを考えていた人々は実際にいたのである．もちろん，それが数学の主流として表舞台には上がらなかったが．

　足し算は，小学校の算数でも最初に習う四則演算．だから，足し算は，算数の基本と思って疑わない．でも「足し算」は本当に基本か．動物は足し算をするだろうか？　その専門的知見は，私の責任のもてるところではないが，いくらアタマのいいカラスでも足し算はしないのではないか．より高等なクジラ・イルカ・チンパンジー等々については，ちょっと見当がつかない．が，しかし，より低級な動物でも「引き算」については認識があるのではないか．暖めていた卵がなくなったら親鳥は当然気づくだろう．実験したわけではないが，想像のできるところだ．「あったものがなくなった」なら，少しの知性でも認識される，とは尤もらしい[註1]．

　なにが言いたいのか？　実は「引き算」の方が「足し算」より，より**源初の**自然な認識に位置するのではないか，ということだ．例えば，ベクトル的な足し算の由来は次のように発生したと考える．まず点の**差**としてのベクトル（位差＝位置の差）が生み出され，そのような束縛ベクトルが平行移動による同一視によって「自由」になると，今度はどんなベクトルも足し算が可能になる，というような話．

　もちろん，それを数学的にキチンと定式化して云々は，おそらく却って煩わしい[註2]．数学的定式化は，心理的な流れに逆行して**こそ**簡明になることがあるし，発生的な認識にこだわるのは必ずしも得策ではない．が，だから**こそ**，数学的な定式化の順序を鵜呑みにせず，疑ってみるというのも，時に本質に迫る途だ．

　上のような発生的認識は別として，ベクトル空間とアフィン空間の関係を，数学的なものとして説明すると，単に点だけの方の空間をアフィン空間といい，アフィン空間の二点 A, B からベクトル $\overrightarrow{AB}$ が決まるとする．理論的には，特に位差ベクトルの平行という同一視（同値関係）が，面倒そうである．その部分さえ処理できれば，加法とは，$\overrightarrow{AB}+\overrightarrow{BC}=\overrightarrow{AC}$ からきて単純である[註3]．もっと根本的には $A+\overrightarrow{AB}=B$ とアフィン空間の点にベクトルは足

せるという構造がある．もちろんこれは，ベクトルを点の差 $B-A = \overrightarrow{AB}$ として $A+(B-A) = B$ と書いたら，ずっと自明だ．しかし，普通は，まずベクトル空間を定義して，そこから加法やスカラー倍の構造を捨象したものとしてアフィン空間を定義する．特に，アフィン空間にはゼロベクトルに当たるような特殊な点（ヘソ）はなくて，ノッペリしているのだ．ベクトル空間より均質なのである．

わざわざ，ベクトルとは別の概念としてアフィンという項目を立てるかどうかは措くとしても，線型代数でアフィン空間は実際自然に現われる．それは非同次（線型）方程式の解空間

$$\{\vec{v}\,;\,A\vec{v} = \vec{b}\}$$

である．但し A は線型写像である．これは，例えば，一つの特殊解 $A\vec{v_0} = \vec{b}$ があれば，残りの解はこれに同次解（つまり A の核）を加えたものという「解の構造」があるわけだが，特殊解自体には，なんら特権的なものがない，という意味でノッペリしている．アフィン空間には原点というヘソはない．その一方，同次解＝同次方程式の解の方は，ベクトル空間の構造をもち，ゼロベクトルというヘソがある．高校などで「位置ベクトル」を用いて問題を解く際には，仕方がないので「原点 O」を決めたりするが，これはアフィン空間を無理矢理ベクトル空間に同一する手続きである．高校では，その程度の概念を区別すると，概念の種類ばかり膨らんで，却ってなにがなにやら判らなくなる．それは避けるのが教育的配慮というものだ．

文学的には「原点」は大事なものとして扱われる．応じて，譬えもホクロからヘソへと昇格（？）した．ヘソはカラダに一つしかないので，その方が適切だろう．ところで，なぜ「原点」が大事なのか．それは，それを「自由に」選べるからだと，ヒネクレタ数学者は思うのである．どこに選んでもいいという自由と表裏一体に，それを選ぶ責任は主体が引き受ける．「原点」とは，その「自由と主体性」の逆説的象徴なのだ．

話は少し横道にそれるが，このような，表裏一体ではあるが相反する二重性は，いろいろなところに見出せる．例えば，数学が（いうまでもなく算数も）**わかる**，という内容には，全く相反する二つのことがあって，一つは，それを間違いなく操作できるという部分と，その意味がわかるという部分である．通常，それが同時に獲得されることは稀である（何故なんだろう）．そし

てまた,その片方が得られる時,他方は,少なくとも意識の中では,抑圧され,ないがしろにさえされる.もちろんこれは数学・算数に特有のことではない.例えば,漢字が正しく書けることと,その多様な意味世界に通ずることは,全く別の話であるし,中島敦の『文字禍』のように,二つの世界の裂け目を認識する恐怖も文学作品として成立するほどだ.教育に携わるものは,すべからくこの二重性を意識すべきだと思う.

このように,例えば,世界には,ヘソのあるなし,という思わぬ二重性があると認識する.と同時にその認識を重要なものとして受け容れるかどうか,という二重性をもまた意識することになる(二重性の二重性).これは簡単だから,パロディのように笑っていられるが,実は「量」をめぐるメンドクサ加減は,この両極端のどのあたりにオトシドコロを置くかという選択に関わる.そう,原点をどこに置くかと同種の「主体」を問われる話になるのだ.普通は,そんな責任まで考えずに数学をやっているのに,突如,あなたの原点はどこですかと問われる唐突さが異和感を生む.うむ.

いや,もちろん,これもパロディですから.あまり真剣になってはいけませんよ.

ともかく,西欧的数学の理想としてはトコトン根本に戻って第一原理から,すべてのモノゴトを組み立てたいのはヤマヤマだが,大抵はそこまではできないので,妥協する.それでイイノダ.

さて,ベクトル空間とアフィン空間の関係は,より一般に群とその「主等質空間」にも一般化される.名前は難しそうだが,群から,ヘソを取り去ったのが主等質空間である[註4].そして,群の元は,その点の「比」として得られるという訳だ.この区別も通常は,「一般数学者」にとってすら,いくぶん煩わしいものだろう.「群」が先にある方が,「論理的」にスッキリすると思っているから,わざわざそれを生み出すモノへの関心をもつことはない.

ところが,実際は,「群概念」よりも根源的な"主等質空間"から「群」が生まれたことを忘れてはならない.これは重大な歴史的事実だ.が,そんなことなど数学者の意識にのぼることはまずない.一体,何のことか.言うまでもなくガロア(E. Galois)が「方程式の群」に到達した時のことである.方程式の(共軛な)根の生み出す「順列」という集合(グループ)を以って「方程式の群」という言葉を導入したのだ.それは今の言葉では「主等質空間」の方だ

が，その時点では，まだ今日謂う所の「群」という代数的構造は生まれていない．ガロアはその「順列」から「置換」を抽出したのだ．単に「共軛」という同値類である「順列」が，より動的な「群」を生み出す過程は，数学の創造を知る上で貴重な経験だ．この，謂わば，無から有をとりだす力業は，ひとり真の天才のみのなせる偉業であって，感動的である．にも拘わらず，多くのガロア解説は，この点を完全に見損ない，ガロア論文が「難解」だとか「混乱している」とかの難癖をつける．自分の誤読を棚に上げているのが判らないのだ．ガロアの生きた時代の数学者も現代の数学者も，同じ程度にしかモノゴトが見えていない．いつまで経っても理解されないガロアは可哀想ではないか．

というように，そんな基礎的なことが，通常，意識の外にあるので，数学の内部に限っても，スンナリ受け容れてもらえるかどうか，はなはだ危うい（ホントにそうなら情けないので，飽くまでパロディということにしておくけど）．

2 ❖ 物理量の場合

では，物理で出てくる量はどうでしょう．そんなもの，数学とは違って，明白な意味があるに決まっている．そう断言してもらえると有り難いが，どうもそう簡単ではなさそうだ．混乱を避けるために，今は，前節のテーマである，ベクトル的とアフィン的という量の区別に話を限定する．

物理的な量も，例えばそれがベクトル的かどうかなどと言う時，線型な法則で書かれてはじめてベクトルの言葉が適切になる．基本的には，まっすぐな世界，つまり局所的な（数学的に厳密に言うなら接空間的(tangential)）世界，平たく言えばスレスレ世界，に限定されるべきである[註5]．だから，温度について「絶対零度」をベクトルとアフィンとを区別する根拠にするなどの議論はナンセンスなのである．

物理量は空間や時間の中に「住む」．その根本的な空間と時間は，従って「物理的空間」である．対応するモデルとして「幾何的空間」が数学の側に設定される．もともとは不可分であった「物理的」と「幾何的」空間・時間ではあるが，物理の側からも，その単一性を疑うきっかけが生じてきた．古典

的ニュートン力学と，電磁気学を想定した「相対論的」設定では，話に違いが生じるが，それは理論を展開してはじめて知られる違いでもある．

で，例えば，空間や時間も，今はスレスレ世界だと思うわけで，宇宙の涯まで均質に延長するのでもなければ，時間についても同様に宇宙開闢のことなんかも考えない．第一，そんなギリギリ(限界)世界に於いて，今ある論理が通用するのか．カント(I. Kant)なんて読んだことはないが——判らないから読めないのだが——超越論的にナンセンスな議論しか思い浮かばない，そんな「哲学的」感受性の乏しい想像力をもった私は，スレスレ世界に止まるしかない．

さて，そのスレスレ世界が「ベクトル的」か「アフィン的」かと問うなら，迷いなくアフィン的だろう．世界にヘソはない．いやいや，その自分がいる場所と時間(時刻)が世界の中心だというのならベクトル的なのか．でも，まあ，小学校の時以来,「時間」と「時刻」を区別する貴重な教育を思い出せば，時間も空間も，単なる座標はアフィン的だとする考えに大きく傾く．では，「速度」は？ 速度は位置(それは座標によって測られる)の差を時間差で割ったものだから(瞬間的な速度は，極限として微分係数になる)ベクトル的．それで決まり．異議ナシ，疑いない．．．でいいのか．

さて，このあたりが，面倒の源になるが，疑問があるということ**だけ**を呈示して，次に行こう(行くのかい)．速度は単なる運動の記述(キネマ)に属するが，運動学(ダイナ)に入ると[註6]，ニュートン力学として普通に教わる**運動量は質量と速度の積**だ．何しろ，大ニュートン(I. Newton)先生が，そうおっしゃっている．そうだとすると，速度がベクトル的なら，運動量もベクトル的，間違いない．うーむ，そうなってしまうわな．これを疑うのは**どうかしてる**のだろう．

でも，疑いのはじまりは結構古い．量子力学を勉強すると，位置と運動量が双対的(フーリエ変換を通じて)だという．えっ，でも片方がアフィンで片方がベクトル，って何かバランスが悪いね．更に，(古典力学だが)角運動量となると，基準点を変えると値も変わる．それは何？ アフィン的ということなの？

と，疑いは募るが，決定的には(そこに至る順序がむしろ逆転している)，そもそも運動量はアフィン的でいいのじゃないのか，だって，慣性系を変え

たら速度も変わるし，運動量も変わるだろうが，ということに，遅まきながら思い至る．つまり，等速度で動いている座標系に移ると，速度も運動量も定数差で変わるわけだから，その意味ではアフィン的なのではないか．あー，座標変換をどの程度許容するのかという話なのか？

だけど，運動量って，「運動の恒量」つまり，保存量＝不変量の一つなのだから，変わったら困るのじゃないか．そう，前回もチラと引用した今井功先生『新感覚物理入門』(岩波書店 2003)の力学篇では，「力」の概念を排し，「運動量」を基礎に理論を組み立てようとする．いや，むしろ，ニュートンに戻ると，運動量は無定義用語に近い——質量もそうだ——最初から知っている「量」として話が始まる．それで構わないのは，ニュートンの第二法則(一番有名な運動方程式を導くもの)は，「運動量の(時間的)変化」が「力」だという等置である．この強調(通常の加速度と力の比例ではなく)は，大学時代，松浦重武先生の講義で知ったのだが，それは運動量が自立しているという今井流の力学イメージと整合的だ．運動しているものは運動量を担い，その変化の原因があるとすると，それが「力」だという．地上に固定された座標系であれ，運動している(例えばバスに乗っている)座標系であれ，運動量の変化が力として観測されるという感じだ．運動量自体というより，その変化(＝差)がベクトル的なのだから，運動量がアフィン的であっても問題はない．

運動量を速度と質量の積とするのは，慣性系に於いての話ということを忘れてはならないし，今井さんの行き方に，部分的には保留を入れたいが，それでも，バスに乗っていて，バスの加速が慣性力を生む時，確かに自分の持っている運動量の変化なのだと，実感することができる．位置の変化である速度に従属・付随した「運動量」でなく，物質が固有にもっている「運動量」を，そのように把握する．それでこそ，力学の基礎方程式をハミルトン形式に書き換えられる仕組みの理解に至るだろう．

要点は，ベクトル的と疑わなかった量も，たとえば慣性系を変えるという「アフィン的な変換」で絶対的と思っていたシルシである原点(ヘソ)を喪う，ということである．

3 ❖ もっと普通にアフィンな物理量

と，アフィン的とは思わなかった運動量のイメージをちょっと改変したが，物理量にはもっとあからさまにアフィンな量があることを思い出す．たとえば電位．等電位面は，同じ電位をもつ面（空間の中で）であるが，その電位という値には殆ど意味がない．意味があるのは電位差（＝電圧）である．

いや，そんなことを言うのなら，地図上の等高線とか，颱風が来た時には特に意識するのが気圧だが，その等圧線とか，それもアフィン的なものだ．等高線とは言っても，どこかに基準，たとえば海抜高度，をテキトーに作って測る．その原点である基準点ゼロは人為的である．

このように見てくると，函数値自体がベクトル的であるのは常態ではなく，その微分こそがベクトル的だと思えてくるだろう．但し，位置の微分である速度も，或る見方からすると，アフィン的となってしまうのだから，なんだか難しい．

いやいや，慧眼の読者は既にお判りだろう．問題は，どのような座標変換を許して話をするかということ．それがなければ，明らかに差があるように見えるベクトルとアフィンの区別もままならない．

4 ❖ ベクトルはヤジルシでいいのか

前節までは，とりあえず「数学的」な意味で，特にアフィンとの区別のために，ベクトルの語を使ったが，用心深く「ベクトル的」としたのは，概念として一般の線型代数で扱われるベクトルという意味を込めて，狭義の「ベクトル」と紛れないようにしたのだ．

ベクトルの基準を「空間」に求めて，素朴な「物理的空間」として目の前に広がるアフィン空間の点の差，つまり「大きさと方向をもった量」というヤジルシベクトルを最初にモデルにとると，それとは区別すべき別種のベクトル的量も認識されるはずだが，それはどうなるのか，という話がしたい．しかし，それは充分複雑なので，一気に決着はつけられない．

先ほどは，アフィン的ではないのかと認定された「速度」と「運動量」だが，固定した慣性系座標で考えるなら，どちらもベクトル的量だろう．速度

は，位置の差としての「典型的」ヤジルシベクトルだ．で，運動量と速度が比例するなら，同様に速度の微分（加速度）に比例する「力」はヤジルシベクトルである．より正確には，ヤジルシベクトルに比例する．

で，力学（中学校で習ったかな）の最初の，平行四辺形の法則として，力の合成という「ベクトル演算」が教科書にでてくるが，これは疑いないものなのか．ゴムひもか何かの「釣り合い」実験で「納得させられる」のだが，異和感が残るのだ．なんか怪しいのだ．

実際，ゴムで引っ張るようなのは無理やり直線の上に力を集中しているのである．例えば，重力などの力は速度に擬せられるヤジルシと同じなのか．だって，斜面だったら，斜めにも点（質点）が動くわけだろう．本当はもっと違うものを考えているのではないか，という疑問が起こる．

このあたりは，前出の今井功先生『新感覚物理入門』の出だし，第0章「僕も物理がわからなかった」と共通の感覚．但し，共通なのはそこまでで，あとは大分違う気もする．なにしろ今井先生はヤジルシ好きだ．前回挙げた，高橋秀俊『物理学汎論』だと，力の典型はポテンシャルの勾配で，二つの勢力の均衡を示す指標と捉える．それは狭い力学的な量とは限らない[註7]．一般的な概念把握として非常に優れた分析に納得がいく．因みに高橋秀俊先生も今井功先生も「ロゲルギスト」同人の主要メンバー[註8]．このような根本的な議論をその頃に徹底的にやっていただいていたら面白かったろうにと思う（ロゲルギストでは共通して保存量を重んじていたが，上のような細かい差を論じたかどうかわからない）．

つまり，むしろ「力」はベクトルの双対（dual），謂わば「コベクトル」と考える方が自然[註9]．しかし，そうすると加速度と力の比例定数である質量は，ベクトルとコベクトルを繋ぐ「対称双線型形式」ということになるのか．おおっ，ちょっと先走りすぎた．

どちらにせよ，こういう納得の仕方は，何らかの暗算による同一視を含んでいて，完全に数学として話をするのが適切かどうか判らない．むしろ，喩え話に近い．尤も，譬えの力は充分有していると思うが．

5 ❖ ベクトル解析に現われる諸量(顔見せ)

　実際, 物理と数学は違うのだから, あまりごちゃまぜに考えるのはよくない. 今までのところは, アフィンとベクトル, ベクトルとコベクトル, をモデルにした物理量のイメージが, そんなに固定的でないという例示であって, そのような話はいくらでも続くのだが, 物理が入ると混乱が増すので, とりあえずは数学だけで考える.

　基礎として考えるベクトル空間を V とする. 通常のベクトル解析ならこれが実 3 次元で, 目の前のユークリッド的な「空間」を代表する. ただ, 計量 (= 内積) は, 別に論じるべきなので, より抽象的な n 次元空間を考える. しかし, ともかくそれが「空間」に対応するものとする. これから派生するベクトル空間としては, まず第一に V の双対 (dual), つまり, V から係数体 (= スカラーの成す 1 次元空間) への線型写像全体 V^* がある. 名前がいろいろだが, V 上の線型形式 (1 次形式) 全体と言ってもよい.

　数学者にとっては, 現在常識となっている「双対」という概念ではあるが, これが案外捉えにくいものだという指摘もある[註10]. 内積に長年慣れ親しみ, ドップリ浸かっていると, 双対は自分自身と直ちに同一視できるから, 区別できなくなっているのかもしれない. 目の前に「存在する内積」を使ってどこが悪い, ということなのだろう. 大学での講義では, そのあたりを劃然と区別するのだが, 高校までに刷り込まれてしまったものを抜き去るのは難しいのだ (だからと言って高校で内積を教えるな, などの主張は愚かの極みである. むしろそれは大学で教える側の責任だ).

　また, 区別しているようでも, 一つのベクトルの反変成分と共変成分があると思っている人もある. そのような同一視がどのような機構から生じるかを一度反省しないと, 正確な理解は永久に得られないだろう.

　基礎のベクトル空間 V から派生するベクトル空間には更にいろいろなものがあって, 乗法的なテンソル積による構成がある. それは更に分解され, ベクトル解析では, 主に外積 (~交代テンソル) が活躍する. それがどういう理由かは今は措くとして, とりあえずベクトル空間レベルで, それを書いてみよう. それは

$$\bigwedge^k V \quad (k = 0, 1, \cdots, n)$$

と
$$\wedge^k V^* \quad (k = 0, 1, \cdots, n)$$
である．この $\wedge^k V$ と $\wedge^k V^*$ は自然に互いの双対になる．そのペアリングは，具体的には土台の V と V^* のペアリングを用いた行列式で表示できる．

さて，ここで $k = 0$ の場合はスカラーのなす1次元空間．また次元は
$$\dim \wedge^k V = \dim \wedge^k V^* = \binom{n}{k}$$
と二項係数で表わされる．普通の $n = 3$ なら，スカラー体は実数 $\mathbb{R}$ として，
$$\mathbb{R} = \wedge^0 \mathbb{R}^3 = \wedge^0 \mathbb{R}^{3*}; \quad \wedge^3 \mathbb{R}^3, \wedge^3 \mathbb{R}^{3*}$$
という3つの1次元のベクトル空間と
$$\mathbb{R}^3 = \wedge^1 \mathbb{R}^3, \wedge^2 \mathbb{R}^3, \quad \mathbb{R}^{3*} = \wedge^1 \mathbb{R}^{3*}, \wedge^2 \mathbb{R}^{3*}$$
という4つの3次元のベクトル空間が，この構図に現われる．土台の V が，非退化双1次形式（例えば内積）で V^* と同一視されると，それを通じて k 次の外積にも互いの双対との同一視が誘導される．通常の内積を考えた時は $\mathbb{R}^3$ のユークリッド構造とは，空間に於けるピタゴラスの定理に他ならない．それが $\wedge^2 \mathbb{R}^3$ に反映されると，面積版のピタゴラスの定理となる．つまり，3次元空間に置かれた平面図形（例えば三角形）E を各座標面に正射影した図形を各々 E_{12}, E_{23}, E_{31} として，面積を $|\cdot|$ と表わした時，
$$|E|^2 = |E_{12}|^2 + |E_{23}|^2 + |E_{31}|^2$$
が成り立つということである．中学校（？）以来，ピタゴラスの定理を直角三角形の辺の上に立てた正方形についての面積の移動で証明する（これはユークリッドの伝統なのだろう）ので，「面積版のピタゴラス」などというと，各面の上に立体を作るのかと思ってしまう可能性も大いにあるが，実はそうではない．面積の自乗なんてギリシャ的な幾何学的意味は不明（何しろ4次元量になる）だが，正しいピタゴラスは，この形なのだ．これは次元が上がっても同じで，行列式での対応物がグラム（Gram）の定理というのも，森さんから学んだこと（だと思う）．異なるベクトル空間を次元が同じだからと無理矢理同一視するとベクトル積が出てくるが，これについてはまた別に話そう．

ところで，ピタゴラスの定理を「三平方の定理」などというアホな呼び方をするのは，どうやら戦時中（前にも言ったが，「戦争」とは太平洋戦争）の極めて**愚かな**「敵性語排除」から来たらしい（『エウクレイデス全集』1，東京大学

出版会, p. 244). ピタゴラスがギリシア人かどうか, 古代人の国籍は難しいが (『ゼータ研究所だより』(日本評論社 2002)ではクロトン), カタカナで書くものをすべて漢字(＝元々は外来語)に直すという短絡的なナショナリズムの弊害を, 現在のすべての高校生・大学生その他諸々の国民が蒙っている. 面積版のピタゴラスは「四平方の定理」とするのか. そんな言い方は国際的には通用しない. Four square theorem は, 任意の自然数が四つの平方数の和で書けるというラグランジュ(Lagrange)の定理を指すにキマットル. そこまで言わなくても, 次元毎に「何」平方の定理というつもりなのか. そんな自明な疑問が控えていて, ピタゴラス以外の呼称の選択があるわけがない. いつまで「三平方」などにコダワルつもりなんだ.

現在が「戦前」でないことを**切**に祈る今日このごろである.

註

[註0] アフィンとベクトルという双子もどきをホクロで区別するというのは, 往年の双子スター「ザ・ピーナッツ」の姉エミと妹ユミの区別の目印がホクロだったことの連想だが, あるのが姉だそうだ. とすると, ベクトルが兄なのか. いや男女をいれかえているから弟の方でいいか.

もう一つ, ホクロと原点で連想されるのが, 赤塚不二夫の『天才バカボン』だ. 漫画を, しかも天才漫画家のギャグを, 文字で説明するのは難しいが, 学生紛争の女性闘士が出てくるシーン. 詳しく言うのがちょっと憚られる内容ではある(フェミニズムから袋叩きにされそう). その漫画は, 両親が弟の大学祭に行った折に, 暇そうな古本市でたまたま買ったもの. 私は赤塚不二夫を尊敬しているが, 系統的に研究したわけではない. しかし, どんな断片も, 古典落語と同じく, 忘れがたく私の血となり肉となっている.

[註1] にもかかわらず「あってよいはずのものが, なぜないのか」という「欠如」の認識は, 高等動物の頂点を極める人間でさえ, 容易ではない, という有用な指摘が内田樹によってしばしばなされている.

[註2] もっとも, そんなベクトルの定義というのをむかしの教科書で読んだような気もするが, 何かの間違い, 或いは幻だろうか. ついでに, もう一歩踏み込んで, 相似変換を考える話がワイルにはある. 昔はみんな幾何学の基礎を真剣に考えていたのだ. しかし, 私はいまだ「一般人」として, このような真摯な議論を横目で見て通り過ぎるだけである.

[註 3] 二点を動かせば，空間全体の平行移動が生じるという，ちょっと大掛かりな仕掛けが納得いく形で作れればいい．あとで出てくるガロアは，力業をもって，それがきちんと実行できたのである．

[註 4] それではアンマリなので，一応数学的に定義しておけば，群が単純推移的に作用する空間のことを，その群の「主等質空間」というのである．

[註 5] 森さん流の「スレスレ世界」は，『現代の古典解析』第 4 章にある tangential の訳語．そのあとの余談の引用：《tangent というのは '接' と訳すのだが，たとえば 60 点のことをタンジェントという．》

[註 6] 運動の記述，つまり幾何学的枠組みをキネマティクス(kinematics)，略してキネマ(映画と同じ符牒になるのは偶然ではない)，というのに対し，運動学自体，つまり物理法則の記述をダイナミクス(dynamics)，勝手に略してダイナ(往年のヒット曲と同じになるのは強引)，という．これは個人的な符牒でした．

[註 7] 『高橋秀俊の物理学講義』(ちくま学芸文庫)の第 2 章のタイトルは『力について』で，その p.022 に本質的な主張がある．少し長いが引用する：

《一般に力を，自然の欲求を表すポテンシャルの勾配として考えることにすると，力というものが，非常に直観的な意味をもつと同時に，広い領域に通用する一般的なものとなる．力学の場合の普通の力でも，運動方程式によって質量と加速度の積として力が定義されるのではなく，何か変位を起こさせようとする自然の "欲求" が，たとえば弾性体とか重力場とかにあって，その強さとして知覚されるのが力であり，つり合いということを利用してそれを異種のもの同士比べることによって，矛盾なく定量的に扱えるようにしたのがフック(Hooke)の法則とか，万有引力の法則とかである．つまり，力とそのつり合いということは，静力学の範囲だけですでに認識されることがらであって，慣性質量という概念を元としなくては定義できないものと考えるのではない．》

[註 8] ロゲルギストエッセイ『物理の散歩道』(岩波書店)，『新 物理の散歩道』(中央公論社，ちくま学芸文庫)のシリーズは，なんともカッコイイ出版物である．

[註 9] ワイル『空間・時間・物質』(ちくま学芸文庫)をやや先走って引用すると，上巻 p.086：

《したがって**変位はひとつの反変ベクトルまたは 1 階の反変テンソルである**ということになる．同じことは運動している点の**速度**につ

いてもいえる》

とまず言って，つづいて

　　《力も変位と同じように表現されるという点に，力の幾何学的な特徴があらわれていると思う．しかし力のこのような表現は，力の物理的本質をよりよく表わしているものと信じられている現代的な考えと対立する．》

と述べ，式による説明のあと，結論：《この等式から**力はひとつの共変ベクトル**であることがわかる．》

[註10]　北野正雄『新版　マクスウェル方程式』(SGC Books P4, サイエンス社 2009) の「新版へのまえがき」：《初版の出版以来，テンソル，微分形式の記法や概念が馴染みにくいという指摘が多く寄せられている．(中略) 躓きの主たる原因は双対空間の概念であるが，線形代数など大学初年度のカリキュラムにおいてもっと積極的に扱うべきだと考えるようになった．》とある．

　この本は，電磁気学に現われる諸量を，得難いほどに意欲的に腑分けして扱っている珍しいもので，幾つかの点を除いて，私が推薦したくなる例外的な本だ．が，上に見られるような一般の感想が，おそらく工学系の読者から寄せられているのだとすると(初版は2005年)，同じ大学に勤めるものとして，大いにガッカリさせられる．

微分篇(3)

「微分篇」なのに，いつになったら微分を出すつもりだ，などのお叱りが聞こえてきそうだが，もう「ちょこっと」待っていただけないか．出し惜しみしてるわけじゃないのです．実際，もちろん，話はとりあえず「微分」を出してからでもいい．ただ，微分したはいいけれど，その意味の何だかが判らないというのも困るだろうということ．微分より以前に，「数」ではない「量」の捉え方を，まずもってコダワリの対象に据えたわけだ．

1∻微分量

ということもあって，実際「ベクトル解析」の授業などは，まずはベクトルに親しむ，という時間が設けられるのが普通だろう．ベクトルとして何次元のを扱うか，と言えば，2乃至は3次元．我々の住んでいる時空4次元が採られることは少ない．

ベクトル解析では，スカラー積(内積)に加えて，ベクトル積という，3次元特有の積(双線型写像)が標準的に用いられる．どうせそのあたりに限定して扱うのだったら，ハミルトンの四元数(quaternion)を使えばいいのではないかとも思う．少なくともその方が私の好みには合う(が，講義で実行はしていない)．四元数も最近ではCG(コンピュータグラフィクス)に関係して復権の兆しがあるようだが，ベクトル解析に於いては，今のところ主流になるほどではない[註0]．

私は，ベクトル積については，その数学的素性をはっきりさせないうちに，

単なる道具として導入することはしたくない．数学的に不自然さがあるものを無批判には使いたくはない，という立場にある[註1]．

但し，その道具だての解説は，代数的背景を要し，もし基礎に立ち戻るとするなら相当長くなる．だから，代数的純血主義は**ここでは**採らない．例えば，外積代数(グラスマン代数)についても，その存在をきっちり言うのは結構ウルサイのだ(幾通りも方法はある)が，そこまで厳格な論理は追わない．基本姿勢は次のとおりだ：それほど不自然でない交換関係を設定して，結合的(associative)な代数(= 環)は「大丈夫」作れる，信頼してくれ，心配なら代数の本で勉強するか，私に直接きいてくれ(いつになるか知らないが，機会があったら説明しよう)．なんだか，アヤシゲな態度だが，使えるページも無限にあるわけではないから，その程度の妥協は仕方がない．実のところ，本当に厳格に扱っている本はそれほど多くないのだ(内緒ですよ)．

それでも，敢えて何か挙げるとすると，えーっと，例えば，充分からは程遠いものの，『代数の考え方』(放送大学出版協会 2010)という本がある．本来ならブルバキの『代数』でも読みなさい，というのが「数学的」には正しい態度だろうが，さすがに実践的ではない．気軽にちょっと覗くことのできるものを挙げて，方向性を示す方がいいのではないかということ．これには，自分の本の宣伝というより，他の本を推薦して責任の所在を曖昧にしたくないという理由もある．

そう言いながらも，やっぱりまずは**微分する**とはどういうことかを述べないで，「量」の世界に浸り込むのも問題だ．基本的なところに話を向ける．

微分の考えは，曲がったものを，或る点を中心に，顕微鏡のようにドンドン拡大していけば，真っすぐな世界のように見えるだろう，という，今となっては，**アタリマエ**ではありながらも，若干**楽観的**な思想である．素直なものなら，それでいい．とりあえずそれを認める(近頃はやりのフラクタルなどは，それに反して，拡大しても同じような形状になっているという世界で，それはそれとして別の思想が展開される)．ここで，真っすぐにしたいのは，写像の定義されている世界．真っすぐになったそれを，その点での接空間(森さん用語で「スレスレ世界」と前回述べたもの)という．それは線型空間(= ベクトル空間)だ．写像の方は，だから，顕微鏡下世界，つまり微分した(モトの空間と行き先から決まる)ベクトル空間からベクトル空間への線型写

像として記述される．このように空間と写像が線型化されるのが，まず第一に微分するということ．そして一旦微分によって線型化されたのちには，線型代数の標準的な操作で，あらたな線型的な量が派生し，従って，写像のもたらす線型写像も，姿を変えていく．例えば，n 次元空間からそれ自身への線型写像があったとき，それが n 次の外積空間に引き起こす線型写像は，行列式倍という「正比例」写像だ．その意味は，もちろん（符号付きの）体積比である．

さて，ここで述べたような「量」は線型空間に住む．但し，大抵は単に線型構造だけが問題になるのではなく，相互関係として，量の「積」や「商」が絡む．加減に関しては，量の等質性（同種の量）が想定されるのが圧倒的に自然で，前回のようにアフィンな量から「差」によって，ベクトル量を生むという「発生的」な認識ができるが，異種の量についても，まずは「商」つまり「比」をとることで新しい量を得るのが自然だ．ここでも小学校以来の「掛け算」が先で「割り算」が後，という標準的導入は「発生的」認識に逆行するものと言える．その証拠に，「割合」を表わす単位，例えば「時速 km/h」や「密度 g/cm³」などはいくらでもあるが，積によって構成されたものは日常的には稀だ．節電と電気代に意識が向いても「電力量 kWh」それ自体が何かに思いをいたす一般生活者は少ない．

日常，目にするのは，面積や体積を除けば，殆どが 1 次元量である[註2]．だから，割り算も掛け算も，量の表徴としての「単位」を重要視しなければ，単なる「数」の演算のように見える．これに対して，多次元量となると，割り算も掛け算も，先験的にイメージしづらいのである．それは単に経験が乏しいからなのか，本来的に難しいのかと言えば，私は前者に与(くみ)する．

例えば，上でより基本だと言った「商」だが，ベクトルをベクトルで「割る」とは一体なんのことだ．スローガン的に言えば，それが行列（線型写像）になるわけで，比例定数の多次元化が「行列」となる．これは線型代数を学んで，最初に**幸せ**を感じる箇所である（えっ，感じたことがないですか，それは残念）．その基礎には，基底を決めた時の「成分」がある．1 次元の場合は，成分をとることは，割り算することに他ならないのだが，次元が上がると，単一の演算としての「割り算」が姿を変えて，多次元での「割り算」の役割を果たすことになる．

ベクトル的な量もこのような考えをはじめとする,多様な構成が控えている.それを忘れないように押さえた上で,まずは,最も基本的な「世界とそこに直接付随する微分世界」を捉えることになる.

2 ❖ 座標

量を数値化するのが**座標**である.「座標」という言葉も「原点」に似て,文学的神格化とまでは言わないが,格別の役割を担う附加的イメージを伴う.「量」を測定(装置)と一体のものと解釈するのは,量子力学に於ける「量」概念の定式化:線型演算子が「量」で,その状態「ベクトル」を測る――遷移確率を与える仕組み.そのような話も連想されるが,今は扱わない.但し,以前 IQ とは知能テストによって測られる「量」である,というトートロジーめいた皮肉な定義(揶揄)が流布していたが,そのような「人文社会的な量」というのは,そもそも測定装置と不可分なものではないのかという連想も生む.(横道に逸れてばっかりでスミマセン).

通常,典型的なのは「点」を特定する「座標」である.それが直交座標(cartesian coordinates)や極座標(polar coordinates)のように,点を「測定する」手段を込めて導入・説明されるので,そのすべてを特定しての仕組みを思い浮かべる.ただし,過剰な思い入れは,却って正確なイメージを損なう(misleading)だろう.ずっと気軽に,例えば「点」の住んでいる世界で定義された**函数**はなべて座標の役割を果たし得ると思うのがよい.座標という言葉は**座標函数**といちいち言い換えてしかるべきなのだ.通常の座標は,そのうちの最小箇数,最低限度の一組の函数ではあるが,その「最小性」・「一意性」が必要になるときには,別に議論すればよい.測り方は自由なのである.

これは何を意味するか.「点」は充分沢山の函数によって「測定」されることでその同一性(アイデンティティ)が担保されるという思想だ.通常は,これが有限箇で済む「有限次元」空間を考えることになるが,そうでない世界も普通に考え得る.例えば「確率」空間なら,「標本」や「事象」を特定するに,確率変数という「座標」を有限箇とってきても,いつも何かの曖昧さ(確率的な不確定さ)をもっているが,それはそのような空間が本来的に無限次元だということなのだ.

ちょっと話が拡散しかけているが，つまり，これは「微分」に至る前の「生の」世界に於ける双対性の確認である．「モノ」世界の単位である「点」を特定するのには，いろいろな測定による「測定値」である「座標」世界が，我々の認識の流儀だということ．現在では，発想を逆転して，「空間」を決めるのは，その上の函数全体(座標環)だという視点も，むしろ普通になっている．この点に関しては，解説をしだすと相当長くなるので，敢えて禁欲するが，空間と座標函数の双対的かつ相互的観点は，強調しておきたいところだ．

これを線型化したものが，ベクトルとその座標である．ベクトルの座標というときは，例えば線型空間の**基底を固定**することによって，必要最小限のデータが得られ，話は明快である．そのとき，座標とは，基底に伴う「成分」で，この意味の座標は，さきほど述べていた「測り方」との繋がりが密接である．しかし，一方，ベクトル自体は，基底とは独立して存在しているので，成分主体の記述方式は不可欠というものではない．

このあたりが，昔風の本と今風の本(昔風・今風という言い方が古い)の違いであって，「点」が数値化された「座標成分」によらなくても自立していると断言する勇気はワリと最近になって得られたものではないだろうか[註3]．ただ，線型代数に深入りする場ではないので，この話もほどほどにしておく．もちろん，関係は深いので，止める加減も難しいのだが[註4]．

ちょっと注意したいのは，上に言及した，ベクトル空間から新たなものを構成する際には，そこでの座標がどう記述に関わるか，ということも大事な点だということである．

3 ❖ 微分概念と微分世界

通常とは違うマエフリを続けてきたのは，森さんが強調したような「微分」世界を，微分係数・導函数を介することなく意識するためである．導函数はともかく，「微分係数」とは「微分」世界の「係数」の筈だから，「微分」がまず確立されるのがたしかに本来の順序だ．もちろん，通常，微分と言えば，函数の「微分可能性」から出発する．しかし，それはどうなのか．微分概念が「極限概念」の従属物であるかの如く語られるというのは現代の常識である．それはニュートン・ライプニッツからオイラーの頃までの，或いは，更

にデカルトやフェルマーの時代に溯る「微分」(もしくは「原-微分」)概念が，コーシー以来の極限概念の定式化によって「厳密化」されたという歴史観に沿う．曖昧であったものが厳密になったのは確かだ．ただ，そのように一方向的に歴史が進歩するという固定観念によって見失われるモノもあるのではないか．いうまでもなく，デカルトやニュートンといった人々がライプニッツと共通の「微分概念」を有していたとは言えないかもしれない．しかしまた，それらが後世から見て未熟であったという断定は，まず確実に誤りだ．例えば，コーシーにしても，厳密化の立役者の如き扱いを受けているが，内実は，それ以前の「微分量」の感覚をはっきりもっている．実際，翻訳もある『微積分学要論』(小堀憲訳・解説，共立出版 1969)などに看て取れる．極限概念優先という現在の感覚に近づいたのは，実数論などの細かい議論が精密化する過程を通してだろう．それが，しかし，健全な流れだったのかというと疑問なしとはしない．

　森さんがそう主張していたとは言わないが，少なくとも「微分世界」が独立した概念であることは間違いない．例えば，多項式だけを扱うとしたら，微分概念に，極限は不可欠ではない．微分操作としてのニュートンの流率法は，その時代，バークリ(G. Berkely)によって批判の対象となったが，今の時代には発達した「代数」によって，その背景を全くスキップして形式化することも可能である．バークリの批判は微分係数を得る「背景」過程．そこが少々曖昧でも，形式が確立した今なら何の問題もない．実際，代数幾何など，実数の連続性とは無縁と言える世界でも「微分」は有効で強力な手段となっている．

　通常と違う行き方をしたための混乱が残ると困るので，順を追って説明したい．まず，微分概念を抽象化しておけば，充分「よい」函数(或いは函数に準じるもの)に対して，その微分が定義でき「微分世界」に移れる仕組みを確定しておくというのが重要である．それが一つ．その一方，概念の拡張は古い定義にこだわることはなく，必要に応じて柔軟に変えればよい．微分係数や導函数の定義も，その拡張の過程で変化することがあるのだ．それが第二の点である．この第二の点こそが，微分係数，或いは導函数を主体に「微分世界」を構築することへの批判であり疑問となるのだ(と，森さんがはっきり言ったわけではない)．

これでは，説明が抽象的過ぎて判りにくいだろうから，少し例（？）を述べよう．例えば，（よい）函数 f に対して，その微分 df が考えられる，とする．「よい」というのは現在からの用心を込めたのであって，考える函数は「微分」できると言うに等しい程度のことだが，当面は，前に述べたような「座標環」をとっておく．もちろん，それも局所的で構わない．ただ，そのようなことを含めて数学的に厳密に定式化することまではしない．以下，話を固定する為に可換環 $\mathcal{O}$ を座標環としよう．記号法（d を使う $deism$）を見るとライプニッツに従っているが，数学史的厳密さは大きく無視している[註5]，ポイントは「積の微分の法則」或いはライプニッツ則（Leibniz rule）

$$d(fg) = df \cdot g + f \cdot dg \quad (f, g \in \mathcal{O})$$

である．ブルバキ『数学史』によれば，（ニュートンと違って）ライプニッツ自身，この法則に到達するのは，そう簡単ではなかったらしいが，それはともかく，その分，普遍的な法則を志向した「らしさ」が名前に反映されているのかもしれない（コジツケめいているナ）．

微分量の世界は，このような函数の微分（無限小世界への移行）である df たちの「線型結合」だ．と言っても，微分世界である「線型化」は，各点でなされているので，点 p を特定して df_p たちが p での線型化された座標函数というわけ．そのときはスカラーは「数」である[註6]．点を（少なくとも局所的に）動かすと，係数は各点毎に変わる函数 $\mathcal{O}$ をとって，微分量の世界 $d\mathcal{O}$ は $\mathcal{O}$-加群と考えるべきだろう．そもそもライプニッツ則自体，少なくとも最初の設定で，それを要請していることになる．

どのように厳密に微分世界を作るかは，技術的なことで，検討の余地が大きいが，それができたなら，「微分係数」は文字どおり，「微分量」のあいだの係数として現われるのである．

4 ❖ 微分量と微分係数

話が錯綜して判りにくいかもしれない．少し整理してみる．登場人物は，考える空間（名前をつけていなかったので，それを E とする）と，その上の「函数」のなす座標環 $\mathcal{O}$ と，函数の「微分」df のあつまり（正確には，その $\mathcal{O}$ 係数の「線型結合」）のなす $d\mathcal{O}$ である．空間 E の点 p に於いて，その周りを

顕微鏡的に拡大してできる「線型空間」が，点 p に於ける「接空間」(tangent space)である．函数の微分 df（正確には，点を特定して df_p）は，その接空間の「座標」ということになる．この「座標」は単に接空間の上の函数ではなくて，「線型函数」つまり，接空間の双対である．

通常，空間に即した位差的なものをベクトルと思い，ヤジルシで表わす．より正確には，接空間に住んでいるベクトル，つまり「接ベクトル」こそがピッタリそれに当たる．対して「微分」df_p の方は，双対（余接空間）に属し，今の意味でのベクトルとは区別すべきだ．名前をつけるなら「コベクトル」である．同時に，函数の表象としての「絵」はヤジルシではなく，空間に描かれた「等高面」の集まりとなる．但し，それは無限小世界の真っすぐな等高面なので，平行な（超）平面からなる[註7]．

さて，説明のためには，空間 E も一般的で複雑なものを考える必要はないので，普通に思い浮かべる「目の前の」平面や空間等々を採る．ベクトル空間，或いはアフィン空間として見たときの素直な座標系（点を原点との差のベクトルで表わして，ベクトル空間の基底を決めて，その成分をとる）から得られる基本的な座標函数を x, y, z（と書けば3次元空間を選んだことになる）などとする．このときは，それらの微分（differential）である dx, dy, dz との区別が，却ってつきにくいかもしれないが，その関係をきっちり考えるのも一つの演習問題だ．これは読者に任せよう．ところで，これら dx, dy, dz は点 p を決めるごとに，その余接空間の基底になる．すると，函数（よい函数）f の微分 df は各点 p 毎に dx, dy, dz の一次結合（線型結合）として書ける．その係数を（点 p での）（偏）微分係数（(partial)differential coefficients）という．式で書いてみるとスカラー $a(p), b(p), c(p)$ を以って

$$df_p = a(p)dx_p + b(p)dy_p + c(p)dz_p$$

となるわけだが，これらの係数を偏微分の記号で

$$df_p = \frac{\partial f}{\partial x}(p)dx_p + \frac{\partial f}{\partial y}(p)dy_p + \frac{\partial f}{\partial z}(p)dz_p$$

と書く．通常は p を特定せず

$$df = \frac{\partial f}{\partial x}dx + \frac{\partial f}{\partial y}dy + \frac{\partial f}{\partial z}dz$$

と書く．この場合の係数は函数となるので，偏導函数（partial derivative）と

いうことになる．

もし，空間が1次元なら，係数を取り出す操作は本当の割り算(同種の1次元量の比)である．このとき微分係数は，そのまま割り算の記号を以って

$$\frac{df}{dx}(p) = \frac{df_p}{dx_p}$$

と書いてよい．微分商である．しかし，次元が上がると，成分を取り出す操作は微分量の割り算そのものではない．当然，記号も同じではいけない．偏微分係数を得るのは他の独立変数の値を動かさず，一つの変数(例えば x とか y とか)を動かして，1次元で見知った微分操作(差分商の極限)を行うことになる．したがって微分商との差はつけつつ，類似の記号を使う．

ここで，偏微分の記号に関わる注意が標準コースの「お約束」．例えば $\partial f/\partial x$ と書いたとき[註8]，その中には f と x しか表立って現われないので，その二つによって決まるモノのように見えるが，実際は x の方は，独立したものではなく，それ以外の座標 y や z にも依存している．つまり，分母に来ている方は，完全な座標系を決めてはじめて意味を確定できるものだということ．それは，上に書いたように，余接空間の基底を決めて，その係数が決まることを思い出せばよい．或いはまた，他の変数を「動かさずに」差分商の極限をとるという通常の定義を見ても，他の変数に依存していることは明白である．

そして，注意は更に続く：余接空間に住む(コ)ベクトル df_p を基底 dx_p, dy_p, dz_p の線型結合で書いたときの係数をとる操作

$$df_p \longmapsto \frac{\partial f}{\partial x}(p),\ \frac{\partial f}{\partial y}(p),\ \frac{\partial f}{\partial z}(p)$$

は余接空間上の線型函数である．つまり，余接空間の双対(＝接空間の双対の双対)に属するもの，言い換えれば，もとに戻って接空間の元，接ベクトルを与える．そう，接ベクトルとは，(接)空間の点の差であるが，函数に対しては，「函数値の無限小差」による微分操作の役割をするのだ．

実際，接ベクトル v を一つとれば，その方向の方向微分係数

$$D_v f(p) = \lim_{t \to 0} \frac{f(p+tv) - f(p)}{t}$$

が考えられる(ここで E は上のように3次元のアフィン空間としている：先

ほどの「演習問題」を是非とも意識してほしい）．つまり，接ベクトルという1次元方向に制限すれば，通常の差分商の極限で微分操作が得られる．これと，先ほどの偏微分係数での注意：$\partial f/\partial x$ は x のみで決まらない，とどう関係しているか．どちらも1次元の方向を E の中に決めるのだが，その記述の仕方が違う．接ベクトルの方は，そのままそれ自身が1次元のモノ．対して，座標を用いて1次元のモノをあらわすには，例えば $y=b$, $z=c$ という図形（x だけが自由に動ける）を用いたわけだ．このように図形を記述するにも外延的と内包的という，互いに双対的な方法がある．

電磁気学にかかわる量の世界も同様に異なる空間（例えば前回の最後の節参照）で記述されるものと認識することによって，より明快になるが，これを予告として，説明は次回以降にまわす．

ここまでが，偏微分係数についての注意．さきほど（第2節の終わり）に言及したように，座標によらない記述法こそが本来だと思うなら，df という微分量をそのままで扱うのがよい．しかし，具体的な計算には，結局，座標系を決めて1次元に帰着させた「成分」を利用することになる．このような多成分量を「コベクトル」ではなく「ベクトル」と看做したものを，ベクトル解析では「勾配ベクトル」(gradient)と呼ぶ．

5 ❖ 高次・高階の微分量

ここで，今のような考えを背景に，きちっとした，極限概念にもとづく微分係数の定式化をすべきで，それは大学初年度の微積分のひとつのポイントである．しかし，函数を微分する（導函数を求める）というのは，それだけが唯一の方法とも言えない．

例えば，普通の意味で微分可能でないような連続函数でも，超函数（Schwartz distribution）の意味でなら，導函数が定義できる．その際，各点における微分係数は必ずしも意味がないが，微分概念自体は揺らぐことなく意味をもつ．

そういう方向での「微分概念」の優位性については，ほのめかす程度にとどめよう（これ以上話題を拡げては収拾がつかない）．以下，ごく簡単に，微分 $d0$ から派生する諸量について注意したい．実際，この線型化された1次

の微分量はいいとしても，次の段階が現われる際には，大抵何の断りもなしに話が始まり，状況を理解するのに多少の時間を使うことになる．

おそらく最初に「高次」の量が現われるのは積分で，「外微分形式」が使われる．何故便利なのかはともかく3次元なら
$$dx \wedge dy \wedge dz$$
のような量を用いて積分する．この $\wedge$ は積の順序を変えると符号も変わるという風変わりなもの．だから，その積では1次の微分の自乗は0になる．

高次の量はそういう風に(外)微分形式のことなのかと思って納得していると，のちのちリーマン幾何に一般化される線分要素
$$ds^2 = \sum_{i,j} g_{ij} dx^i dx^j$$
の式が現われ，曲面上の距離を決める．ええっ，外微分だったら自乗したら0なのに，この式は一体なんだ？ 慣れたと思った自信が揺らぐ．

さらに，2階の微分 $d^2 f$ は外微分としては0だが，2階の微分作用素を考えるときにはそんな量をもとにするのが合理的な答なのに，困るじゃないか．一体どう考えるのがよいのか．

今回最初に「微分したはいいけれど，その意味の何だかが判らないというのも困る」と述べたのは，こういう疑問を先取りしていたのだ．しかし，数学を「体系的」に記述して，疑問を予め潰しておくというのは，できるものならやればいいが，そう完璧には行かない．折衷的，場当たり的な説明を織り交ぜるしかないのだ．

上の疑問について述べれば，一つの線型空間 V から，掛け算を備えた高次の量(テンソル量)が，一つは外積代数 ΛV，一つは対称代数 SV として作られる．それらは別々の世界だが，基礎にあるのは同じ V なので，記号が混じってしまうのだ．これは微分量で言えば各点での余接空間を基礎としたもの．点を動かせば係数を函数 $\mathcal{O}$ とした代数が現われる．それが外微分形式や線分要素の世界．高階の微分はさらに，外微分 d を加えた対称代数だが，今回は入り口以前で我慢しよう．

註

[註 0] CG に関して，知識のない私は，見当違いなことを口走っているに違いない．

ところで，森さんは『異説数学者列伝』(蒼樹書房 1973；ちくま学芸文庫 2001)のハミルトンの章の中で，《大学を出て間もない頃，薄暗い図書室の片隅で，ふとした気まぐれから『四元数講義』を手に取ってみたことがある》と書いている．おそらく『講義』(Lectures on Quaternions)ではなく『原論』(Elements of Quaternions)の間違いではないかと思う．日本で『講義』を所蔵しているところがあるのか(東大にあるのか)，ちょっと疑問だ．『原論』なら多く出回っている．これは，生前の森さんに質してみたかったことの一つである．ちなみにハミルトン全集は立派なものがあるが，独立した書物は収録されていない．しかし，今や，このような歴史的文書もネット上で見ることができる．なんとも便利な世の中になったものである(と手放しで喜んでいいのかどうか)．

[註 1] あとでもでてくるが，不自然さは，「積」という双線型写像が結合律(associative law)を満たさない，ということで，その背景には，自然でない線型空間の同一視がある．但し，ベクトル積は四元数の「ベクトル部分」(複素数で言えば虚部に対応)に現われるが，その場合は，無理に引き裂いた残りの「スカラー部分」(複素数で言えば実部)と併せて結合的となる．因みに，「結合律」とは四元数を発見したハミルトンがはじめて意識した法則とされる．きっかけは八元数で，そこでは結合律がみたされない．そんな異常な事態に気づいたのが発端である．八元数(octonion)は，今では，ケーリー(A. Cayley)がその発見の栄誉を得ているが，ハミルトンの友人グレーブス(J. Graves)もハミルトンの四元数の発見に触発されてケーリーとは独立同時期に得ていた．そこに何か「おかしい」ところがある，と感じたハミルトンが分析して見つけたのが結合律の成否だった．

一方，ケーリーが八元数について発表した論文は，主題は楕円函数についてだが，その部分は相当杜撰で全集収録の際に八元数以外の部分が削除され，たった 1 ページという代物(全集第 1 巻, 21 番の論文)．全集はケーリー存命中に編まれはじめ(全 13 巻, 14 巻目は索引)，半分くらいが刊行されたところで亡くなった．存命中に編纂されたものの巻末には著者のコメント(Notes and References)が附されているが，件(くだん)の八元数の論文のコメントには前半部の削除の理由は記されていない．その代わり，上に言及したグレーブスの論文についてきちんと記載がある．それでも今は八元数はケーリーの名前のみとともに記憶されるという全く奇妙な巡り合わせが生じている．

ついでに藤沢利喜太郎はケーリーが亡くなった際に，『東京物理学校雑誌』42 (1895)（『藤沢博士遺文 上』所収）に稿を寄せている．評価は相当辛辣で，ケーリーを二流数学者と断じる（二流の上，但し，代数学に於いては一流）．理由も縷々記されていて面白い．他の数学者の追悼文との差があまりにも顕著だ．発表時にはペンネーム「アノン」の署名の下であった．

[註 2] 小学生時代，「単位」に凝っていた頃（みうらじゅんの用語では「マイブーム」），調べると「立体角」なるものがあると知った．でも普通の角と違って複雑な図形があると思って納得しがたかった．球面上の図形の面積自体は考えることはできるが，包含関係の情報が失われるという点に異和感を覚えたのだ．

[註 3] 座標を表に出さない方式（coordinate-free）で，微積分を講義するのは「現代的」(modern)で，恰好はいいのだが，具体的な計算をするに当たっては，結局座標を導入するので，両方の説明をしてしまい，時間が倍掛かる．大きなジレンマである．

　　ちょっと面白いのは，ワイルは『空間・時間・物質』のなか（I 章§6のおわり；ちくま学芸文庫(上) p.111）で，座標を用いないテンソルの扱いは《全く不都合》であり《われわれはこのようなでたらめな形式主義の跳梁に対し強く抗議しなければならない．》とまで言い切っていることだ．

[註 4] 森さん自身，座標によらない線型代数を志向するが，自分自身が《高所恐怖症》なので，時に座標にたよる，というようなことをどこかで書いていた（スマン，出典を調べるヒマがない）．

[註 5] ニュートンとライプニッツによる微積分の先発権争い以来，周辺数学者も何かと自分の流派の優位を競っていた．大陸では，ニュートン流（$\dot{y}$ とドットを用いる）を dotage（= おいぼれ）と貶め，ライプニッツ流（d を用いる）を deism（= 理神論）と賞揚した．

[註 6] 「数」＝「スカラー」をはっきりさせていないのだが，スカラー体を可換体 $\mathcal{C}$ とすると，座標環 $\mathcal{O}$ は $\mathcal{C}$ 上の環（$\mathcal{C}$-algebra）である．この $\mathcal{C}$ は函数としては「定数函数」と看做すべきものだから $c \in \mathcal{C}$ に対しては $dc = 0$ が要請される．別の言い方では，d が $\mathcal{C}$-線型という要請である．逆に $dc = 0$ なるもの全体を定数函数とするかどうかは，定式化として微妙な選択だが，今は代数的にキッチリした話に踏み込まない．況して，定数体を措定しない絶対数学などにも言及しない（って，それは言及じゃないのか）．

[註 7] 函数は数，つまりスカラーのなす 1 次元ベクトル空間に値をとるので，原則として（= 例外的な場合をのぞき），値の等しい集合は，余次元 1 のものとなる．それは，空間に対してはそれは等高「面」だし，より次元

が高いものだと等高「超曲面」である．2次元の平面だと，もちろんそれは等高「線」．

[註8] ここで，数学や物理など数式がでてくる印刷物についての常識の説明．この偏微分の記号は本来はタテに高さが広がった分数の形をしているが，それを普通の地の文に入れるときは見栄えの都合上，ヨコに寝かせる．というのも，タテにすると二行分使い，前後に余計な空白を入れることになるから．

類似の事情は，指数の肩が分数でも起こる．その時は文字が小さくなりすぎるのを避けるため．

しかし，事情を知らない学生は，セミナーなどで喋るとき，テキストに忠実に式を写す．その度毎に，黒板は広いので，そんな窮屈な縛りから自由になってよいのだと説明しなくてはならない．だいたいヨコにすると不必要な括弧も時に入れなくてはならなくなったりするのだが，それすら気づかない．

16 微分篇（4）

「微分篇」は，前にも増してテーマが広く拡散気味．「積分篇」でも同様な危険性はあったのだが，なんとか話題を絞って抑制した．それに対して，一旦ひろげてしまった「微分篇」のテーマは，いまさら縮小することも難しい状態だ．ならば，当初の方針に従って，成り行きにまかせて話を進めていく外ないと居直ることにしよう．はじめは獺祭のごとく，終わりは脱兎のごとく，と行くかどうか．（大丈夫なの？）

1 ❖ 微分可能性と微分係数の定義

前回は，微分概念それ自体を，極限概念のなんら厳密な定義もなしに解説をした．なんという離れ業，或いはクソ度胸であろうか．もちろん，本書は，教科書ではないから別段問題もないのだが，それでも少しキチンとした定義くらいは述べておくべきだろう．

1変数だけで通用する「高校式定義」（と言ってもブルバキ『実一変数関数』では，そんな古典的定義だったが），つまり，差分商の極限という微分係数の定義（極限の存在が微分可能性）は大学では「1次近似」（可能性）という汎用性の高い定義に移行する．これは多変数では一種必然である．ここで，言うまでもないが，1変数・多変数の区別は，独立変数（つまり「定義域」）についてであって，従属変数（つまり「値」）について言うのではない．値の方を増やすのは，単に「成分」を並べることに等しいから，本質的な困難は殆どない．それに比べて，前回も見たように，独立変数を1次元に制限して，「商」によ

って微分係数を取り出すの(偏微分)は可能だが，それらの「寄せ集め方」と「意味」は明確ではない．少なくとも「座標系」の取り方に依らないモノを取り出しているのかどうかは問題だ．

というので，一応定義を述べる．設定として V, W をベクトル空間とし，f は V の(空でない)開集合 U で定義され，W に値をとる写像とする[註0]．点 $p \in U$ に於いて f が **微分可能** というのは

$$f(p+v) = f(p) + L(v) + \varphi_p(v)$$

と書けること．但し，$v \in V$ であり，L は V から W への線型写像，そして，残りの(剰余)項 φ_p には条件 $\varphi_p(v) = o(v)$ が要請される．この最後が本質的で，o はランダウ(E. Landau)の記号(スモール・オー)である．つまり，v が 0 に行くより速く 0 に行くという意味で，普通の極限で書けば

$$\lim_{v \to 0} \frac{\varphi_p(v)}{|v|} = 0$$

である．が，おっと，分母の $|v|$ ってなんだ．通常はベクトル空間のノルムだが，だったらノルムという構造を込めてベクトル空間(ノルム空間)を考えなくてはならないのか，というと，確かにそうではあるが，実はそうでもなくて，有限次元ならどんなノルムをとっても同じ内容になる(無限次元ならノルムを特定しなくてはいけないのは言うまでもない)．ここも，分母を払った形で書いておくのが「正式」で，その時は

$$\forall \varepsilon > 0, \ \exists \delta > 0, \quad |v| \leq \delta \Longrightarrow |\varphi(v)| \leq \varepsilon |v|$$

である．大学に入ったら，割り算の分母はできるだけ払うようにした方がいい．(もし教科書が「正式」でないなら自分のノートでは直しておこう)．

線型写像 L を p に於ける f の微分係数と呼びたいが[註1]，その前の「お作法」は L がただ一つに決まるのかを当然チェック(well-definedness)．それは線型写像が $o(v)$ なら 0 写像であることを見ておけばよい．容易な演習問題である．こうして正式に定義された微分係数を，

$$Df(p) : V \longrightarrow W$$

という記号で書こう．これは $p \in U$ を止める毎に線型写像．線型空間 V, W に基底をとって記述すると，その成分が，偏微分係数となり，それを並べた「行列」が(全)微分係数である．「全」という文字はこの文脈では不要だが，1次元に帰着して定義しやすい偏微分係数に対置するものとしてつける(旧

い)用語法である．

　式の意味を今一度確認すると，定義式の右辺の $f(p)$ は 0 次の項で 1 次の項が $L(v) = Df(p)v$ である．これらで決まる 1 次式を差し引いた残りの $\varphi_p(v)$ が v とのオーダー比較に於いて 1 次より速く 0 に行くことで 1 次近似の意味が確定する．

　微積分の講義では，このあと，この定義から必要な性質を導きだし，理論を展開するのだが，教科書ではないので，そこまではしない．ツマミ喰いで勘弁してもらおう[註2]．

2 ❖ 平均値定理無用論

　とは言っても，微積分の理論上の枢要と奉られている「平均値定理」に触れないわけにはいかない．それが実際，そうなのか，そうでないのか，という争点はあってしかるべきなのだが，今も殆ど無反省と言ってよいほど揺るぎない地位を占める．その状況は，あまり好ましくないし，是非とも**蒸し返しておきたい**のだ．もちろん，大学の現状を見ると，蒸し返す現実的意義は疑問である．なぜなら，それを争点とする理論的水準を維持して講義できる機会は稀だから．

　それとは別に，歴史的な由来を反省してみる．判りやすい構図は，コーシーを嚆矢とする（ダジャレにもなっているんですよ）厳密化の流れのなかで，微分積分の基本定理の基礎に平均値定理が据えられた，とするもの．しかし，本当に批判的に文献を読んでいなければ，俗説をなぞった以上にはでられない[註3]．大体，数学史と称しても，明快すぎる現代的解釈が紛れ込むことは避けられず，この話も，そのレベルを超えて厳密である筈はない．「微積分」の歴史は，どうしようもなく手に負えない代物なのである．

　それでも，コーシーがそのような（幾分不完全ではあっても）理論構成を始め，その方針が規範となり，厳密化されて行ったことは大筋に於いて確認できる．問題は，後知恵とはいえ，歴史と理論の相互関係のあり方だ．つまり，長い間，さまざまな解析教程でもその方向がさほど疑われることなく引き継がれてきたのは，数学の「保守的」傾向なのか，なんなのかということ．「数学社会学」があるとしたら，面白い研究テーマとなるものだろう[註4]．

端的に言うと，固定観念の根強さである．例えば，本書でも，「積分篇」と「微分篇」などで複数回触れた「連続函数のリーマン積分可能性に一様連続性は不可欠」なる「迷信」．同様に「区間で微分して0なら函数は定数」という基礎定理に「平均値定理は不可欠」なる「迷信」．それを打破しようというのが「平均値定理無用論」だ．威勢よくディユドネ(J. Dieudonné "Foundation of Modern Analysis" 1960) がそう主張したので，当然「リーマン積分と一様連続性」より「迷信度」は低い．が，どれほどそれが浸透したのか．このような「思い込み」について，「数学社会学者」ならどう処理をするか，と妙な妄想をしてしまう．

　『現代数学とブルバキ』(数学新書 1967)では「平均値定理不用論」だが，『現代の古典解析』(現代数学社 1970)では「平均値定理無用論」で，この種の命名は，森さんによるのかもしれない．私が最初に知ったのも多分そのあたりだ．但し，増分不等式の直接証明は『ベクトル解析』(国土社 1966)に既にある．『現代の古典解析』が雑誌連載(『現代数学』創刊 1968)だったことを考えても，そちらの方が早いことになるが，1ページの別枠で，本格的な紹介ではない．

　さて，「平均値定理無用論」とはなにか．『現代の古典解析』第7章「近似と極限」(ちくま学芸文庫版では p.108 から)の冒頭がズバリそのサブタイトルの下，事情を説明している．少し引用してみよう：

《今まで，「平均値定理」というと大学の微積分の中心とまではいわないまでも，きわめて重要な位置を占めていた．どうして，それが「無用論」などといわれるようになったのかというと，こういうわけである．平均値定理というと，それ自体の直観的把握の容易さの利点もあるだろうが，機能的には，関数 f の値の変動が導関数 f' を用いて
$$f(b)-f(a) = f'(c)(b-a)$$
と規制されることにあり，ここで，「ちょうど c における値で」という部分はそれほど必要ではなくて，たいていは増分の不等式評価で
$$f'(x) \leq k \text{ ならば } f(b)-f(a) \leq k(b-a)$$
の形だけでよい．ふつうの「平均値定理の証明」は，最大値定理かなにかを使って c を確定するのだが，不等式評価だけでは確定する必要はない．そこで

平均値定理のかわりに増分不等式ですまそう
というのが，無用論者のスローガンである.》

続いて，森さんは増分不等式の証明に関わるコメントをするが，今は省略し，あとで，論点を整理して比較することにしよう.
「ちょうど c における値で」という等式型の定理は値が実数(1次元)でないと言えないが[註5]，不等式の形なら，値の次元が上がってベクトル値になっても，正しく，「無用論」の一つの大きなポイントである．他に，ブルバキ『実一変数』の原始函数の定義にある可算箇の例外を許す定式化では，ちょうど c という値が見つけられるとは限らない．ここは定式化自体がゴタゴタしているという話は以前した(「積分篇(1)」).
「無用論」が，少なくとも日本ではっきり話題になったのはディユドネの解析教程(『現代解析の基礎』(森毅訳，東京図書 1971)と訳出された部分)がきっかけだろう．それにしても，ディユドネは本家ブルバキに義理立てなどしない(というより彼こそがブルバキの分身[註6])だろうから，そんなゴタゴタも意義あるものと見ていたことになる.
今から思えば，「無用論」は充分スッキリ展開されたわけでもなく，強引な論調は，ちょっとばかり目をそばだてせたスローガンとして扱われ，その程度の話題にとどまった．従って，多分それが理由だろうが，その後も主要な潮流を形成できなかったように思う．積極的**「平均値定理無用論者」**である私としては，この状況は，もちろん，残念である．
森さん以外にも「無用論」に触れた記事はあるけれど，そう多くないように思う(充分調査したという自信はない)．まず，笠原皓司の「微積分エッセー」というシリーズの一つはサブタイトルが「平均値の定理をめぐって」(『現代数学』1975.9)である．森さんの述べるところと重複も多い(そりゃそうだ，二人は同じ京大教養部での仲のよい同僚)が，他にも読むべき内容は多い．例えば，通常，平均値定理はロル(Rolle)の定理に帰着させて証明するが，なんと，《ロルというのは17世紀の数学者で，彼は当時の新しい学問「微分積分学」が大へんきらいであったという．彼の名が，そのきらいだった学問にとって基本的な一つの定理に冠されているのは皮肉といわねばなるまい．しかし，このことはまた，ロルがこの定理をみつけたのは，微分積分学に役立

てようと思ってしたわけではないことを示している．それを「ロルの定理」といって微分積分学に取り入れたのは後世のことなのである．》と，皮肉で意外な背景が明かされる．そして，《ではロルはなんのためにロルの定理なるものを作ったのか？　これは想像だが，多分彼は多項式の性質を調べる上でこの定理が有用であることを知ったのではなかろうか．（中略）実際，多項式についてなら，$f'(\xi)=0$ をみたす点というのは，ある一つの多項式の実根の存在を主張しており，それはもとの多項式の実根を分離しているという著しい特徴をもっている．》と，根の分離に関わる定理の側面を思い出させてくれる（高校数学では使ったことがあるし，高木『解析概論』でも，ルジャンドル多項式の根に関して，そういう使い方の例がある）．

　では笠原さん自身はどういう意見か？《ぼくは平均値定理無用論に加担するつもりは全くないけれど，どうも平均値定理は微分積分学の中で使われすぎているのではないかという気がするのだがどんなものだろうか．》と述べる．そして，具体的な分析のあとに，最後の節では，《平均値定理の悪口みたいなことを言ったようだが，別にそのようなつもりはないのであって，これはこれでなかなか有用な定理ではある．なくなった友人小針君が「平均値定理無用論」についていろいろ議論をしていた際，「平均値の定理みたいなカワイイ定理をなんでそんなにいじめんならんのや，無用とはまた大げさな…」といっていたのを思い出す．なるほど，この定理のないようそのものは目くじらを立てて言い争わなければならないほどのものではない．》という平均値定理の擁護（なんと感傷的！）を紹介しつつ，《しかし，平均値の定理は，（現在用いられてるように）ξ の存在は大して必要でなく，$f(\xi)$ の値の方が必要であるような場面で用いられている限り，やはり別の定理でおきかえた方がよいように思える．》と不等式評価に対しては無用論に近い．但し，《もっとも，平均値定理も ξ の存在がものをいうような場面では，積分公式などでは及びもつかない威力を発揮する．このことは平均値定理無用論者も有用論者も見過ごしがちなので，最後に強調しておく．もともとロルだって，この ξ の存在が大切だったにちがいないのだ．》と注意する．そして締めには《このように，ξ の存在そのものが不可欠であるような議論では平均値定理（ロルの定理も含めて）は大へん有用である．「過ぎたるはなほ及ばざるが如し」で，無用論も行き過ぎるとどうもいただけないようである．》と結ぶ．バ

ランスのよい，モノワカリのよいエッセーである．

　笠原さんの書いたもので，同様な趣旨を含んだものは「微積分のポイント」(『数セミ』1979.6)という記事もある．そこではディユドネを表に出して話をしているので，より無用論に近いが，上と同様**本来の**ロルの定理の使い方も強調される．

　引用が長くなるのを気にはしながら，もう一つ記事を紹介しよう．それは三村征雄「平均値の定理」(『数セミ』1976.2)とその補遺「ディユドネと平均値の定理」(1976.4)である．前半部は教科書と同じように平均値定理の証明や関連する定理・使い方の解説だが，後半には，歴史を溯り，クライン(F. Klein)が「コーシーが現代的な意味での微分積分学の創始者」とたたえた事実と，実際に『微分積分学要論』での扱いを確認・紹介する[註7]．このあたり，単なる解説で終わらせない著者の真面目さが窺われる．ついで，平均値定理無用論の紹介(ディユドネの主張)とそれに対する反論が続く：まず，無用論の大意を，古典的な等式型の平均値定理では，

(1°) ベクトル値では差分商に丁度等しい微分係数 $f'(\xi)$ を与える ξ は存在するとはいえないこと，
(2°) その ξ にしても，単に存在するという以上の情報は何もない，

という二点にまとめる．反論はまず，そもそもディユドネの本は大学院の講義だから，実数値函数についての微分学においても平均値定理が不要だというのではないだろう，と状況を自分側に引き寄せる．そして，(1°)について，一般化した場合に，もとのままの形で定理が通用しないのは普通で，一般化してこそ本質が明らかになったとしても，モトの定理を一般化したものに合わせる必要はない，という尤もな意見を述べる．(2°)については，存在定理というのは，そもそもそういうもので，存在が有用であればよいとする．数学の一般論に依拠する反論である．

　この記事でちょっと面白いのは，「平均値定理」を擁護しながら，最後には，不等式型の定理(増分不等式)を直接証明してみせる著者の意地であろう．

　この記事だけでも有用だが，さらに「補遺」がある．《またもや，平均値の定理を"やりだま"に》あげたディユドネのベネズエラでの講演を題材に自

分の主張を再確認する．半ページ程度の長さだが，その最後を引用：

《大切なのは等式でなく，不等式であるという．すべてをなんとかして等式の形で表わそうとするのは時代おくれの伝統(tradition périmée)である．その典型的な例が，平均値の定理を $f(b)-f(a)=(b-a)f'(c)$ の形に書くおろかな方法(façon stupide)であるというのである．

　私は教授の意見に大体において賛成するものであるが，ただ平均値の定理を等式の形に書くか，不等式の形に書くかは，それほど大きな問題ではないと思う．ディユドネ教授は大きな声で力強い調子の話をされる．拝聴していて，教授は，自分自身はっきりした強い意見をもち，それに照らしてすべてのものの黒白をたちどころに明らかにする，そういう型の数学者であるという印象をもった．いずれにしても，教授のような一流の数学者がどうして平均値の定理という一定理を目の敵にされるのであるかが私にはわからないのである．》

最後の「どうして平均値の定理という一定理を目の敵に」という一文は，笠原さんが小針さんの言葉として引用した「平均値の定理みたいなカワイイ定理をなんでそんなにいじめんならんのや」と似た，素直な感情表出．微笑ましい．ただ，これだけ平均値定理の**欠点**を正しく認識しながら「どうして平均値定理を**擁護**するのか私には判らない」と言いたくもなる．

3 ❖ 平均値定理と有限増分不等式

大学の教師も含めて，自分の習ったものを再生産する傾向は，古今東西，普遍的である．森さんの言葉を引くなら《自分の勉強した方法が最善であって学生もそうすべきだ，と考えることは大学教授の属性としてある．》　これは「解析学の教科書」(『数学のある風景』海鳴社 所収)にある．初出は京大生協のパンフレット(1971)で，古いフランスの解析教程，高木『解析概論』からブルバキ派の新しいもの(シュヴァルツ，ディユドネ)などを，翻訳の内幕も交えて紹介．なかなか面白い．この締めは，《ぼくの期待としてはこれらの教科書の出現が70年代の教養課程の「解析学」カリキュラムのイメージを変え

ていくことだ．そしてまたなによりも，これらの本で「解析学」を学んだ 70 年代の学生は，90 年代にはもはや決して，自分の勉強した方法が最善であると学生に言ったりしないだろう，とぼくは希望している．》である．現実は果たしてどうだったか．今ここで「平均値定理無用論」を蒸し返さなくてはならないということは，森さんの期待と希望は空振りに終わったのだ，多分．

　以下，根の存在と分離に関する「本来の」ロルの定理はヨコに置いて，通常の平均値定理の使われ方に話を限定する．私は積極的に「平均値定理無用論」に傾く．敢えて暴言を吐くなら，「平均値定理有害論」としてもよい．上に引用したように，「平均値定理」にメクジラを立てなくてもよいという考えは，数学者としては，その通り，好みの問題だと答えるのが常識的だ．しかし，教育に関わるものとして，好みの問題として中立的に済ますわけにはいかない．

　平均値定理の何が「有害」か．まず確認しておくと，第一に，これは**実数値**函数に対してのものであって，**値**を複素数にした途端，等式の成立は見込めなくなる．第二に，$f(b)-f(a) = f'(c)(b-a)$ となる c はもちろん一意とは限らない．このあたり，しっかり理解していれば構わないが，学生は，しばしばいい加減な記憶にもとづき，インチキな使用をする．極端な話，c を一意にきまるものとして，区間の端点 b や函数 f の函数かの如く扱う．おそらく，受験時代にそのような問題を解いたことがあるからだろうが，そういう問題を作ったり，高校の教科書に載せたりする人のセンスは糾弾されてしかるべきだと思う．

　デタラメな議論をして平気というのは，（数学的）精神の堕落であって，それを誘発する定理にも一端の責任がある．以前，「積分篇(4)」で述べたような「記号の欺き」と同様なことがここに起こるのだ．つまり，平均値定理を議論の基礎に置くのは，狭い途を誤りなく通らせるような「人の悪い」試練を課すことになる．必要もないのに．

　定理を使う際，気を使わなくてはいけない，というのはあまりよい定理ではない，などというと，それは数学の否定になってしまうが，モノには程度があるわけで，**過度**に気を使わなくていはいけないのはイタダケナイというのが趣旨だ．大学初年級の新鮮な時期に「平均値定理」が微積分の基礎だと強調し，それを使った例を沢山示すと，刷り込みによって，学生の側も必要

もない箇所で平均値定理を使い，あげく間違ってしまうという「害」が生じる．そういう訓練・習熟は，官僚を育てるのには役立つかも知れないが，数学の本質ではない．数学に習熟すると「人が悪くなる」なんて言われたくはないのだナア．

証明の簡潔さを比較しても，有限増分定理を基礎にする方が，無駄がない．平均値定理を重んじるのは，単なる惰性か感傷ではないか．定理を使用する側から，「有限増分不等式」は覚えにくくて使いにくい，など筋悪のイチャモン(スジワル)が出るかもしれないが，定理を暗記しようとするなんて，そりゃダメよ．ダメダメ．

4 ❖ 定理の比較分析

森さんや笠原さんは，微分積分の基本定理を絡めて，平均値定理と有限増分不等式に関わる内容を説明しているが，ここでは，それをもう少し徹底してみよう．比較する定理は

(1°) 平均値定理，
(2°) 有限増分不等式，
(3°) 微積分の基本公式

である．それぞれ数式を使って書けば

(1) $f(b)-f(a) = f'(c)(b-a)$
(2) $|f(b)-f(a)| \leq \sup_{\xi \in [a,b]} |f'(\xi)||b-a|$
(3) $f(b)-f(a) = \int_a^b f'(x)dx$

となるが，前提となる条件など細かい点は，わざと曖昧にしている．有限増分不等式(2)はもっと精密な定式化もできるが，適当なところで手を打った．

見た通り，(1)と(3)は等式で，(2)は不等式だ．我々の自然な傾向として「不等式」より「等式」を好む．というのも――等式は双方向的で右と左の往

き来がいつもできるが，不等式はいちど大小の関係をつけてしまうと，式を逆行して元に戻ることはできない．だから評価に失敗したら最初からやり直しということになってしまう．「有限増分**不等式**」の**不**人気の一つの原因をそこに見ることができる．

でも，それは余りに安直な生き方だ．微積分（或いはより広く解析学）は不等式の学問である．実数論の最初も不等式が主体で，一つの等式を無限箇の不等式に分解するのが基本．また，収束の判定なども，代数などで普通に見られる「必要充分」という形の命題で述べられることは稀で，大抵はいろいろな精度をもった「充分条件」や「必要条件」の集まり，という一揃いの道具が提示されるだけだ．ディユドネの「平均値定理無用論」の主眼は，この**解析学の基本性格**を正しくつかむことだった筈である．そこで「等式」にしがみつく愚を過激に表現したのが，却って感情的な反撥を招いたのだ．

さて，通常の議論として(1)から(2)は**すぐ**導かれる．等式を好む本能のまま，ついつい無自覚に平均値定理を出発点にするが，**すぐ**不等式評価に移るのだったら，そこは無駄．加えて，値が1次元でないと不正確な議論になるので，その限定を常に気にするなら，心のエネルギーも無駄遣いだ．

だったら，より判りやすい「微積分の基本公式」から出発したらどうか．積分表示(3)からは**たちまち**不等式(2)が出る．微積分の基礎がすべて確立したあとなら，それで立派な議論である．値だってベクトル値で構わない．だから，もっとずっと推奨されてしかるべきだ．なにしろ「基本公式」なんだし，それを使いこなすのが「王道」だし．

ただ一点，細かいこととして，この公式は導函数 f' の連続性を仮定する．対して，(1)や(2)には導函数の連続性は要らない．とは言うものの，実用上そんな細かい差が効くことは稀．設定が一般だからより優れた定理だなどと主張するのは空しい[註8]．

但し，微積分の**基礎**段階の議論をするなら，事情は変わる．微積分の基本公式の証明は，次の三つの事実に分解されるのが普通である：

(a) 連続函数はリーマン可積分である；
(b) 連続函数の不定積分（定積分を上端の函数と看做したもの）は微分可能で，不定積分の導函数はもとの（連続）函数になる；

(c) 区間で微分可能な函数の微分係数がすべて 0 なら，その函数はその区間で定数である．

　こう反省してみると，(a)はなかなか難しい定理とされているし，(b)はやさしいが，(c)は一見アタリマエのようだが，そうではなくて，証明には通常，平均値定理が用いられる．平均値定理が微積分の基礎に不可欠という地位を得てきたのはこの故である．しかし，(c)は有限増分不等式(2)から導かれ，(2)が(1)を経ずに証明できるのなら，(1)を特別扱いする必要はない．そして実際，(2)の直接証明は難しくないのだ．

　まとめて見よう．(1),(3)は等式という気安さから，出発点としてとりやすいという利点がある．但し，使うときには結局(2)の不等式に化ける．(1)を使う際には，実数値とか，例外点を許容しないとかの厳密な制限がある代わり，導函数の連続性は要らない．(3)はベクトル値でもいいが，導函数は基本的に連続としなくてはならない．但し，例外点はそこそこ許容できる．さらにこの基本公式(3)を導くにはそれなりの手間がいる．対して，不等式(2)は，ベクトル値でよいし，導函数の連続性も要らないし，証明の手間は平均値定理より少なくてもよいくらい．いいことづくめ．ただ一つの欠点が「不等式」ということくらいか．

　なんか我田引水ぽい？　いや，そんなことないですよ．一つ重要なのは，詰まるところ，論理的には有限増分定理だけで話は済むことである．それは平均値定理にしろ，微積分の基本公式にしろ，それで定理が証明されるなら，簡単な翻訳によって，最も適用範囲の汎い有限増分不等式に書き換えることが可能だからだ(何なら，直観的に考えやすい等式型の議論を裏でやってからお化粧する)．もう一つは，リーマン積分の存在のような(のちのち役立つとしても)手間の掛かる手続きをスキップすることが可能だという利点．例えば，通常微積分の基本公式を使う項別微分の定理(微分と極限の順序交換)でも，今回述べた微分の定義と有限増分不等式だけで，大した手間もなく証明できるのである[註9]．

　こんなことは「平均値定理無用論」が出てきたときから知られている．我々は何を重視して講義を組み立てるか．建前として，ブルバキの目的は数学の理論体系の再編で，教育とは一線を劃している．とはいえ，初発の動機

は大学での教育(特にストークスの定理)だった．我々も，教育に無縁な存在にはなり得ない．とすると，微積分ユーザーを重んじるなら，微積分の基本公式を強調にするのが実用的だし，理論を重視するなら有限増分不等式の方が汎用性もあり簡単だ．平均値定理($1°$)が自身の存在を主張する場面は，本来のロルの定理の使い方を除くなら，むしろ希薄である．

しかしまた，こんな蒸し返しが，今や，以前にも増して，現実的でないのが悲しい．

註

[註 0] スカラーは実数体とする．また，微分篇の出だしのコダワリから言えば，V, W のいずれもベクトル空間ではなくてアフィン空間とするのが筋だが，メンドーなのでサボった(だって記号を余計に用意しないといけないし，第一，教科書じゃないし．．．と，言い訳する)．

[註 1] 微分係数を「微係数」と言う時代があった．森さんの本でもそうなっているのがある(『現代の古典解析』がそうだ)し，今でも言う人はいる．が，わざわざそう言う理由は判らない．略語が流行る日本の文化と関係があるのだろうか．

[註 2] いくつかの技術的な注意は，気が向いたら，詳しく述べるかも知れない．

[註 3] コーシーは，厳密化の始祖とされるが，そこにはかなりの不完全さがある．ガウスとは大分違うタイプだ．本来の厳密化は，19世紀になってからだろうが，そのイメージをコーシーに重ねるのは酷だろう．

それはともかく，最近，次の本がでた：『関数とは何か──近代数学史からのアプローチ』(岡本久・長岡亮介，近代科学社 2014)．詳しく検討していないが，微積分の厳密化に関する記述なども慎重で，実証的・批判的に広汎な文献に当たって，俗説の受け売りとは対極の，好ましい姿勢を貫いているように見える．

[註 4] タモリの最初の LP で中州産業大学(もちろん架空の大学)で「音楽社会学」(これはあながちパロディーではないのかもしれない)の教授が音楽の歴史を語るネタがある．それがのちのカルチュラル・スタディーズ(CS)のパロディーになっているかどうか(例えばソーカル事件)別として，「数学社会学」があっても不思議はない．但し，今のところ，そんなことを本気でやる人の可能性は低そうだ．

ところで，森さんには「研究体制の社会学」(『数セミ』1968.1；『数学のある風景』(海鳴社)所収)という一文がある．この道の先駆者でもあったわ

けだ.

[註5] ちょっとした遊びとして，$f(\theta) = e^{i\theta}$ に形式的な平均値定理を適用してみよう．$\theta = \pi/3$ として
$$f(\pi/3) - f(0) = f'(\alpha) \cdot \pi/3$$
なる α が存在したとする．これは
$$\frac{1}{2} - 1 + i\frac{\sqrt{3}}{2} = ie^{i\alpha}\frac{\pi}{3}$$
で，両辺の絶対値を見ると $1 = \pi/3$ となるから，$\pi = 3$ と昔の文部省の言い分が証明される．もちろん，別の区間で平均値定理を適用すると，π の値は様々に変わる．極端な話，$\theta = 2\pi$ なら $\pi = 0$ とすぐにおかしいことが判るが，それではツマラナイでしょ．

[註6] ファング『ブルバキの思想』(東京図書) p.42.

[註7] 記事ではクラインの言葉はドイツ語原著を引用しているが，邦訳があるので，それを書いておく：『高い立場からみた初等数学2』(東京図書 1960)，p.266．但し，二巻本の原著は，翻訳ではさらに各々が二冊に分かれるので，これは原著Iの後半ということになる．

　　また，コーシー『微分積分学要論』(共立)は前回にも引用したもの．

[註8] 上に引いた笠原さんの「微積分エッセー」では，この点(一般性を求めるための細かい条件)が，平均値定理を述べる際に用いられることにも批判的である．

[註9] 有限増分定理，項別微分の定理の証明については，何度か引用している『「微分のことは微分でせよ」とは──謎とその解明(1)─(3)』(『数セミ』2004.1─3)の附録も見られたい[*1]．

　　ついでに「有限増分不等式」の名前：「有限」を「無限」との対比と思うと，異和感があるが，実は相手は「無限小」．無限小世界の微分係数を現実の「有限」差分に移す定理という意味．

[* 1] 『徹底入門　解析学』第一部附録(pp.018-023)にもあるが，一般の証明は本書「微分篇(5)」を見よ．

17 微分篇(5)

　前回は，教科書風の定義からはじまり，「平均値定理無用論」をめぐって，平均値定理や有限増分不等式に絡んだテーマに話が及んだが，有限増分不等式の証明と使い方について述べる余裕がなかった．考えてみると，「無用論」に則った教科書など限られていて，殆どないに等しい —— ブルバキやディユドネはあるが，何度も言うようにゴタゴタしていて読む気が起こらない —— なので，この機会に，それらに触れるのも意味があるかと思い直し，今回はそのあたりから始めたい．

1 ∻ 有限増分不等式とその証明

　折角なので，この際，簡単ではあるが，少し一般化された形(ベクトル値)の不等式を述べて，証明しよう．但し，ギリギリの一般化などは目指さない(不毛だから)．また，微分係数の定義も，(前には散々文句を言ったけれど)差し当たり高校流，ないしはコーシー流の差分商の極限としておく．区間上の函数を考えるのだったら，それで充分だ(とブルバキも『実一変数』では考えた)．

　実数の**開**区間 I から位相ベクトル空間 V への写像 f について，それが $c \in I$ で微分可能という定義を，コーシー(L. A. Cauchy)の昔に戻って，差分商の極限

$$\lim_{t \to c} \frac{f(t)-f(c)}{t-c}$$

の存在とし，その値を $f'(c) \in V$ と書く．極限は V での位相によるものとすれば，ノルムやセミノルムとは関係なく定義できる．ついでに補足しておけば，位相ベクトル空間とは，加法とスカラー倍（どちらも両変数に関して）の連続性を要請したベクトル空間のことである．

▶**命題 1**

位相ベクトル空間 V の空でない凸開集合 Ω をとる．有界閉区間 $[a, b]$ を含む開区間 I で定義され，位相ベクトル空間 V に値をとる連続写像 f について，それが I の各点で微分可能であり，且つ，$[a, b]$ での微分係数について $f'(x) \in \Omega$ ($\forall x \in [a, b]$) を満たすとする．このとき

$$f(b) - f(a) \in \overline{\Omega}\,(b-a)$$

が成り立つ．但し，$\overline{\Omega}$ は Ω の閉包 (closure)．

▶**証明**

つぎの集合を考える：

$$S = \{t \in [a, b]\,;\, f(t) - f(a) \in \overline{\Omega}\,(t-a)\}.$$

これは空ではない ($S \ni a$)．そこで，$c = \sup S$ と置くと $a \leqq c \leqq b$．写像 f の連続性から $c \in S$，つまり，

$$f(c) - f(a) \in \overline{\Omega}\,(c-a)$$

である．従って $c = b$ なら，それで終わり．以下，$c < b$ と仮定して矛盾を導く．仮定 $f'(c) \in \Omega$ より，$c < \xi \leqq b$ が存在して

$$f(\xi) - f(c) \in \Omega\,(\xi - c)$$

となる．つまり，$v_0 \in \overline{\Omega}$, $v_1 \in \Omega \subset \overline{\Omega}$ があって，

$$f(c) - f(a) = v_0(c-a), \quad f(\xi) - f(c) = v_1(\xi - c)$$

が成り立つ．これらを加えて

$$f(\xi) - f(a) = (v_0 \lambda_0 + v_1 \lambda_1)(\xi - a)$$

を得る．但し，

$$\lambda_0 = \frac{c-a}{\xi - a}, \quad \lambda_1 = \frac{\xi - c}{\xi - a}$$

で，$0 \leqq \lambda_0, \lambda_1 \leqq 1$ かつ $\lambda_0 + \lambda_1 = 1$．集合 Ω は凸ゆえ，その閉包 $\overline{\Omega}$ も

凸[註0]．従って，$v_0\lambda_0 + v_1\lambda_1$ は $\overline{\Omega}$ に属し，
$$f(\xi) - f(a) \in \overline{\Omega}\,(\xi - a)$$
となるが，これは $c = \sup S$ に矛盾する． ∎

▶ **注意**

これは，森さんの『現代の古典解析』(ちくま学芸文庫版，p.110) とほぼ同じ証明．『ベクトル解析』(ちくま学芸文庫版，p.170) とはややニュアンスが違う．違いは，たとえば中間値の定理の証明での変種 (variants) を思い出すとよい．点を特定するのに，最後を見るか，最初を見るかである．でも逆に辿れば，結局は同じだ．

それとは別に，凸集合に関し，いろいろコメントをしたいところだが，横道にズンズン入ってしまいそうになるから，禁欲する．

ところで，上の直接的な証明と比べて，伝統的な手順「最大値の定理 ⟶ ロルの定理 ⟶ 等式型の平均値定理」を経て，やっと増分不等式に達するとしたら，それは相当迂遠だと気づくだろう．同時に，一つ一つの**関門**の通過が**儀礼**めいたものになっている危険性を嗅ぎ取ってしまう．各々の**お作法**が伝授されてこそ「数学」世界に出入りを許されるといった特別な「秘教的意義」が附加されているのでなければ幸いだが，「数学社会学者」なら，きっとこのエートスに注目するだろう[註1]．

無論，どちらにしても，実数の基本的性質(実数の連続性)に依存していることに変わりはない．但し，簡潔な証明の方に汎用性があることは否めない．例えば，ディニ (U. Dini) の微分係数に関しての同様な評価式にも，全く同じ証明が通用する．証明法に優位差がはっきりとあると言ってよいだろう[註2]．

今度は，E, V をノルム空間として，f を E の開集合 U で定義され，V に値をとる連続写像で，U の各点で微分可能とする．ここで，$p \in U$ で f が微分可能とは，前回どおり (1次近似可能性)
$$f(p+v) = f(p) + Lv + \varphi_p(v)$$
と書けることとする；但し，$L : E \to V$ は有界線型写像で，$\varphi_p(v) = o(v)$．このLは，存在するなら一意で，f の p に於ける微分係数と呼ぶ．前回は $Df(p)$ と書いたが，今回は記号とスペースを節約して，1変数と同じく

$f'(p)$ と書く．このとき，上の命題から次の評価式を得る：

▶**命題 2**（有限増分不等式）

上の仮定の下

$$|f(p+v)-f(p)| \leq \sup_{t\in[0,1]} \|f'(p+tv)\| |v|$$

が成り立つ．ここで $v \in E$（但し p と $p+v$ を結ぶ線分は U に含まれるものとする）であり，$|\cdot|$ はノルム空間のノルムを表わす．また $\|\cdot\|$ はそれらのノルムから決まる作用素ノルムである[註3]．

詳しく見ると，命題 1 と 2 では，実はちょっとした違いがある．命題 1 では仮定が「開」で結論が「閉」だが，命題 2 では仮定も結論も「閉」．この違いを埋めるのは，閉球が，それを含む開球すべての共通部分であることに注意すればよい．

2 ❖ 有限増分不等式の有効性

有限増分不等式について，もう少し見ておく．微分可能性の定義は
$$f(p+v) = f(p)+f'(p)v+\varphi(p,v)$$
で，p を止める毎に
$$\varphi(p,v) = o(v)$$
というのであった．剰余項の記号を少し変えた理由は，p を動かす状況をより表立てたいからである．ここで問題は，定義だけからは，$o(v)$ という評価が点 p にどれくらい依存しているか判らないことである．特に p に関する一様性などは明白でない．もちろん，それは一般には言えないことだが，この定義だけでは手がかりもない．

これに対して，有限増分不等式から
$$|\varphi(p,v)| \leq \sup_{t\in[0,1]} \|f'(p+tv)-f'(p)\| |v|$$
が判る．但し，これだけでは $\varphi(p,v) = o(v)$ も判然としない．その代わり，導函数による明示的な p 依存評価が得られている．これは函数が一つだけ

でなく函数族を考察するときに特に力を発揮する．

例えば，函数の族 $\{f\}$ を考えたとき，$\{f'\}$ が p の近傍で同程度連続なら，それらの(各点収束)極限も p で微分可能だし，同じような議論で，導函数が(局所)一様収束する場合の極限と微分の順序交換(項別微分の定理)が得られる．これがビブンのことをビブンする原理である．難しいことではない．

このような議論は，微分積分法の基本公式[註4]

$$f(p+v) - f(p) - f'(p)v = \int_0^1 (f'(p+tv) - f'(p))v \, dt$$

が言えれば明白である．そうでなくても，これを裏で使うことで判りやすい直観が得られる．つまり，積分表示という等式が使えるなら言うことはない(＝正式な議論になる)が，使えない場合も，(悲観せず)有限増分不等式に書き換えれば一般性を失うことなく正しい議論にできるというわけだ．

極限の順序交換の定理はいろいろあるが，積分に関係するものが易しく(評価が簡単)，微分が絡むと難しい，というのが一般的な傾向である[註5]．これがあるから「微積分の基本公式」を経由して，微分の定理を積分の定理から導く技法がでてくる．議論はずいぶん楽になるわけだ．ただ，この場合でも，実は，積分に依らずとも，代わりに「有限増分不等式」を援用すれば済むことも多いのである．

3∻2 階微分の形式的理解

ビブンの話は，タダでさえ拡がりがある．そこは大きく禁欲し，しかも述べる順序としてはこれでいいのかとの疑問もヨコに置きつつ，高階微分にちょっと"寄り道"する(と言ってもそれは言葉のアヤである)．森さんの『現代の古典解析』で言えば，第9章「2階微分」．ここは何が問題なのかがまず判りにくく，実は，2段階の落とし穴が控えている．

函数 f の微分係数を，より本源的な変数の微分 dx, dy を基礎に考えるのが微分世界への入り口だった．ならば2階微分 d^2x，或いは，d^2f 等々はどう考えるのか．まずは，森さんを引用しよう：

《関数 $f: x \longmapsto f(x)$ をテイラー近似すると(中略)ここで，1階の微分

$$df : dx \longmapsto f'(x)dx$$
　は，この近似の 1 次の項を意味している．そこで，次の 2 次の項として
$$d^2f : dx \longmapsto f''(x)\,dx^2$$
　のことを，2 階微分という．

　このとき注意しなくてはならないことは，2 階微分というのは関数 f にたいする概念であって，たとえば $d^2y = f''(x)dx^2$ などと書くことはあっても，それは便宜上にすぎず，従属変数 y の 2 階微分という概念は使わないことである（変数を増やして定義する流儀もあるが，特殊な流儀だろう）．》

　一読して，不安と不協和音を感じる．最初にそう思ったのはいつのことだったろう．あれほど明快だった筈の微分概念が，2 階微分になった途端「使えない」のか（!?）．便宜上って，どういうことなのか（!?）．そして「変数を増やして云々」の意味はなにか，変数を増やしたら解決するのか（!?）．これら二つ三つの疑問に答えられないのでは，明晰を旨とする数学精神に反する．当然看過できない．

　このうち「変数を増やす」ことについては，的を得ているかどうか全く別として，4 回生の数学講究（松浦重武先生）で，ラング（S. Lang）の "Differential Manifolds" を講読したとき，ヒントを得たように思えた[註6]．つまり，以前から何度もでてきているディユドネほかの現代的な定式化である．

　この判りやすい話をとりあえず先にしよう．ラングやディユドネが採用している考えは単純だ．例えば f が（ベクトル値）関数で，各点 p で微分係数 $f'(p)$ が定まるとき，それを p の関数と思ったものが「導函数」（これは，高校や大学初年級でも用いるもの）．だったら，さらにもう一度微分する（微分係数を考える）のが 2 階導函数である．どこに難しいものがあるのか．そう，難しくはない．但し，最初の 1 階の微分係数，導函数はどこに値をとっているかに，注意しなくてはならない．

　今，f をベクトル空間 E（の開集合 U）からベクトル空間 V への写像として，微分係数 $f'(p)$ はどこに住んでいるか．それは E から V への線型写像の空間 $\mathcal{L}(E,V)$ である．無限次元のノルム空間を想定しているなら**有界線型写像のなす線型空間（ノルム空間）**とすべきである[註7]．

設定を復習しておこう．上の定式化では微分係数は $E \to V$ という有界線型写像の空間に値をとる．つまり，函数は，
$$f : U \ni p \longmapsto f(p) \in V$$
だが，これに対して導函数は
$$f' : U \ni p \longmapsto f'(p) \in \mathcal{L}(E, V)$$
と値の空間が変わる．このように微分係数の住む空間は微分の階数とともに変わってしまう．これは，1変数ではなかった現象だ．とはいえ有限次元でも，独立変数が増えると普通に起こることなので，なにも新奇なことが起こっているのではない．実際，多変数函数 f の微分 df は，値が1次元でも独立変数が n 次元なら n 箇の成分をもつ（座標を固定して「勾配ベクトル」に擬せられる）．

では，更にもう一度微分をするとどうなるか．値は $\mathcal{L}(E, V)$ と変わってもノルム空間であるから設定としては大きくは変わらない（本当は，ここに問題はなしとはしないのだが，今は措く）．ともかく上の続きとして，もう一度微分すると，
$$f'' : U \ni p \longmapsto f''(p) \in \mathcal{L}(E, \mathcal{L}(E, V))$$
となる．ここにでてきた $\mathcal{L}(E, \mathcal{L}(E, V))$ とは何か．括弧が入れ子になって目がチラチラするが，よくよく考えるとこれは $E \times E$ から V に値をとる，双線型な（連続）写像の空間と同一視できる[註8]．それを $\mathcal{L}^2(E \times E, V)$ と書くと，
$$\mathcal{L}(E, \mathcal{L}(E, V)) \simeq \mathcal{L}^2(E \times E, V)$$
である．少し丁寧に説明すると，まず
$$f(p+u) - f(p) = f'(p)u + \varphi(p, u)$$
という定義式を（p に関して）微分して
$$f'(p+u) - f'(p) = f''(p)u + \frac{\partial \varphi}{\partial p}(p, u)$$
という $\mathcal{L}(E, V)$ の中の等式を得る．ちょっと注意すると，f' を定義どおり微分したら
$$f'(p+u) - f'(p) = f''(p)u + \psi(p, u)$$
で，$\psi(p, u) = o(u)$ となるわけだが，上の式から実は

$$\psi(p,u) = \frac{\partial \varphi}{\partial p}(p,u)$$

が判る．それはともかく，両辺を $v \in E$ に作用させて

$$f'(p+u)v - f'(p)v = (f''(p)u)v + \psi(p,u)v$$

となる訳だ．

以上より判るのは，右辺 $(f''(p)u)v$ の住んでいる空間 $\mathcal{L}(E, \mathcal{L}(E, V))$ での変数 u, v の動く位置は，内外が自然な順に対応し，u が内側，v は外側となっていること．見方を少し変えて，$v \in E$ を先に作用させてから $f'(p)v \in V$ を $p \in E$ について微分する場合でも，内外の u, v が入る位置は自然に決まることにも注意したい．

ここで，内外をとっぱらって，2変数 $(u,v) \in E \times E$ を一まとまりと思い，

$$(f''(p)u)v = f''(p)(u,v)$$

とするなら $f''(p)$ は $E \times E$ 上の双線型写像になるということになる．

双線型写像は，片方の変数を止めるごとに残りの変数について線型な写像である．逆に，それが与えられるとき，片方だけを動かすと，それが残りの線型写像を決めるというわけ．双線型写像とは一種の積（双線型性は，形式としてちょうど分配法則と同じ）なので，後では節約のため

$$(f''(p)u)v = f''(p)uv$$

と，積の記号で書いてしまおう．ちなみに，この双線型写像を「線型化」する線型空間がテンソル積の空間 $E \otimes E$ であって，

$$\mathcal{L}^2(E \times E, V) \simeq \mathcal{L}(E \otimes E, V)$$

となる[註9]．それを正式なものとするなら

$$(f''(p)u)v = f''(p)(u \otimes v)$$

と書くのだろうが，新たな概念を矢継ぎ早に導入すると，消化不良を起こすに違いないので，少なくとも大学初年級では避けるような事柄．また，無限次元空間では，位相の話が込み入ってくるので，ここは有限次元に限って置いた方が無難．この最後のテンソル積の話（有限次元）は今の文脈では若干余計だが，数学としてはいつかは理解すべき必須重要事項である（ただ，重ねて言うが，今は打棄ってもらって構いません）．

このように，もし，E, V がスカラー（実数）だったら，微分係数は（高階も含めて）すべて実数で，どの導函数も同じ舞台だが，E, V の次元が，それぞ

れ n, m なら，導函数は nm 次元のベクトル空間 $\mathcal{L}(E, V)$ に値をとる．さらに，その微分係数（2階）は $\mathcal{L}(E, \mathcal{L}(E, V))$ に値をとり n^2m 次元．独立変数の数 n が 1 でなければ，ドンドン次元が上がる勘定になる．

変数を増やすのは，この意味では当然であって，もし，森さんの言う「変数を増やして定義する流儀もあるが，特殊な流儀だろう」というのが，これを指すのなら，ちょっと理解しがたいところだ（但し，ホントのところは不明）．教養課程での微積分として，ブルバキ風（ブルバキ自体ではない）がハネアガリすぎているというのだったら，森さんらしくなく，保守的すぎる．とは言え，以下の事情がないではない．

この話では，線型代数の"やや高級な"概念が話に入ってきている．さきほどの入れ子になった線型写像の空間や双線型空間の同一視のことだ（テンソル積を入れたら，もっと面倒）．線型代数が充分理解されているなら何でもないが，下部構造としてこの手の微分概念（特に多変数）に関わってくる．大学初年度の微積分と線型代数は，相互依存的でありながら，同時進行でもあるので，モノゴトが見渡せてしまっている教師（数学者）とは違って，状況によっては，習う方の消化能力の不足がもたらす不幸が生じても不思議はない．そういう基礎概念は，線型代数のように，一見簡単でも，結局大学初年度では押さえきれないほどの質と量をもっているのである．

今は，初年級相手の入門講座でないので，その点は気が楽なのだが，ともかく，その手の代数的構造を，解析の話の中でどこまで掘り下げるかが，**実は「微分篇」の頭痛のタネなのだ**．

4 ∴ 2階微分の順序交換について

以上見たように，もう一度微分できたなら，2階の微分係数は双線型写像 $f''(p) \in \mathcal{L}^2(E \times E, V)$ を決める．つまり，ベクトル $u, v \in E$ を変数として，$f''(p)uv = f''(p)(u, v) \in V$ という双線型写像が決まる．これに関して，単に「双線型」という以上の，実はもう少し「よい」性質，対称性，がある：

$$f''(p)\,uv = f''(p)\,vu \quad (u, v \in E).$$

これは適当な条件（実用上は，ほぼ間違いなく満たされる）の下で成立する．古典的には，偏微分の順序交換の定理である．

古典的な定理としての言い換えは，
$$F(x,y) = f(p+xu+yv) \qquad (x,y \in \mathbb{R})$$
と実 2 変数の函数をつくると，
$$\frac{\partial}{\partial x}F(x,y) = f'(p+xu+yv)u, \qquad \frac{\partial}{\partial y}\frac{\partial}{\partial x}F(x,y) = f''(p+xu+yv)uv$$
などなので，**偏微分の順序**の入れ替えが u,v の順序入れ替えに対応することになる．

一般によく知られている形は，高木貞治『解析概論』(pp. 57-58) で次のように述べられる．

▶**定理（Schwarz）**

$(x,y) = (0,0)$ の周りで定義された函数について，偏導函数
$$\frac{\partial}{\partial x}F(x,y), \qquad \frac{\partial}{\partial y}F(x,y)$$
が $(0,0)$ の周りで連続であり，
$$\frac{\partial}{\partial y}\frac{\partial}{\partial x}F(x,y), \qquad \frac{\partial}{\partial x}\frac{\partial}{\partial y}F(x,y)$$
が存在して，そのいずれかが $(0,0)$ で連続ならば
$$\frac{\partial}{\partial y}\frac{\partial}{\partial x}F(x,y)|_{(0,0)} = \frac{\partial}{\partial x}\frac{\partial}{\partial y}F(x,y)|_{(0,0)}$$
が成り立つ．

2 階偏導函数の連続性が順序交換を導くという定理なので，使いやすく，大抵はこれで間に合う．が，高木にはもう一つ活字のポイントを落として言及している Young の定理がある．それらは互いに他を導くものではないので，別々に述べるよりないのだが，紙幅をとるので，古典的な形ではここに再録しない．しかし，むしろ，そちらが，ディユドネやラングの採用している 2 階導函数に直接つながるものである．それをここに書く：

▶定理

関数 f が点 p の周りで微分可能で，連続な導函数 f' をもつとする．さらに f' が p で微分可能（つまり $f''(p)$ をもつ）ならば，
$$f''(p)\,uv = f''(p)\,vu \qquad (u, v \in E)$$
が成り立つ．つまり $f''(p)$ の定める双線型写像は**対称**(symmetric)である．

▶証明

最初に f' の p での微分可能性の定義式を書いておく：$w \in E$ に対し
$$f'(p+w) - f'(p) = f''(p)w + \phi(p, w)$$
と書いたとき，$\phi(w) = \phi(p, w) = o(w)$ は剰余項である．この定義を少し書き換えれば，実数 s に対して，$\phi(sw) = o(s)|w|$ である．$|w|$ を残したのは，ベクトルに対する一様性を少し気にしたから（証明最後を参照）．念のために言うと，任意の $\varepsilon > 0$ に対して，$\delta > 0$ が存在して $0 < |s| \leq \delta$ に対して
$$\left\| \frac{\phi(sw)}{s} \right\| \leq \varepsilon |w|$$
という評価式が得られることになるが，この δ は $|w|$ が有界な範囲を動くときは一様にとれる．これは，証明をキッチリ終わらせるために使うので，そこまで来たら思い出して戻ってきてネ．

さて，記号は上のとおりとして，ベクトル $u, v \in E$ を固定し，
$$g(p) = g(p, u) = f(p+u) - f(p)$$
とおく．これに有限増分不等式を用いると，
$$|g(p+v) - g(p) - g'(p)v| \leq \sup_{t \in [0,1]} \|g'(p+tv) - g'(p)\| |v|$$
である．左辺にある差分を f で書くと
$$g(p+v) - g(p) = f(p+u+v) - f(p+u) - f(p+v) + f(p)$$
となる．これを $\Delta = \Delta(u, v)$ とおく．明らかに $\Delta(v, u) = \Delta(u, v)$. また，微分係数に関しては
$$\begin{aligned}g'(p+w) &= f'(p+u+w) - f'(p+w) \\ &= (f'(p+u+w) - f'(p)) - (f'(p+w) - f'(p))\end{aligned}$$

$$= f''(p)(u+w) + \phi(u+w) - f''(p)w - \phi(w)$$
$$= f''(p)u + \phi(u+w) - \phi(w)$$

となり，特に $w = 0$ なら

$$g'(p) = f''(p)u + \phi(u)$$

で，また，$w = tv$ として $w = 0$ の場合を引き算すると

$$g'(p+tv) - g'(p) = \phi(u+tv) - \phi(tv) - \phi(u)$$

となる．これらを有限増分不等式に代入し，三角不等式を用いて書き直せば

$$|\Delta(u,v) - f''(p)uv| \leq \sup_{t \in [0,1]} (\|\phi(u+tv)\| + \|\phi(tv)\| + 2\|\phi(u)\|)|v|$$

を得る．ここで，実パラメータ $s \neq 0$ をとり，u, v の代わりに su, sv として両辺を $|s|^2$ で割ると

$$\left|\frac{\Delta(su, sv)}{s^2} - f''(p)uv\right|$$
$$\leq \sup_{t \in [0,1]} \left[\left\|\frac{\phi(s(u+tv))}{s}\right\| + \left\|\frac{\phi(stv)}{s}\right\| + 2\left\|\frac{\phi(su)}{s}\right\|\right]|v|$$

であり，先に注意した $\|\phi(sw)\| = o(s)|w|$ を用いれば $s \to 0$ で右辺は 0 に行き，$\Delta(su,sv)/s^2 \to f''(p)uv$ が出る．最初に注意したとおり，$\Delta(u,v) = \Delta(v,u)$ であるから，$f''(p)uv = f''(p)vu$ が判る．∎

証明は，高木『解析概論』と殆ど同じである．細かいところでは少し長めになっているだろう．しかし，短いとは言っても平均値定理を使われると，何かゴマカされているような気がするのだ．はっきりと不等式による**正々堂々**とした評価式なら，そんなモヤモヤもない．まあ，もちろん好みの問題と言えばそうなのだがネ．

さて，今回はまだ，森さんの『現代の古典解析』9章に対する疑問の半分ほどにしか触れていない（しかも，それはやさしい半分だった）．次回は，より本質的(?)な高階微分の問題点に話をもって行きたい．

註

[註0] 凸というのは，「積分篇(4)」でも説明したが，二点がその集合に属するなら，それらを結ぶ線分もまたその集合に属するということ．凸集合の閉包がまた凸であることは，それを式で書いて，スカラー倍と足し算の連続性を使って極限移行すれば判る．

[註1] 極端なところ，等式型の「平均値定理」に絡んで「数学社会学者」が思い出すことの一つは，或る有名なエピソードだ．戦争でスパイの疑いで捕虜になった数学者に，数学者なら知っているだろうと，テイラー展開を第 n 項で打ち切った剰余項を言え，という世にも恐ろしい試問があった．言えなければ死刑だ．これは『数セミ増刊』1971.12『100人の数学者』p.116 では（旧）ソ連の物理学者タム（I. Tamm）がゲリラに捕まったという話だが，無署名の囲み記事で，原典不明[*1]．しかも，私がどこか別のところで読んだ記憶（それは間違っている可能性もあるが）では，通常の剰余項でなくて，もっと細密なもの．おお，恐ろしい．私なら，確実に死刑になってしまう．

そんなトラウマを，ひょっとして数学者社会が共有しているのか．「まさか考え過ぎ」だと笑って済ませればいいが，袋小路を作り出して数学者が犠牲となる世界が来ないことを切に祈る（戦争がないのが何よりなのだが）．

[註2] ディニの微分係数とは，実数の開区間で定義された実数値函数に対して，右から，左から，のそれぞれに対して，差分商の**極限**のところを**上極限**，**下極限**の二つに分けて考えたもの．だから，一点での微分係数も4種類ある．ベクトル値にしても，値を集合にとる微分係数に拡張しておけば（「積分篇」参照），右からと左からのディニの微分係数を定義できることになる．ただ，当面，そこまで書く必要性を感じないので省略する．

[註3] ノルム空間などに関する基本的な事項も省略しがちであるが，詳しく述べないことは適当な教科書などで補って欲しい．ここで注意すべきは，ノルム空間の線型写像については，連続性と有界性（= 有界集合を有界集合に写す）が同値であることと，その場合の線型写像 L のノルムが

$$\|L\| = \sup_{|v| \leq 1} |Lv|$$

で与えられること，である．このノルムが有限なものが有界写像ということになる．

ついでながら，一般の位相ベクトル空間では（局所凸であっても），有界性と連続性は異なる概念であることに注意したい．

[註4] 合成写像の微分（のとっても簡単な場合）

$$\frac{d}{dt} f(p+tv) = f'(p+tv) v$$

に注意.

[註 5] 積分でも広義積分になると，順序交換はメンドクサイところがある．広義積分自体が積分と極限という二段階を経た定義になっているからだ．広義積分が絡んだ微分との順序交換は，従って，もっとメンドクサイ．が，いろいろ工夫の余地もあって，安直にルベーグ積分に頼ったりするのは，時に数学的精神の放棄にもつながる罠だから，気をつけたい．

[註 6] 「的を得る」が誤用だと言う主張が広くあるが，私はそれに対する正当な根拠を見出せない．辞書という権威を鵜呑みにするようでは，数学などやる資格はないと言っておこう．

それはともかく，ラングのテキストのタイトルは当時のもの(以後, 何度も出版社やタイトルを微妙に変えつつ，版を重ねている；ラングにはよくあるパターン). 無限次元のバナッハ空間モデルの多様体を基礎に無限次元の理論を展開するのが目的の本である．普通，微分(可能)多様体は differentiable manifold だが，ラングは言語の破壊者(？)として平気(？)で新奇な言葉を用いる. 後になって知ったが，differentiable が differential になるのなら，orientable が oriental になるのか，という冗談とも本気ともつかぬ批判(揶揄)があったらしい．

[註 7] 前回にもチラと注意したが，(有限次元)ベクトル空間の設定を無限次元のノルム空間に拡張しても，微分可能性の定義ができる．その時は(必要ないので)言わなかったが，先ほど注意した通り微分係数は**有界な**線型写像であることを要請する．以後，そのような拡張した定式化には基本的に触れない(だって，メンドーだから).

有限次元なら，E から V への線型写像の全体(の成すベクトル空間)を $\mathrm{Hom}_{線型}(E, V)$ と書いてもよいが，ここでは有界性を要請する含みで $\mathcal{L}(E, V)$ という記号を採用した．考える(ノルムなどの附加構造を取り入れるなどの)カテゴリーに応じて適当な定義をするのがよい．

[註 8] メンドクサイことを言えば(だって，無限次元空間のことを本格的に話す必要はないのだから)，双線型写像は，もちろん両変数に関しての連続性を言う(さらに細かいことを言うなら，単なるノルム空間ではなくてバナハ空間なら，開写像定理などを用いて，分離連続性から両連続性が出たりする．．．詳しいことは函数解析の本でも見てください). また，基本的なこととして，双線型写像は原点で連続ならば至る所連続である．

[註 9] 同型
$$\mathcal{L}(E, \mathcal{L}(E, V)) \simeq \mathcal{L}^2(E \times E, V)$$
などに関わる事項については，銀林・森『現代数学への道』(国土社 1970)の第 9 章が個人的には印象深い(ナツカシイ).

位相線型空間でのテンソル積については，前にも引いた，森「位相線

型空間」(『数学』1960 論説)参照．また『大学教育と数学』(総合図書 1967)所収の「ニュークリア空間とは」(pp. 207-218)という数セミの記事はこのテンソル積に関係した内容の解説だが，そうとは見えない(本格的に解説するのはむずかしすぎる)．

　ちなみに，その本に収められている記事は若いときの森さんの文章で勢いがある．前回や今回触れた「平均値定理無用論」についても，歯切れの良いモノイイがある(p. 184)が，広く大学数学の理念を論じている．引用すべき文献を見落としていたので補足しておきたい．

[* 1] 『100 人の数学者』(日本評論社 2017)とは別モノ．

微分篇(6)

前回,有限増分不等式の証明と,その使い方の例として,2階微分の対称性(=偏微分の順序交換)を述べた.後半は,高階微分に関する森さんの言明(『現代の古典解析』9章)に対する疑問に関連して,ついでに立ち寄った形をとる.たとえば2階微分が「変数を増やすこと」によって,キチンと理解されるのかだが,その解釈が森さんの意図を正しく捉えているのかどうか,実際はかなり怪しい(騙したナ).そこで,別の可能性に触れる.

いずれにしても,前回のような形を以って高階微分が「判った」と済ますことは,実は,できない.もっと本質的な難しさがあるのだ.今回のテーマは,そのあたりに.

1 ⋄ 微分概念の反省

ちょっと根本的に考えてみよう.「微分」ってそもそも何なのだろうか.空間に即して言えば,前に説明したとおり,一点の周りを顕微鏡的に拡大していった世界=「スレスレの世界」が接空間(tangent space)というのであった.無限小レベルで「隣」の点との「差」を考えるのが微分ということになる.双対的に函数のレベルで言えば,その(無限小的な)隣の点での値との差(或いは勾配)という線型函数が,函数の「微分」だ.どちらにせよ,無限小レベルでは,すべて「線型化」されるというのが一つのポイント.但し,これは「線型化」という以上,1次の話である.

ここで「差」と簡単に言うが,よくよく考えると少なくとも「差」が意味

ある世界でないと，微分は考えられそうもない．さらに単なる差だけでなく，顕微鏡的に「倍率」を上げていく概念が必要だから，スカラー倍に対応するものが要求されていると思うべきだ．つまり，「差」がベクトル的な量を相手にしている（だから無限小的にアフィンと敢えて言ってもいいが）．

ともかく，空間的な無限小世界は，その点に於ける接空間というベクトル空間を成し，双対的に，函数の微分はその点に於ける無限小世界の線型函数を与える．後者の住む世界は，その点の余接空間（cotangent space）と呼ばれる．このあたりのイメージを実体化して定式化するのが「多様体」の初歩で，いろいろな入り口がある．慣れないうちは字面を追うだけでも大変である．ただ，ココロを捉えれば，思ったほどではないと悟ることができるかもしれない．というのも，これらはもともと先人達がイメージに沿って苦労して定義したもので，整合的にするために効率を重んじるなどいろいろな工夫の末のものだからだ．ともかく，数学の定義は，妙に間接的（非直接的）なものになることもあるということを知っておくことは大事である．

例えば，接ベクトルは，無限小的な位差ベクトルだが，それを直接に言うより，その点を通る滑らかな曲線の同値類とすると「無限小」とは何かなどと本格的な概念構成をする必要はなくなる．そしてまた，そもそも接ベクトルは何の為にあるかという「目的論的」反省をして，その方向に函数を微分する作用と捉えることもできる．だから，函数に対する derivation（訳語はいろいろなものがあるが，今ひとつピンとこない）を基礎におくことも可能である[註0]．

一方，定義は使うことで価値が判るものだが，それに縛られてばかりでは逆に困ることもある．その補いとしてイメージを膨らませ，そのイメージに応じた概念や定義に改変を試みることも重要である．

ちょっと話が横道に行ったが，そもそも，上のようにイメージしたとしても，「微分」は一体可能なのかという根本的な疑問が生じるという方向に話をもっていきたかったのだ．またまた，ヘンな哲学に足を踏み入れるのではないだろうな，と心配の向きもあろうかと思うが，そんなにヘンなことに関わるのではない（数学の常識的な話です）．

さて，以上の観点から根本的に反省したとしても，函数の微分は特に「問題ない」．というのも，この場合は，生えている量はスカラーで，それは点が

どこであっても同じ空間に属する量(= 数)だからである．点の上に生えている空間は同一で，異なった点でも比較できる．しかし，一度微分してできる「ベクトル的場」の代表である接ベクトルや余接ベクトルについて言えば，空間の各点に生えている量(ベクトル的量)の住むベクトル空間は，隣の点のベクトル空間とは「別」の空間だ．だから，接空間などは，点が変われば，別の点の接空間と，**抽象的には同型であっても，同一ではない**．同一視をしようとしたら，何らかの無理な(？)言い訳を考えないといけない．これが「そもそも」の問題である．余接空間で同じことを考えるのが2階微分で，だから2階微分が可能だなんて簡単に思っちゃいけなかったのだ．ゲゲッ，そんな無理難題，言いがかりをつけられても困ってしまうョ(難しいものだな)．

それでは，前回のように，値の空間が変わっているのに，2階微分ができたというのはどういうことか．それはもともとの値であるベクトルを同一視しているので比較が可能となった．ベクトル解析などでも，これは同じで，例えばベクトル場というのを，各点にベクトルが生えている，とイメージする一方，各点のベクトル空間を単一のものとして，ベクトル値函数を考えるという「強引な」言い換えが時になされる．後者ならば，値の比較が可能だから，何度も微分できるということになるのだ．

しかし，「ベクトル場」と「ベクトル値函数」は，**本来異なるものと考えるべきなのである**．

「ベクトル場」を「ベクトル値函数」だと一度は思って，最初の理解に役立てることに異議はない．しかし，その意義は認めつつも，その段階にいつまでも留まることは避けたい．差は，1次の無限小量の無限小差で，2次以上の微細な差．これを正面切って扱うのがここでの問題．前回引用した森さんの「2階微分に関する注意」《このとき注意しなくてはならないことは，2階微分というのは関数 f にたいする概念であって，たとえば $d^2y = f''(x)\,dx^2$ などと書くことはあっても，それは便宜上にすぎず，従属変数 y の2階微分という概念は使わないことである(変数を増やして定義する流儀もあるが，特殊な流儀だろう)．》(『現代の古典解析』ちくま学芸文庫版 p.140)．このような注釈は，実は微分概念の本質に関係・由来するものだと思われる．

2✤2 階微分，高階微分

なんだかメンドクサそうなことを言っているが，より形式的に話をしよう．函数 f の微分 df は各点において余接ベクトルを与えるもので，一種のベクトル的「場」である．さっきから「ベクトル**的**場」と「的」をつけているのは，「ベクトル場」と書くと，本来の接ベクトルの「場」を意味してしまうから，区別のために目障りなメジルシをつけているのだ．ともかく，df は正確には「余接バンドル」の**切断**（section の訳語だが，ちょっと異和感がある）と捉えるのがよい[註1]．それをもう一度微分するのは，異なる点における「ベクトル的量」の「差」を考えることになって，本当はどうしたらいいのかと思わせる対象になっているのだ．もちろん，その「差」は 1 次のレベル（最初の無限小）では見えず，2 次の無限小の差になっている．

しかし，この場合は，もっともっと「形式的」な式が書ける．問題はすでに 1 変数で生じているのだから，それを書いてみる：$y = f(x)$ を微分した
$$dy = f'(x)dx$$
を更に微分して
$$d^2y = f''(x)\,dx^2 + f'(x)d^2x$$
になるが，ここでは，「積の微分」（ライプニッツ則）を正直に形式的に適用している．だから，森さんの上の式と比べて d^2x の項が加わる．この，本来あるべき項を消してしまうのは，どうもマズイ．つまり，問題は 2 次の無限小量のうちの，$dx^2(=(dx)^2)$ ではなくて，$d^2x(=d(dx))$ にある．

実は，このような式自体，例えば，高木貞治『解析概論』に，チャンと書いてある：第 2 章 19 節「高階微分法」(p.51)．ところが，その後の日本の教科書には殆ど見られないではないか．これは一体どうしたことか．理解できないものはネグられるのか(??) それはともかく，引用してみよう：

《§13 で述べたように，微分記号を用いて
$$dy = y'_x dx$$
と書くとき，両辺の微分をとれば，$d(dy), d(dx)$ を d^2y, d^2x と略記して
$$d^2y = y''_x(dx)^2 + y'_x d^2x. \qquad (1)$$
これは積の微分法である．》

ここまではとても気持ちよい．ところが，続いて

《さて x が独立変数ならば $dx = \Delta x$ は x に関係なく取れるのだから，$d^2x = d(\Delta x) = 0$ として
$$d^2y = y''_x dx^2.$$
これは $\dfrac{d^2y}{dx^2} = f''(x)$ を意味する．》

と，**よく判らない**（判ったような判らないような）理由によって**独立変数については** $d^2x = 0$ として2階微分係数を d^2y と dx^2 の比に無理矢理帰着させて書く．うーむ，どうなんだ，これ．正直言って，納得できない．但し，それに続く説明はより正当なものだ：

《しかし，もしも $x = \varphi(t)$ が t の函数，従って $y = f(x)$ も t の函数であるならば，$dx^2 = x''_t dt^2$ で(1)は
$$d^2y = y''_x x'^2_t dt^2 + y'_x x''_t d^2t$$
になる．それは
$$\frac{d^2}{dt^2} f(\varphi(t)) = f''(\varphi(t))\varphi'(t)^2 + f'(\varphi(t))\varphi''(t)$$
を意味するが，(1)では補助変数 t を表面に出さないで，直接に x と y の関係が示されている．そこに微分記号の特色がある．》

これは，完全でないにしても，まずまず明快な説明である．さっき疑問を呈した独立変数の件は目をつぶるとしたら，話はそこそこスッキリしている．森さんの言う「変数を増やして定義する」とは，前回のようなことではなく，ここの補助変数 t のことだと解釈するのがむしろ自然かもしれない．

上の高木のした説明は，しかし，もっとずっと溯って，実はコーシーに見られる．その途中にある数多のフランス流『解析教程』での扱いは，サボって詳しく追跡していないが，きっと高木も，それら，或いは，そのうちのどれか，を参考にしたのだろうと思う（グルサ(E. Goursat "Cours d'Analyse")かな，多分）．いずれにしても，やっぱり古典は見るべきである．素晴らしく新鮮(?!)であり，素朴で素直なものに出会える．コーシー『微分積分学要論』（邦

訳＝共立出版）の第 12 講(pp. 52-57)を見てみると，上の高木の説明とほぼ同様(pp. 55-56)だが，もうちょっと変わったことも書いてある（式番号等を省略して引用する）：

《x が独立変数でなくなると，方程式
$$y = f(x)$$
を，何回も，順々に微分すると（中略）
$$dy = f'(x)dx$$
$$d^2y = f''(x)dx^2 + f'(x)d^2x,$$
$$d^3y = f'''(x)dx^3 + 3f''(x)dx\,d^2x + f'(x)d^3x,$$
$$\cdots$$

これらのものから

$$f'(x) = \frac{dy}{dx},$$
$$f''(x) = \frac{dx\,d^2y - dy\,d^2x}{dx^3} = \frac{1}{dx}d\left(\frac{dy}{dx}\right),$$
$$f'''(x) = \frac{dx(dx\,d^3y - dy\,d^3x) - 3d^2x(dx\,d^2y - dy\,d^2x)}{dx^5}$$
$$= \frac{1}{dx}d\left(\frac{dx\,d^2y - dy\,d^2x}{dx^3}\right),$$
$$\cdots\cdots$$

がでてくる．x が独立変数である場合にあてはめるときには，微分 dx は定数であると考えたらよい．したがって，$d^2x = 0$, $d^3x = 0$, … である．（中略）$f(x)$ の逐次導函数を，変数 x と $y = f(x)$ の微分を用いて表わす場合には，1°) 変数 x が独立であると考えられるとき，2°) そうでないときに分けても，1 次導函数はただ 1 つであって，この仮定には無関係である．なお，はじめの場合からあとの場合へと変えるためには，

$\dfrac{d^2y}{dx^2}$ のかわりに $\dfrac{dx\,d^2y - dy\,d^2x}{dx^3}$,

$\dfrac{d^3y}{dx^3}$ のかわりに $\dfrac{dx(dx\,d^3y - dy\,d^3x) - 3d^2x(dx\,d^2y - dy\,d^2x)}{dx^5}$

を用いねばならない．この種の置換によって，「独立変数の変換」が行われるのである．》

どうです．面白いでしょう．自由な形式的計算がとても楽しい．ただ，ここでも独立変数云々という区別が，スッキリしない．高木の説明も，多分このあたりに起源をもつのだが，実に由緒正しい不明瞭さだ．それはともかく，そういう区別をして説明をしたくなる一つの理由として思いつくのは，極値問題．コーシーは，実際，そんな章をいくつも設けて，高階の微分の使い方を扱う．そのときは，変数が独立か，拘束されているかの差には，意味があるので，その所為かもしれない．尤も，それは１変数では殆ど意味がない．なので，完全には説明がつかず，結局，よく判らない．

3 ❖ 微分の環と形式的計算

今のは１変数での話だが，多変数になっても同じことである．ただ，この形式的計算が何をやっているのか，正直言って，はっきりしないが，d^2x, d^2y などのもつ「曖昧さ」は異なる点での無限小量（ベクトル的量）の同一視の「曖昧さ」をまとっていると考えられる．

さて，$y = f(x)$ に対して
$$d^2y = f''(x)\,dx^2 + f'(x)d^2x$$
という「形式的」な式は，「２階微分の世界」での等式だろうが，x の方で言うと，dx^2 と d^2x の（函数係数の）線型結合が，その世界を形作っているらしい．全体での（全局的な）「独立性」は判らないかもしれないが，少なくとも，一点での無限小世界においては dx^2 と d^2x は（線型的に）独立だと考えれば，２階の微分係数は，dx^2 の係数を取り出していることになる．普通の偏微分係数と類似の考えだ．だから，むしろ

$$f''(x) = \frac{\partial(d^2y)}{\partial(dx^2)}$$

とでも書くべきものだ（記号がいいか悪いか，ちょっと自信がないが）．これをどうしても「商」（割り算）として取り出したいなら，方向微分（偏微分）と同様にすればよいが，それはつまり $d^2x = 0$ とおくことになるわけだ．これを

「独立変数」だから云々と理由づけるのは，本当に必要なことなのか，或いは単なるうまいコジツケなのか，私には判らない．

先ほどの異なる空間の「同一視」に関わって言えば，座標系を固定すると，それを通じて何らかの同一視が生じる．1次の場合は，座標変換によらないのだが，2次以上は，そうではない．そこで，2次以上に影響することも考えて，特別な座標をとるという宣言が「独立変数」という表現になっているとも解釈できる．

むしろ，形式的で自由な計算を謳歌したいなら，高階も含めた「微分の環」を作ってしまえばよいだろう．変数 x の方での微分の環と，y の方での微分の環がそれぞれあって，y と x が $y = f(x)$ と結ばれているとき，上のような計算（高階も含めた関係式）が得られるなら，代数的にもスッキリする．一般には（可換）環から，そのような微分の代数を作れるはずだ（可換性をはずすことも，或いはできるかもしれないが，欲張らない）．これは，（高階も含めた）微分作用素の環とは双対的な概念である．しかし，そういうものを系統的に扱っているものがどこかにあるのか．あってよさそうに思うが勉強不足でよく知らない（申しわけない）．

変数変換も $y = f(x)$ で，さらに $x = g(t)$ などとなっているとしたら，
$$d^2 y = f''(x)\, dx^2 + f'(x) d^2 x$$
に
$$dx = g'(t) dt, \qquad d^2 x = g''(t) dt^2 + g'(t) d^2 t$$
を代入して
$$d^2 y = (f''(x) g'(t)^2 + f'(x) g''(t)) dt^2 + f'(x) g'(t) d^2 t$$
となって，$d^2 t$ の係数を見ると，
$$\frac{d^2 y}{dt^2} = f''(x(t))\, g'(t)^2 + f'(x(t)) g''(t)$$
が得られるわけだ．上で高木が x が t の函数として計算したものと同じだが，そこでは，t が「独立変数」だから $d^2 t$ の項は落ちている．このような形式的計算では「独立変数」かどうかなど気にせずに，すべて「金魚のフン」のような項も含めて計算すればよい．

多変数になっても

$$dy = \sum_{i=1}^{n} \frac{\partial y}{\partial x_i} dx_i$$

を微分して

$$d^2 y = \sum_{i,j=1}^{n} \frac{\partial^2 y}{\partial x_i \partial x_j} dx_i\, dx_j + \sum_{i=1}^{n} \frac{\partial y}{\partial x_i} d^2 x_i$$

等々となる．変数変換についても

$$x_i = x_i(t_1, \cdots, t_n) \qquad (i = 1, \cdots, n)$$

なら

$$dx_i = \sum_{p=1}^{n} \frac{\partial x_i}{\partial t_p} dt_p, \qquad d^2 x_i = \sum_{p,q=1}^{n} \frac{\partial^2 x_i}{\partial t_p \partial t_q} dt_p dt_q + \sum_{p=1}^{n} \frac{\partial x_i}{\partial t_p} d^2 t_p$$

を代入して，

$$d^2 y = \sum_{i,j,p,q=1}^{n} \left(\frac{\partial^2 y}{\partial x_i \partial x_j} \cdot \frac{\partial x_i}{\partial t_p} \cdot \frac{\partial x_j}{\partial t_q} + \frac{\partial y}{\partial x_i} \cdot \frac{\partial^2 x_i}{\partial t_p \partial t_q} \right) dt_p dt_q + \sum_{i,p=1}^{n} \frac{\partial y}{\partial x_i} \cdot \frac{\partial x_i}{\partial t_p} d^2 t_p$$

という具合になる．特に，$dt_p dt_q$ の係数をみて，2階の偏微分作用素の変換則

$$\frac{\partial^2}{\partial t_p \partial t_q} = \sum_{i,j=1}^{n} \left(\frac{\partial x_i}{\partial t_p} \frac{\partial x_j}{\partial t_q} \cdot \frac{\partial^2}{\partial x_i \partial x_j} + \frac{\partial^2 x_i}{\partial t_p \partial t_q} \cdot \frac{\partial}{\partial x_i} \right)$$

が得られる．普通は，1階の微分作用素の変換則と函数（の掛け算作用素）と微分作用素の交換関係から，定義に従って導くものだが，上のようにすれば，より直接に判るわけだ．このような計算を重ねていくと，独立変数とかにコダワル理由が希薄になる．尤もここは，本当なら，線型化された微分関係式を逆に解いて比較すべきところである．2階微分で，$dx_i dx_j$ のようなものはあっても，それは基底である．関係の方は線型化されているので，逆に解くのも難しくない．そのためには，一般座標変換の群が，この高階の微分にどう作用しているかを見ておくのがよい．ただ，式の構造は単純だが，成分をキッチリ書くと，添字がチラつくので，アインシュタインの規約など計算に便利な記法の工夫を導入したいところ．しかし，今は措く[註2]．まあ「大体でいい」なら，そんなに難しくはないので1変数でちょっと書いてみると，2階なら

$$\begin{bmatrix} dy^2 \\ d^2 y \end{bmatrix} = \begin{bmatrix} f'(x)^2 & 0 \\ f''(x) & f'(x) \end{bmatrix} \begin{bmatrix} dx^2 \\ d^2 x \end{bmatrix}$$

で，3階なら

$$\begin{bmatrix} dy^3 \\ dy\,d^2y \\ d^3y \end{bmatrix} = \begin{bmatrix} f'(x)^3 & 0 & 0 \\ f'(x)f''(x) & f'(x)^2 & 0 \\ f^{(3)}(x) & 3f''(x) & f'(x) \end{bmatrix} \begin{bmatrix} dx^3 \\ dx\,d^2x \\ d^3x \end{bmatrix}$$

である．多変数でも $f'(x)$ を行列だと思い，$f'(x)^2$ をその2階の対称テンソル積等々と解釈すれば，形式上は同じと思ってよい．また，上の例で見えるように，下半三角行列になっていて，対角にあるのは $f'(x)$ だけで書けているので，それが可逆なら，全体も可逆．たとえば2階の場合

$$\begin{bmatrix} f'(x)^2 & 0 \\ f''(x) & f'(x) \end{bmatrix}^{-1} = \begin{bmatrix} f'(x)^{-2} & 0 \\ -f'(x)^{-1}f''(x)f'(x)^{-2} & f'(x)^{-1} \end{bmatrix}$$

である．右辺の成分 $f'(x)^{-1}f''(x)f'(x)^{-2}$ は多変数でも通用するよう，左と右の掛け算を区別して書いた．

ともかく，通常の1階の微分（微分形式と言わないと曖昧になるかもしれない；何しろ「微分」は余りにもいろいろに使われる）が，その双対（〜係数）である（1階の）微分作用素の変換則を形式化するという御利益があった．それはそのまま高階の微分作用素の変換にも並行に持ち上げられる．同時に，線型化のおかげで，逆向きに解くことも「逆行列」の手続きだけで済む．これはもう少し強調されてもいい利点だ．その実践的利を実感するには，記号法をなんとかしたほうがいいのだが，今回はそこまで至らなかった．

4 ❖ 無限小量のイメージ

微分の概念が，例えば顕微鏡的に拡大してできるスレスレ世界だとして，函数レベルの微分だけで終わるなら，まだ判りやすかったのだが，一旦，そのような無限小操作の世界の扉を開いてしまうと，さらに無限小世界の無限小差なども扱わなくてはならない．それが実は高階微分であった．すると，いくらでも小さい無限小量もすべて含めて，その総体を扱うのが本来である．でも，これは正面切って扱われていないのであった．少なくとも「微積分」レベルでは[註3]．

では，より「高度」（？）な数学を学ぶとそれが判るのかというと，それも明確ではない．もちろん微分幾何では「接続」概念等，曖昧な対象などではなく，キッチリとした定式化がある．それがしかし，大学初年級の微積分に影

響を与えることまで期待するのは無理だ．ただ，それらが全く無関係なものとして扱われるなら，折角の発展が，教育の場に充分活かせられないことになる．森さんの基本的態度は，そのあたりを最大限とりいれて，有機的な数学像を学生に伝えることを構想したのではないかと思うが，この高階微分では，それに失敗している（或いは，少なくとも，問題を見逃した）．もちろん，なんでもかんでも突き詰めていくのは，余りにシンドクて，現実的ではないのではあるが．

これは，何もテツガク的に数学を考えて問題になるものではなくて，数学の「実りある」応用の一つである一般相対論などで，普通にイメージを作り上げたい対象である[註4]．そして，そこに，「微積分」の中でも，極限や位相の概念に隷属したものでない，独立した「微分学」という主題を認識すべきなのである．

5 ❖ 偏極についての注意

前回，森さんの「注意」が多義的曖昧さを含んでいることをいいことに，適当な解釈をして，「変数を増やす」のを，多変数化に伴う微分量の多変量化という話にもちこんだ．しかし，そもそもそれは1変数では解釈に無理がある．だって，それは今の話では単に dx^2 に当たるところだから．

つまり，1変数では，敢えてそう見る必要はなかったが，2階の微分係数は双線型写像の係数と見るのが，前回述べた多変数化（の特殊化）としての解釈だ．それに付随するのが dx^2 となっているなら，双線型ではなくて2次形式ではないか．見かけは，たしかにそうだ．では，そもそもの反省をするために，少し「コマ落とし・分解写真」の計算を再現してみる：

$$dy = f'(x)dx$$

を微分するのに，「積の微分」を適用して

$$d(dy) = d(f'(x))dx + f'(x)d(dx)$$

とする際，右辺第一項での $d(f'(x)) = f''(x)dx$ と前に現われる dx と，元々後ろに掛かっている dx が何で同じなのか，という疑問はあっておかしくない．違っていれば「双線型」とするのに問題はない（安直だな）．では，本当は文字を変えるのがいいのか？　いや，実はそうでもないのだ．ここの dx

は「値」(数値)ではなくて，（無限小世界の線型）「函数」である．考える点を固定して，その点での接ベクトルを例えば A とると，それが相手となって，$\langle dx, A\rangle$ のように数値化される．で，dx^2 の場合はどうか．実は，二通りの解釈が可能で，

(1) 文字どおり，$A \longmapsto \langle dx, A\rangle^2$ という（1変数の）2次函数を表わすか，或いは，むしろ
(2) $dx \otimes dx$ と書く方がいい
$$(A, B) \longmapsto \langle dx, A\rangle \langle dx, B\rangle$$
という双線型函数（2変数）を表わすか，

である．今は1次元で説明したが，次元が上がっても同じことである．前者の2次函数の使い方は，接ベクトルの長さを表わすリーマン計量の表示式に現われる．また，後者は，2階微分係数が双線型写像を表わすという，前回の説明に直結している．

　ここで，異なる解釈を同じ文字で表わすのはヨクナイと思うかも知れないが，それもまたそうとは言えない．つまり，同じものの違った側面を同時に表わしている記法だとも見ることができて，意外と便利なのだ．ここで2次形式について本格的に復習するつもりはないし，ホントはもっと高次の形式でも同じなのだが，ちょっとだけ触れておく．「2次形式」という言葉の中の「形式」とは「同次多項式」の別名であることに注意しておく．定義はどうだったか．と，言われても，普通は簡単だと思う．たしかに昔の本なら，文字（変数）を最初からとっているので問題はない．ところが，現代風の教科書を開いてみると，ベクトルを変数として内在的(intrinsic)に定義するので，何だか面倒なことが書いてあったりする．2次形式のために，双線型形式がでてくるのだ．「線型」は内在的だから，それを使うのがよいというわけ．ココロは，（対称）双線型形式 $S(u, v)$ を使って，そこから $Q(u) = S(u, u)$ として得られるものを2次形式とするのである．それはそれでいいのだが，実は S は Q から「思い出せる」:

$$S(u, v) = \frac{1}{2}(Q(u+v) - Q(u) - Q(v))$$

これが「現代風教科書」の定義にでてくる．基本的なので，他の場面にもしばしば登場するこの等式を「偏極恒等式」(polarization identity を訳してみたが，定訳があるわけではない) という．なんで「極」がでてくるか，最初に習うときは不思議に思うが，これは，実は2次曲線（円錐曲線）に関わって出てくる「極(pole)と極線(polar)」に由来する．高次でも同様に，変数の数を増やす替わりに低次の形式を作りだす変形は古典的不変式論で使われる技法である．その時に用いられる微分作用素を偏極作用素 (polarization operator) という[註5]．

今回のテーマである高階微分に関しては，どれほどマジメに考察されているのか，よく知らないが，高木『解析概論』の説明が今に継承されていないところをみると，初級段階では重んじられているようには見えない．その解釈も含めて，もう少し整備されるべきものだと思う[註6]．時間があれば，より具体的な使い方を示すべきだろうが，とりあえずはこの程度の指摘にとどめておこう（私自身，この問題について，満足できるほどに，充分熟慮できてはいないのだ．スマン）．

註

[註0] 積の微分の法則 (Leibniz rule) を満たす作用素を derivation という．つまり，函数 φ, ψ に対して
$$X(\varphi\psi) = X(\varphi)\psi + \varphi X(\psi)$$
を満たす X を言う．

訳語は，単純な「微分」以外に，音訳ぽく「導分」（導函数を思い出す）とか，もっと音を重んじて「導来素」なんていう案もあるが，決定版はない．

[註1] 「切断」以外に「断面」とかもあるだろうが，しっくりこない．

[註2] なぜ今はやめておくかというと，この規約は反変・共変という変数の区別をして，そのバランスをとって同じ添字のときは和の記号を省略しつつ和をとる，というもの．だから，まずその辺の背景から説明する必要がある．

ところで，この本来のアインシュタイン(Einstein)の規約を**物理学者**の一部（といってもかなり目立つもので，下手するとむしろ今や多数派なのかもしれないと危惧するほど）は拡大解釈して（か，本来の使い方を知

らないのか）添字の上下などを無視して用いる．だいたい，添字は下にしかつけないとしたら，そうするしかないようなのだが，とんでもない濫用である．しかし，そして，しかも，高橋康などという世界的物理学者の書いたもの（『古典場から量子場への道』（講談社 1979）p.99,『量子場を学ぶための場の解析力学入門』（講談社 1982）p.33）でそうなのだから，もう趨勢は決まったも同然のように思われる．心ある物理学者は，どうかこのようなムチャクチャに抵抗して欲しい，と切に願う．

しかし，四半世紀前に出た**数学書**でも，なんと微分幾何学者が反変共変の区別を無造作無頓着に扱うのを見て驚愕したことがある．そのあたりですでに混乱は生じていたのかもしれない．

[註 3]「微分概念」が1階のものにしか役立たないなら，むしろ高階でも通用する「微分係数」が主役になるというのも自然である．しかし，そんなことでよいのか．ブルバキ批判として「微分係数」はあるが「微分」がないと言っていた森さんは，ここでしっかり自分の主張を通すべきだったのではないだろうか．

[註 4] ディラック『一般相対性理論』（東京図書 1977, ちくま学芸文庫 2005）は，小著ながら，最初の部分だけでも微分幾何の導入としてすばらしい名著である．また，もちろん，ワイル『空間，時間．物質』（講談社 1973, ちくま学芸文庫 2007）は，リーマン接続とアフィン接続に関しても最も素直に入り込めるものである．現在，このように，多くの名著が文庫本として手に入り，ポケットに入れて持ち歩けばどこにいても勉強ができる．ただし，文庫本として手に入るものが多過ぎて，ポケットでは足りないというジレンマが生じている．

[註 5] H. Weyl "The Classical Groups"（Princeton University Press 1939, 1942）の最初に偏極操作のことがでている．また，2次の場合の pole と polar については，『数学のたのしみ』vol. 10 (1998) 所収「双対性十話」の冒頭 pp. 45-46，または論集『現代の母函数』(1990) 所収の「不変式論・入門・以前」の p. 123 に触れてある．

関係ないが，オールディーズに Paul & Paula の Hey Paula（1963 年全米 No 1）というのがあって, pole と polar と言うといつもこれを思い出してしまう．

[註 6] 高階微分の環については，友人の野海さんは「対称微分の環」と言って，それを道具に，たとえば高次元ソリトン理論でのロンスキアンを定義している（「τ 函数に関した一つの観察」数理研講究録 640 (1988), 48-60）．「対称微分」は飯高・上野・浪川『デカルトの精神と代数幾何』（日本評論社 1980；1993 増補版）の第 4 章に，一般的に定義されているのだった．

また，別に，高階微分に関して，落合啓之さんからジェットという概

念についての指摘があったことも書き留めておく.

本書に登場する書籍

❖森毅の著作
『異説数学者列伝』(蒼樹書房 1973；ちくま学芸文庫 2001)
『位相のこころ』(現代数学社 1975；日本評論社 1987；ちくま学芸文庫 2006)
『現代数学とブルバキ』(数学新書=東京図書 1967)
『現代の古典解析』(現代数学社 1970；日本評論社 1985；ちくま学芸文庫 2006)
『数学のある風景』(海鳴社 1979)
『積分論入門』(数学新書=東京図書 1968)
『大学教育と数学』(総合図書 1967)
『ベクトル解析』(国土社 1966；日本評論社 1989；ちくま学芸文庫 2009)
『ボクの京大物語』(福武書店 1992；福武文庫 1995)
『ものぐさ数学のすすめ』(青土社 1980；講談社文庫 1986；ちくま文庫 1994)
銀林浩・森毅『現代数学への道』(国土社 1970)

❖あ行
飯高茂・上野健爾・浪川幸彦『デカルトの精神と代数幾何』(日本評論社 1980；増補版 1993)
今井功『新感覚物理入門』(岩波書店 2003)
岩村聯『束論』(河出書房 1948；共立全書=共立出版 1966；復刊=共立出版 2009)
ヴィノグラードフ(三瓶与右衛門・山中健 訳)『整数論入門』(共立全書 1959)
ヴェイユ(杉浦光夫 訳)『数学の創造』(日本評論社 1983)
ヴェイユ(齋藤正彦 訳)『位相群上の積分とその応用』(ちくま学芸文庫 2015)
内田樹『最終講義』(技術評論社 2011；文春文庫 2015)
内田樹『私の身体は頭がいい』(新曜社 2003；文春文庫 2007)
内田樹・平川克美『東京ファイティングキッズ・リターン』(バジリコ 2006；文春文庫 2010)
梅田亨『代数の考え方』(放送大学教育振興会 2010)
梅田亨『徹底入門 解析学』(日本評論社 2017)
エウクレイデス(斎藤憲・三浦伸夫 訳・解説)『エウクレイデス全集』(東京大学出版会 2008)
岡本久・長岡亮介『関数とは何か――近代数学史からのアプローチ』(近代科学社 2014)

❖か行
笠原皓司『微分積分学』(サイエンス社 1974)
北野正雄『新版 マクスウェル方程式』(SCG Books=サイエンス社 2009)
『京都大学七十年史』(京都大学 1967)
クライン(遠山啓 訳)『高い立場からみた初等数学(2)』(東京図書 1960)
黒川信重 編『ゼータ研究所だより』(日本評論社 2002)
ゲリファント-フォーミン(関根智明 訳)『変分法』(文一総合出版 1970)

コーシー（小堀憲 訳）『微分積分学要論』（共立出版 1969）
小島順『線型代数』（日本放送出版協会 1976）
小林昭七『続 微積分読本 —— 多変数』（裳華房 2001）
小針晛宏『確率統計入門』（岩波書店 1973）
小針晛宏『数学の七つの迷信』（東京図書 1975）

❖ さ行

齋藤正彦『数とことばの世界へ』（数セミブックス 1983）
齋藤正彦『数のコスモロジー』（ちくま学芸文庫 2007）
シュヴァルツ『解析学』（全7巻）（東京図書 1970-71）
シュヴァルツ（彌永健一 訳）『闘いの世紀を生きた数学者 —— ローラン・シュヴァルツ自伝』（上・下）（シュプリンガー 2006；丸善出版 2012）
数学書房編集部 編『この数学書がおもしろい（増補新版）』（数学書房 2011）
杉浦光夫『解析入門（I）』（東京大学出版会 1980）
スピヴァック（齋藤正彦 訳）『多変数解析学』（東京図書 1972）
ゾンマーフェルト（伊藤大介 訳）『電磁気学』（原著 1948；邦訳=講談社 1969）

❖ た行

高木貞治『解析概論』（岩波書店 初版 1938；定本 2010）
高木貞治『近世数学史談』（共立社 1931；河出書房 1942；共立出版 1946；岩波文庫 1995；共立出版 1996）
高木貞治『数学の自由性』（考へ方研究所 1949；ちくま学芸文庫 2010）
高橋利衛『工学の創造的学習法』（オーム社 1965）
高橋利衛『基礎工学セミナー』（現代数学社 1974）
高橋利衛『図説基礎工学対話』（現代数学社 1979）
高橋秀俊・藤村靖『高橋秀俊の物理学講義；物理学汎論』（丸善 1990；ちくま学芸文庫 2011）
高橋康『古典場から量子場への道』（講談社 1979）
高橋康『量子場を学ぶための場の解析力学入門』（講談社 1982）
谷山豊（杉浦光夫 編集代表）『［増補版］谷山豊全集』（日本評論社 1994）
ディユドネ（森毅 訳）『現代解析の基礎』（東京図書 1971）
ディラック（江沢洋 訳）『一般相対性理論』（東京図書 1977；ちくま学芸文庫 2005）
東京帝国大学理学部数学教室藤澤博士記念会 編『藤澤博士遺文集（上）』（藤澤博士記念会 1934）

❖ な行

中根美知代『ε-δ 論法とその形成』（共立出版 2010）

❖ は行

パウリ（内山龍雄 訳）『相対性理論』（講談社 1974；ちくま学芸文庫 2007）
日々孝之・若山正人 企画・編集『現代の母函数』（論集「現代の母函数」刊行会 1990）

ファング(森毅 監訳,河村勝久 訳)『ブルバキの思想』(東京図書 1975)
ブルバキ(森毅 編,森毅・清水達雄 訳)『数学原論 位相』(1-5)(東京図書 1968-69)
ブルバキ(小針睍宏 編・訳)『数学原論 位相線型空間』(1,2)(東京図書 1968-70)
ブルバキ(小島順 編,小島順・村田全・加地紀臣男 訳)『数学原論 実一変数関数:基礎理論』(1,2)(東京図書 1968-69)
ブルバキ(前原昭二 編・訳)『数学原論 集合論(2)』(東京図書 1969)
ブルバキ(柴岡泰光 編,杉ノ原保夫・清水達雄 訳)『数学原論 積分』(1-5)(東京図書 1968-70)
ブルバキ(銀林浩 編,銀林浩・清水達雄 訳)『数学原論 代数』(1-7)(東京図書 1968-70)
ブルバキ(村田全・杉浦光夫・清水達雄 訳)『数学史』(東京図書 1970;ちくま学芸文庫 2006)
フレッシェ(斎藤正彦 訳,森毅 解説)『抽象空間論』(共立出版 1987)
ホール(金沢稔、八牧宏美、榎本彦衛、坂内英一 訳)『群論』(上・下)(吉岡書店 1969-70)
ポントリャーギン(柴岡泰光・杉浦光夫・宮崎功 訳)『連続群論』(上・下)(岩波書店 1957-58)

❖ま行

マシャル(高橋礼司 訳)『ブルバキ――数学者達の秘密結社』(シュプリンガー 2002)
溝畑茂『数学解析(下)』(朝倉書店 1973)
溝畑茂『ルベーグ積分』(岩波全書 1966)

❖や行

山中健『線形位相空間と一般関数』(共立数学講座 1966)
吉田耕作・加藤敏夫『大学演習応用数学』(裳華房 1961)

❖ら行

リーマン(足立恒雄・杉浦光夫・長岡亮介 編訳)『リーマン論文集』(朝倉書店 2004)
ロゲルギスト『物理の散歩道(全5巻)』(岩波書店 1963-72)
ロゲルギスト『新 物理の散歩道(第1-5集)』(中央公論社 1974-83;ちくま学芸文庫 2009-10)

❖わ行

ワイル(内山龍雄 訳)『空間,時間,物質』(講談社 1973;ちくま学芸文庫 2007)

❖雑誌・増刊・別冊など

雑誌『高数研究』(考へ方研究社)
　国立国会図書館デジタルコレクション
　http://dl.ndl.go.jp/info:ndljp/pid/1888638
　で閲覧可能
雑誌『数学の歩み』(新数学人集団,数学の歩み刊行会)
　以下のサイトにて一部公開

http://www.ms.u-tokyo.ac.jp/~noguchi/Ayumi/
雑誌『全国紙上数学談話会』(1934-1949)
　　http://www.math.sci.osaka-u.ac.jp/shijodanwakai/
雑誌『全国数学連絡会機関誌　月報』
　　以下のサイトにて一部公開
　　http://www.ms.u-tokyo.ac.jp/~noguchi/Ayumi/
雑誌『東京物理学校雑誌』
　　国立国会図書館デジタルコレクション
　　http://dl.ndl.go.jp/info:ndljp/pid/922135/2
　　で閲覧可能
『数学新用語 100』(数学セミナー臨時増刊 1970)
『100 人の数学者』(数学セミナー増刊 1971)
『数学 100 の発見』(数学セミナー増刊 1972)
『数学のたのしみ』(数学セミナー別冊)
　　フォーラム：双対性をさがす「双対性十話」(1998 年 10 号)
　　フォーラム：表現論の素顔(2006 年冬号)

索引

❖ 数字
1次近似 …… 229
1次形式 …… 208
1次独立 …… 028
2階(の)微分係数 …… 249, 267
2階微分 …… 245, 256, 258, 264
2階偏導函数 …… 250
2次形式 …… 267

❖ A
analysis situs …… 054
associative law …… 224

❖ B
Banach space …… 158

❖ C
cartesian coordinates …… 216
complement …… 021, 077
complete …… 158
convex …… 147
―― hull …… 148
cotangent space …… 257
counting measure …… 161

❖ D
deism …… 219
derivation …… 257, 268
differential …… 188, 220
disjoint union …… 107
distribution …… 090, 091, 095
divergence …… 189
dual …… 041, 208
duality …… 192
dynamics …… 211

❖ F
filter basis …… 081
Fréchet filter …… 078

❖ G
gradient …… 189, 222
greatest lower bound …… 019

❖ H
Henstock-Kurzweil 積分 …… 182
hyperfunction …… 082

❖ I
idempotent …… 023
image …… 149
infimum …… 019
intrinsic …… 267
inverse image …… 149

❖ K
kinematics …… 211

❖ L
least upper bound …… 019
Leibniz rule …… 219
locally convex …… 148
lower bound …… 019

❖ N
normed space …… 158

❖ O
octonion …… 224

❖ P
partial derivative …… 220
Pochhammer symbol …… 049

polar 268
　――coordinates 216
polarization operator 268
pole 268
Pontrjagin dual 041
proper ideal 062
pseudo-topology 072
p 乗可積分函数 161

❖ Q
quaternion 213

❖ R
rotation 189

❖ S
Schwartz distribution 222
semi-norm 158
separable 169
supremum 019
symmetric difference 022

❖ T
tangent space 220, 256
tangential 203
test functions 093

❖ U
ultrafilter 063
upper bound 019
U-認容 183

❖ W
wreath product 053

❖ あ行
アーベル群 024, 028, 033, 050
アフィン 199, 201, 208, 210, 215
　――空間 200, 201, 202, 206
　――的 203, 204, 205, 206
位差的 220

位相 033, 056, 073, 094, 151
　――解析 054
　――概念 055, 084, 087, 088
　――環 093
　――空間論 099
　――群 033, 034, 066, 093, 094
　――構造 069, 084
　――線型空間 034, 035, 037, 066, 093, 094, 254
　――線型空間論 024, 054
　――代数 037, 093
　――の定義 064, 084
　――ベクトル空間 148, 154, 242, 253
　――ベクトル空間論 099
　前―― 081
位置解析（analysis situs）...... 054, 067
一項演算 021
位置と運動量 204
一様構造 066, 069, 088, 094, 095
一様収束 105, 120
　（局所）―― 245
一様性 088
一様連続性 105, 117, 140, 230
一般座標変換の群 264
イデアル 036, 061, 062, 063, 075
　極大―― 062, 075, 076, 077
　主―― 063
　単項―― 063
ヴェイユ（A. Weil）の逆定理 034
ウルトラフィルター（ultrafiter）...... 063, 074, 075, 080
運動学 204
運動の記述 204
運動量 204, 205, 206, 207
延長 039

❖ か行
開 244
外延的 222
外延量 192
開核 056, 059, 070

——演算の公理 …… 064
開球 …… 244
開写像定理 …… 254
開集合 …… 055, 056, 059, 063, 070, 071, 085, 119
　　——系 …… 069, 088
　　——の公理 …… 066
階乗函数 …… 048
外積 …… 208
解析教程 …… 088, 187
外積代数 …… 214
階段函数 …… 103, 110, 118, 120, 163, 167
回転（rotation） …… 189
概念 …… 084
下界（lower bound） …… 019
　　最大——（greatest lower bound） …… 019
可換 …… 020
　　——環 …… 075, 076
　　——群 …… 028
　　——体 …… 076
　　——ノルム環 …… 078, 081, 157
　　——ノルム環の理論 …… 034, 039
　　——律 …… 020
核 …… 201
角運動量 …… 204
各点 …… 057
　　——収束 …… 167
確率変数 …… 216
確率論 …… 091, 092
掛け算 …… 215
　　——作用素 …… 037
加減 …… 215
下限（infimum） …… 019
可算性 …… 057, 059, 085, 092, 181, 183
下積分値 …… 138
加速度 …… 211
可分（separable） …… 169
加法 …… 195, 199
　　——群 …… 024
加法性 …… 140, 182

優—— …… 127, 128, 140
劣—— …… 127, 128, 140
加法的 …… 139
　　——集合函数 …… 180
環 …… 214
函数解析 …… 035, 054
函数空間 …… 054
函数列の収束 …… 167
関数列の収束 …… 055
完全可約 …… 032
完備（complete） …… 140, 158, 161
　　——化 …… 088
　　——距離空間 …… 035, 085
　　——空間 …… 088
　　——性 …… 159
完閉 …… 052
気圧 …… 206
擬位相（pseudo-topology） …… 055, 059, 066, 069, 071, 072, 073, 081, 088, 093
規格化 …… 030
幾何的空間 …… 203
擬距離 …… 128, 140
基底 …… 217
キネマ …… 204, 211
キネマティクス（kinematics） …… 211
擬閉包 …… 059
逆像（inverse image） …… 149, 154
既約表現の直和 …… 032
球函数 …… 050
吸収律 …… 020, 025
求値 …… 076
　　——写像 …… 076
牛刀 …… 175
境界 …… 128, 129, 140, 175, 177, 179, 180
　　——点 …… 176
狭義の「ベクトル」 …… 206
共変 …… 268
　　——成分 …… 208
行列 …… 215
　　——計算 …… 188
行列式 …… 209

極(pole) …… 268
極限 …… 055, 056, 057, 058, 059
　(各点収束)── …… 245
　下── …… 152, 253
　──操作 …… 057
　──値 …… 152
　──点 …… 057
　──と微分の順序交換 …… 245
　──の順序交換の定理 …… 245
　上── …… 152, 253
極限概念 …… 058, 070, 073, 087, 217, 227
　一般の── …… 059
極座標(polar coordinates) …… 216
局所完閉 …… 052
局所コンパクト …… 041, 085
　──・アーベル群 …… 041
　──空間 …… 035, 092
　──群 …… 034, 036, 039, 042, 052
局所凸(locally convex) …… 093, 148, 154, 253
極線(polar) …… 268
距離 …… 055, 176
　──函数 …… 176
　──空間 …… 095, 140, 176
　──構造 …… 128
近傍 …… 055, 056, 059, 065, 067
　開── …… 065
　──系 …… 065, 066, 067, 071
　──系の公理 …… 064, 069
　──の基本系 …… 148
　閉── …… 065
空間 …… 204
区間 …… 127
　──縮小法 …… 165
　──の分割 …… 060, 106
区間塊 …… 127, 128, 174, 177, 179, 180
　開── …… 176, 178
　開──列 …… 181
組合わせの双対定理 …… 015, 040, 043
組合せ論 …… 019
グラスマン代数 …… 214

グラム(Gram)の定理 …… 209
クロネッカー(Kronecker)のデルタ …… 016
群 …… 027, 202, 211
　──概念 …… 202
　──の表現論 …… 017, 028
　──不変性 …… 050
計数測度 …… 161
係数体 …… 208
計量 …… 208
ゲージ …… 183
ゲージ積分 …… 182
結合的 …… 214
結合律(associative law) …… 020, 224
ゲルファント(Gelfand)の可換ノルム環の理論 …… 076
ゲルファントのノルム環 …… 080
ゲルファント表現定理 …… 084
原始函数 …… 103, 104
原点 …… 201, 216
(剰余)項 …… 228
高階(の)微分 …… 190, 245, 262, 265, 269
　──作用素の変換 …… 265
構造定理 …… 039
勾配(gradient) …… 189
項別微分の定理 …… 104, 105, 238, 245
コーシー列 …… 158, 165
固有値問題 …… 038
コンパクト …… 042, 052, 085, 095, 153
　──近傍 …… 065
　──区間塊 …… 181
　──群 …… 034, 039
　──作用素 …… 034
　──性 …… 152, 181
　相対── …… 153
　プレ── …… 153

❖さ行
差 …… 215, 256
細分 …… 108, 154, 171
径(さしわたし) …… 108, 172, 176

座標 …… 216, 217
　――環 …… 219, 225
　――函数 …… 216
　――系 …… 228, 263
　――変換 …… 205, 263
差分商の極限 …… 221, 227
三角級数 …… 113, 115, 116, 121, 123, 124
三角不等式 …… 158
三平方の定理 …… 209
時間 …… 204
示強的量 …… 192
示強変数 …… 192
四元数 …… 213, 224
　ハミルトンの――（quaternion）…… 213
自己双対性 …… 044
自己双対的 …… 042, 044
自乗可積分函数 …… 042
指数的母函数 …… 016
実関数論 …… 084, 085
実数 …… 084
　――論 …… 019, 055, 218
質量 …… 205, 207, 211
指標 …… 032
シューア（Schur）の補題 …… 032
集合束 …… 021, 078
集合版のダルブーの定理 …… 176
集合値 …… 152
　――函数 …… 150, 151
　――（の）リーマン和 …… 164, 171, 182
集合論 …… 116
収束 …… 057, 059, 071, 153
　ネットによる―― …… 060
　――概念 …… 054, 055, 065, 070, 072, 073, 088, 099, 151
　――極限 …… 057
　――定理 …… 167
従属変数 …… 227
充分沢山 …… 032, 033, 034
主等質空間 …… 202, 211
巡回群 …… 030, 038
順序 …… 055, 060, 156

――交換 …… 254
――構造 …… 018, 062, 128
――線型空間 …… 093
全―― …… 018, 171, 180
半―― …… 018, 107, 171
順列 …… 202, 203
商 …… 063, 079, 215, 227
　――環 …… 077
　――群 …… 037
　――写像 …… 076
　――測度 …… 097
上界（upper bound）…… 019
　最小――（least upper bound）…… 019
上限（supremum）…… 019
上昇階乗冪 …… 049
上積分値 …… 138
乗法函数 …… 052
乗法的 …… 028
　――的函数 …… 027, 028, 030, 031, 032, 033, 034, 036, 041, 043, 044, 045
証明至上主義 …… 175
剰余環 …… 079
剰余項 …… 244
ジョルダン（Jordan）
　――外測度 …… 127, 128, 131, 133, 175, 176, 180, 182
　――可測 …… 118, 119, 127, 128, 129, 130, 134, 168
　――可測集合 …… 120, 135, 140, 174, 175, 177, 179
　――可測性 …… 129, 130, 138, 140, 174, 175, 180, 182
　――測度 …… 126, 128, 133, 139, 175, 177, 178, 179, 180
　――内測度 …… 127, 181, 182
　――非可測 …… 130, 133, 135, 139
　――標準形 …… 031, 038
試料函数（test functions）…… 093
示量的量 …… 192
示量変数 …… 192
振動量 …… 164, 165, 167

（凸包）——和 …… 165
推移律 …… 025
数 …… 190, 199, 213
数列空間 …… 161
スカラー …… 209
　　——積 …… 213
　　——倍 …… 195, 199
ストークスの定理 …… 185, 187
ストーン-チェック(Stone-Čech)のコンパクト化 …… 081
ストーン(M. H. Stone)の表現定理 …… 021, 078, 080, 084
ストーン-ワイエルシュトラス(Stone-Weierstrass)の近似定理 …… 053
図と地の反転 …… 192
スピノル …… 195
スペクトル論 …… 034
スレスレの世界 …… 256
正規直交基底 …… 030
生成 …… 058
正定値 …… 139
　　半—— …… 139
世界 …… 217
積 …… 215
　　——の微分の法則 …… 219
積分 …… 089, 102, 196
　　下—— …… 109, 136, 140
　　広義—— …… 254
　　重—— …… 119, 135, 136, 138
　　上—— …… 109, 136, 140
　　——核 …… 046
　　——の理念 …… 097
　　——変換 …… 046
　　逐次—— …… 119, 135, 136, 138, 150
積分論 …… 024, 037, 089, 097, 099
　　ブルバキの—— …… 091
　　——・測度論 …… 091
接空間(tangent space) …… 214, 220, 221, 256, 257
　　——的(tangential) …… 203
接触値 …… 152, 153, 155

接触点 …… 057
「接続」概念 …… 265
絶対可積分 …… 167
　　——函数 …… 168
絶対収束 …… 158
セミノルム(semi-norm) …… 139, 158
ゼロベクトル …… 201
線型化 …… 215, 219, 248
線型函数 …… 220, 257
線型空間 …… 198, 214, 217
線型形式 …… 208
線型写像 …… 201, 208, 214, 215, 228, 249
　　——の空間 …… 246
線型代数 …… 187, 188, 190, 191, 201, 215, 249
線分 …… 147
　　——要素 …… 223
全有界 …… 095, 153
素因子分解 …… 076
像(image) …… 149, 154
相似変換 …… 210
双射 …… 045
双線型 …… 249, 266
　　——空間 …… 249
　　——写像 …… 248, 249, 254, 266, 267
相対論的 …… 204
双対(dual) …… 041, 044, 195, 208
　　——空間 …… 212
　　——性(duality) …… 042, 076, 191, 192, 217
　　——定理 …… 016, 017, 018, 024, 041, 045
　　——的 …… 031, 204, 222
増分の不等式評価 …… 230
増分不等式 …… 231, 233
束(lattice) …… 018, 019, 021, 075
測定 …… 216
　　——値 …… 217
速度 …… 204, 205, 206, 207, 211
　　——ベクトル …… 194
測度 …… 091
　　外—— …… 128

280

―― 空間 …… 097
―― の「台(support)」…… 092
―― 論 …… 091
内―― …… 128
素体 …… 023
「素」ブール代数 …… 023

❖た行
体 …… 075, 077, 080
第一原理 …… 202
第一種の不連続点 …… 103
対応原理 …… 085
対称群 …… 045, 050
対称差(symmetric difference) …… 022, 023, 044, 061, 128
対称性 …… 249
対称双線型形式 …… 207
対称微分 …… 269
―― の環 …… 269
代数 …… 214
―― 構造 …… 018
―― 的演算 …… 153
ダイナ …… 204, 211
ダイナミクス(dynamics) …… 211
代表値 …… 182
多項係数 …… 046
足し算 …… 200
畳み込み積 …… 016
ダルブー型 …… 182
―― の定理 …… 109
ダルブー(G. Darboux)の下積分 …… 105
ダルブー(G. Darboux)の上積分 …… 105
ダルブーの定理 …… 107, 109, 129, 156, 157, 170, 171, 174, 175, 176
ダルブー和 …… 147
単位 …… 215
単因子論 …… 031, 038
単純 …… 057
―― 推移的 …… 211
単調収束 …… 167
小さな親切大きなお世話 …… 057

力 …… 192, 205, 207, 211, 212
置換 …… 203
「抽象解析」としての「位相空間論」…… 084
朱-ファンデルモンド(Chu-Vandermonde)の公式 …… 048
超越論的 …… 204
超函数
　佐藤―― (hyperfunction) …… 082
　シュヴァルツ―― (distribution) …… 095
　―― (distribution) …… 090, 091
　―― (Schwartz distribution) …… 222
超幾何級数 …… 047, 049
超幾何分布 …… 047, 048
超限論法 …… 075
超準解析 …… 063, 079, 080
超準モデル …… 079, 080
超積モデル …… 063
直交関係 …… 030, 043
直交座標(cartesian coordinates) …… 216
ツォルン(Zorn)の補題 …… 075, 076
ツキアイ条件 …… 065, 066, 070, 071
ディスクリート …… 042, 052
ディニ(U. Dini)の微分係数 …… 243
デデキント(Dedekind)のイデアル概念 …… 076
デルタ …… 043
―― 函数 …… 015, 043
点 …… 076, 216, 217
―― の差 …… 200, 201
―― を分離 …… 043
電圧 …… 206
電位 …… 206
―― 差 …… 206
展開係数 …… 042
電磁気学 …… 193, 204, 222
テンソル …… 225
―― 積 …… 195, 248, 249, 254
―― 量 …… 195, 223
点列の収束 …… 060

ド・モルガン（De Morgan）の法則 …… 021
等圧線 …… 206
導函数 …… 188, 217, 218, 245, 246
動機 …… 196
等高線 …… 206, 226
等高「超曲面」…… 226
等高面 …… 220, 225
等式を無限箇の不等式に分解 …… 237
同種の量 …… 215
等長 …… 042
同値類 …… 063
同程度連続 …… 245
等電位面 …… 206
導分 …… 268
特殊と一般 …… 053
独立変数 …… 227, 260, 262, 263
凸（convex）…… 147, 148, 158, 253
　　──開集合 …… 242
　　──集合 …… 149, 154
　　──性 …… 147, 150, 158
凸包 …… 147, 148, 164, 165
　　──演算 …… 148
　　──リーマン和 …… 148, 150, 152, 153
　　閉── …… 153
トリビアル …… 041

❖な行

内在的（intrinsic）…… 267
内積 …… 029, 038, 042, 208, 213
　　（エルミート）── …… 029, 042
内点 …… 065, 070
　　──の全体 …… 059
内部 …… 059, 070, 071, 129, 180
内包的 …… 222
内包量 …… 192
二項演算 …… 020
二項関係 …… 025
二重性 …… 202
ニュートン力学 …… 204
ノルム …… 139, 157, 244
　　──空間（normed space）…… 148, 157,

158, 171, 244, 253
　　──体 …… 078

❖は行

ハール（Haar）測度 …… 034, 042
ハーン-バナッハの定理 …… 038
排他的離接 …… 022
八元数（octonion）…… 224
発散（divergnce）…… 153, 189
発生的認識 …… 200, 215
バナッハ空間（Banach space）…… 148, 157,
　　158, 159, 170
　　──値 …… 162
　　──値（の）積分 …… 157, 161
　　──モデルの多様体 …… 254
パリティ …… 191
反対称律 …… 025
半直積群 …… 050, 053
反転公式 …… 016, 040, 041, 042, 043, 044,
　　045, 047, 050
　　フーリエの── …… 045
　　メビウス（Möbius）の── …… 016
反変 …… 268
　　──成分 …… 208
比 …… 202, 215, 221
非可測 …… 130
引き算 …… 200
微積分の基本公式 …… 236, 238, 245
非退化双1次形式 …… 209
ピタゴラスの定理 …… 209
　　面積版の── …… 209
非標準モデル …… 079
被覆 …… 183
微分（differential）…… 187, 188, 190, 196,
　　213, 217, 218, 219, 220, 247, 256, 257, 259,
　　269
　　──学 …… 266
　　──商 …… 221
　　──世界 …… 190, 218
　　──操作 …… 218
　　──の環 …… 263

——量 …… 213, 218, 219
　方向—— …… 262
微分概念 …… 188, 217, 218, 222, 227, 249
　原-—— …… 218
微分可能 …… 241
　——性 …… 217, 244, 254
微分形式 …… 212
　外—— …… 223
微分係数 …… 187, 188, 217, 218, 221, 227, 228, 243, 245, 246, 248
微分する …… 214
　——作用 …… 257
微分積分の基本定理 …… 187, 229
微分積分法の基本定理 …… 104
表現
　正則—— …… 032, 033, 034
　忠実—— …… 032, 033, 034, 036
　忠実ユニタリ—— …… 037
　——作用素のトレース（対角和）…… 032
　——の連続性 …… 034
表現論 …… 017, 018, 027, 031, 034, 038, 039, 040
標数 2 …… 023
ヒルベルト(Hilbert)の弱零点定理 …… 076
フィルター …… 060, 061, 062, 063, 070, 071, 075, 094, 146
　極大—— …… 063, 073, 074
　近傍—— …… 065, 071, 165
　近傍モドキ—— …… 072
　コーシー—— …… 165
　主—— …… 063
　主超—— …… 080
　超—— …… 063, 074, 075, 077, 078, 079, 081, 084
　——基(fiter basis) …… 081, 165
　——による収束 …… 060
　——の公理 …… 065
　——の収束 …… 073, 147
　——場 …… 071
　フレッシェ・——(Fréchet fiter) ……078
フーリエ(逆)変換 …… 042
フーリエ級数 …… 052, 084, 113, 114, 124
フーリエ変換 …… 042, 044, 050, 052, 204
ブール(George Boole) …… 022
　——環 …… 023, 044, 074, 077, 139
　——群 …… 041, 044, 051, 052
　——束 …… 020, 021, 023, 036, 061, 075, 077, 078, 127, 128, 180
　——代数 …… 018, 021, 024, 027, 040, 041, 077
物理的空間 …… 203, 206
物理量 …… 194, 203
「不定」上(下)積分 …… 140
不等式 …… 237
フビニ型(の)定理 …… 119, 120, 130, 131, 135, 138, 141, 145, 150, 152, 156
部分集合の収束 …… 151
部分列 …… 079, 155
不変 …… 029
　——量 …… 205
フレッシェの収束概念 …… 073
フレッシェ(M. Fréchet)の収束の公理 …… 055
分割 …… 140, 146, 154, 177, 178, 179, 183
　——の最大幅 …… 107, 162, 171, 177
　——の細分 …… 060, 107
分配束 …… 021
分配的 …… 020
ペアリング …… 209
閉 …… 244
　——球 …… 244
平均 …… 029
平均値(の)定理 …… 187, 229, 231, 232, 233, 234, 235, 236, 238, 240, 241, 252, 253
　——不用論 …… 230
　——無用論 …… 230, 231, 232, 233, 235, 237, 238, 241, 255
　——有害論 …… 235
平行四辺形の法則 …… 207
閉集合 …… 056, 057, 058, 063, 070, 071, 073,

085, 119, 176
閉包 …… 056, 057, 058, 059, 070, 071, 129,
　　176, 180, 242
　　──演算の公理 …… 064
　　──演算モドキ …… 071
　　──の公理 …… 059
　　──モドキ …… 059
ベール(R. Baire)の技法 …… 085
冪集合 …… 021
冪等(idempotent) …… 023, 077
　　──律 …… 020, 025
ベクトル …… 191, 192, 194, 195, 199, 200,
　　201, 203, 206, 207, 208, 210, 217
　　位差── …… 257
　　位置── …… 194, 201
　　共傾(cogredient)── …… 198
　　共変(covariant)── …… 198, 212
　　極性── …… 191
　　勾配──(gradient) …… 222, 247
　　コ── …… 207, 208, 220, 221
　　固有── …… 030
　　軸性── …… 191
　　自由── …… 194
　　接── …… 220, 221, 222, 257, 258
　　束縛── …… 194
　　同時固有── …… 029, 030
　　反傾(contragredient)── …… 198
　　反変(contravariant)── …… 198, 211
　　──空間 …… 068, 195, 198, 200, 202, 208,
　　　209, 214, 217
　　──積 …… 195, 209, 213, 224
　　──の双対 …… 207
　　──の定義 …… 210
　　──量 …… 215
　　法線── …… 194
　　余接── …… 258, 259
ベクトル解析 …… 188, 189, 191, 193, 194,
　　208, 213
　　──の歴史 …… 198
ベクトル値 …… 146, 147, 157
　　──函数 …… 156, 258

　　──積分 …… 170
ベクトル的 …… 203, 204, 205, 206
　　──場 …… 258, 259
　　──(な)量 …… 206, 216, 257
ベクトル場 …… 258
「ベクトル」の定義 …… 068
変位 …… 211
偏極恒等式 …… 268
偏極作用素(polarization operator) ……
　　268
偏導函数(partial derivative) …… 220
偏微分 …… 228, 262
　　──係数 …… 222
　　──の順序交換 …… 187, 256
　　──の順序交換の定理 …… 249
方正 …… 103, 110, 121
　　──函数 …… 103, 118
　　──積分 …… 104, 105, 118, 120, 146, 157
方程式の群 …… 202
母函数 …… 016
補元(complement) …… 021, 077
星印公理 …… 154
補助変数 …… 260
ポテンシャルの勾配 …… 207, 211
殆どいたる所 …… 168
　　──0 …… 167
　　──の収束 …… 167
殆どすべて …… 168
ボルツァーノ–ワイエルシュトラスの定理
　　…… 152, 155
ボレル測度 …… 091
ポントリャーギン双対(Pontrjagin dual)
　　…… 041
ポントリャーギン(の)双対定理 …… 031,
　　039, 041
凡(な) …… 052, 081

❖ま行
マシュケ(Maschke)の定理 …… 032
密可算 …… 169
ムーア–スミス(Moore-Smith)の収束 ……

060
無限 …… 240
無限小 …… 240
　──操作 …… 265
面積確定 …… 118
面積の自乗 …… 209
森ダイアグラム …… 185, 188, 194

❖や行

ヤジルシ …… 191
　──ベクトル …… 207
有界収束定理 …… 119
有界性 …… 153, 253
有界線型写像 …… 243, 246
有界閉集合 …… 176
優函数 …… 167
ユークリッド的な「空間」…… 208
有限 …… 240
　──アーベル群 …… 027, 030, 041, 043, 044
　──アーベル群の表現 …… 041
　──（生成）アーベル群の基本定理 …… 031
　──増分定理 …… 236
　──増分不等式 …… 104, 236, 239, 241, 244, 256
有向集合 …… 108, 154
有向順序 …… 060, 107, 171
ユニタリ …… 030, 038, 041
　──表現 …… 032
　──変換 …… 030
余次元 …… 225
余接空間（cotangent space）…… 220, 221, 223, 257, 258
四平方の定理 …… 210

❖ら行

ライプニッツ則（Leibniz rule）…… 219
ラグランジュ（Lagrange）の定理 …… 210
ラドン測度 …… 091
ラドン変換 …… 052

ランダウの記号 …… 228
リース積 …… 053
リーマン下積分 …… 109, 171
リーマン可積分 …… 107, 108, 138, 159, 160, 163, 169
　──性 …… 109, 167
　──性の判定 …… 182
リーマン上積分 …… 109, 159, 164, 171
リーマン-スティルチェス（Riemann-Stieltjes）積分 …… 171
リーマン積分 …… 102, 103, 104, 105, 106, 112, 113, 116, 117, 119, 120, 121, 126, 135, 138, 140, 141, 145, 146, 156, 159, 166, 167, 168, 170, 182, 238
　──可能 …… 107, 117, 167
　──可能性 …… 174, 230
　──可能性の吟味 …… 118
　──の定義 …… 060, 084, 139
　──の不条理感 …… 139
リーマン凸積分 …… 153, 165
リーマンの「一意性」定理 …… 116
リーマン和 …… 107, 147, 149, 160, 162, 163, 165, 166, 171, 174, 175
　下── …… 109
　（集合値）── …… 146
　上── …… 109
離散 …… 052
　──測度 …… 161
立体角 …… 225
流率法 …… 218
量 …… 190, 191, 192, 193, 195, 199, 202, 203, 213, 215, 216
　保存── …… 205
　力学的な── …… 207
　──の概念 …… 190
ルベーグ外測度 …… 140
ルベーグ可測集合 …… 036
ルベーグ積分 …… 102, 103, 120, 141, 167, 168, 170
ルベーグ測度 …… 036, 182
ルベーグの定理 …… 160, 168

零集合 …… 036, 104, 120, 153, 160, 169
列 …… 057, 059
連結 …… 037
連続群 …… 093
連続性 …… 253
連続表現 …… 033, 093
連続量 …… 195
ロル(Rolle)の定理 …… 231, 232, 233, 235, 239

❖ わ行
割り算 …… 215, 221
割る …… 063, 075

梅田 亨
うめだ・とおる

1955年大阪府豊中市生まれ．現在，京都大学大学院理学研究科准教授．
理学博士．
専門は，表現論，不変式論，函数解析．
著書に『徹底入門　解析学』，
『ゼータの世界』(共著)，『ゼータ研究所だより』(共著)，
『多変数超幾何函数／ゲルファント講義1989』(共編著)いずれも日本評論社，
『代数の考え方』放送大学教育振興会，など．

数学の読み方・聴き方
森毅の主題による変奏曲（上）

2018年3月30日　第1版第1刷発行

著者	———	梅田 亨
発行者	———	串崎 浩
発行所	———	株式会社　日本評論社
		〒170-8474　東京都豊島区南大塚3-12-4
		電話 03-3987-8621 [販売]
		03-3987-8599 [編集]
印刷所	———	株式会社　精興社
製本所	———	牧製本印刷株式会社
装丁	———	STUDIO POT（山田信也）

Copyright © 2018 Tôru Umeda
Printed in Japan
ISBN 978-4-535-78846-6

JCOPY 〈(社)出版者著作権管理機構　委託出版物〉
本書の無断複写は著作権法上での例外を除き禁じられています．複写される場合は，そのつど事前に，(社)出版者著作権管理機構（電話：03-3513-6969, FAX：03-3513-6979, e-mail：info@jcopy.or.jp）の許諾を得てください．また，本書を代行業者等の第三者に依頼してスキャニング等の行為によりデジタル化することは，個人の家庭内の利用であっても，一切認められておりません．